DEUTSCHE DEMOKRATISCHE REPUBLIK
DEUTSCHE AKADEMIE DER LANDWIRTSCHAFTSWISSENSCHAFTEN ZU BERLIN
INSTITUT FÜR LANDWIRTSCHAFTLICHE INFORMATION UND DOKUMENTATION

Landwirtschaftliches Zentralblatt

ABTEILUNG I

LANDTECHNIK

10. JAHRGANG

1964

AKADEMIE-VERLAG · BERLIN

LZ. I. LANDTECHNIK · JG. 1964 · NR. 4 · SEITE 515–694 · BERLIN · APRIL 1964

INHALTSVERZEICHNIS

LZ. I/4/64

NAMENVERZEICHNIS

1–64/04–0001 bis 0690

Ab Jahrgang 1964 beziehen sich die hinter dem Autorennamen angegebenen Zahlen auf die Signatur des Dokumentationsmaterials

Signatur in [Klammer] bedeutet Bibliographie, mit Stern * bedeutet Buchbesprechung

LANDWIRTSCHAFTLICHES ZENTRALBLATT
ABTEILUNG LANDTECHNIK

1964 NR. 4 APRIL

I. ALLGEMEINES

A. ALLGEMEINE FRAGEN DER LANDTECHNIK

1-64/04-0001 Anonym. Belgien stark mechanisiert. - Landtechnik 18 (1963) Nr. 19. S. 633.

In Belgien hat sich die Anzahl der Traktoren in der Zeit von 1950 bis 1962 fast versechsfacht. Bestand 1950 = 9000, 1962 = 53000. Mähdrescherbestand 1950 = 614, 1962 = 4000, Melkmaschinen 1950 = 10000, 1962 = 37000. Die Zahl der Mähbinder ging zurück: Bestand 1950 = 38000, 1962 = 35000.

H.Thömke. 1005.

1-64/04-0002 Czechowicz, A. Zadania przemysłu ciagników i maszyn rolniczych dla przyśpieszenia mechanizacji rolnictwa. (Aufgaben der Schlepper- und Landmaschinenindustrie zur Beschleunigung der Mechanisierung der Landwirtschaft.) - Maszyny i Ciągniki rolnicze 1963 Nr. 4. S. 97-99. 1005.

1-64/04-0003 Svoboda, K. Zu Fragen der industriemäßigen Produktionsmethoden in der Landwirtschaft der ČSSR. - Z. Agrarökon. 6 (1963) Nr. 11. S. 328-331. 1005.

1-64/04-0004 Wróblewski, J. Mechanizację organizujemy po nowemu. (Die Mechanisierung erfolgt bei uns auf neue Weise.) - Mechanizacja Rolnictwa 11 (1963) Nr. 5. S. 15-20. - 7 Abb.

Im Laufe des 3jährigen Bestehens des Staatsgüterkombinats Manieczki verdoppelte sich die Schlepperanzahl. Sie betrug 1962 8 Traktoren unter 25 PS, 55 Traktoren mit 25 PS, 50 Traktoren mit 25-50 PS sowie 13 Kettenschlepper und 12 einachsige Schlepper. Die Feldarbeit wird im Kombinat von speziellen Brigaden geleistet, in denen hochqualifizierte Fachleute vertreten sind. Jede Brigade wird von einem Mechaniker bedient, der über ein Krad sowie über erforderliche Ersatzteile und Werkzeuge verfügt. Es wurde eine Gruppe gebildet, die über die Arbeitsorganisation wacht. Im Kombinat Manieczki ist die tierische Produktion der Hauptzweig, deshalb liegt der Schwerpunkt bei der Mechanisierung der Innenwirtschaft. Die mechanische Werkstatt des Kombinats verfügt über 2 Brigaden für Schlepperreparaturen, eine Brigade für Reparatur von Landmaschinen und Einrichtungen, eine Instandhaltungsbrigade und eine Brigade für mechanische Bearbeitung. Das Brigadensystem der Werkstattarbeit ermöglicht eine bessere Kontrolle über die Qualität und Produktivität der Arbeit sowie die Einsparung von Material.

PRL/CBR, übersetzt v. R.Hüffer: 1005.

1-64/04-0005 Kostadinov, G. Po săčetavaneto na selskostopanskoto proizvodstvo s promišlenata prerabotka na čast ot negovata produkcija. (Verbindung der landwirtschaftlichen Produktion mit der industriellen Verarbeitung eines Teiles ihrer Erzeugnisse.)- Planovo stopanstvo i statistika 18 (1963) Nr. 7. S. 46-58. - 4 Tab. 1005.

1-64/04-0006 R e h r l, Karl. Planmäßige Mechanisierung. Graz; Stuttgart: Leopold Stocker Verlag. 1963. (102 S. m. 83 Zeichn.) 23 x 15 cm. S 34,—.

Der Zweck der Broschüre ist es, Anregungen zu vermitteln, wie ein bäuerlicher Betrieb mechanisiert werden kann, d.h., wie durch zweckmäßige Anwendung und richtiges Abstimmen der Produktionsmittel beste Erfolge bei geringstem Aufwand zu erzielen sind. Vf. geht in Verfolgung dieser Absicht von einer Dreiteilung der anzustellenden Überlegungen aus. Im 1. Abschnitt werden "die Voraussetzungen" für eine Mechanisierung behandelt. Ausgangspunkt eines Mechanisierungsplanes muß der Schwerpunkt des Betriebes, der Hauptproduktionszweig, sein. Dabei darf der Engpaß (Gebäude, Kraft- und Wasseranschlüsse, Traktoren, usw.) nicht unberücksichtigt bleiben. Der 2. Abschnitt befaßt sich mit den "Maschinenreihen". Für die Gebiete Futter-, Getreide-, Kartoffel-, Zuckerrüben- und Körnermaisbau werden die einzelnen Maschinenreihen vom Anbau bis zur Einlagerung der Ernte aufgezeigt. Ausgangspunkt bei der Aufstellung einer Maschinenreihe ist in jedem Falle das Erntegut, das Ernteverfahren oder die Erntemaschine, wobei die gegebenen Verhältnisse zu berücksichtigen sind. Im 3. Abschnitt über "die Maschinenkosten" werden nach Angaben über die Ziele einer Mechanisierung und einer Automatisierung der Innenwirtschaft einfache Faustformeln gegeben, die sich für das überschlägige Berechnen von Maschinen- und Flächenleistungen sowie zur Kostenberechnung (Zinsen, Amortisation, Unterbringung, Kraft- und Schmierstoffe, Reparatur) eignen. Den Abschluß bilden Betrachtungen über die Grenzen der Wirtschaftlichkeit im Verhältnis zum Ertrag einer bestimmten Kulturart. W.Bohrisch.

1-64/04-0007 A d a m s, Andres, W., B a r t m a n n, R., B o t h e, H., E b e r h a r d t, M., E i c h l e r, Ch., F i n z e l, R., F i s c h e r - G u r i g, A., F r i e d r i c h, J.H., G e b h a r d t, F., G r e i l, O., H a a s e, E., H a h n, S., H o l j e w i l k e n, H., H o r n, H.-H., H u b e r t, K., I d e l, K., I h l e, G., J a s s m a n n, G., J u r a k, A., K ö t t e r i t z s c h, H., K r u p p, K., L a s t, U., M a r x, F., M a t z, Chr., O b s t, H., P f e i f f e r, A., R e c h, G., R ö s e l, W., S c h m i d, H., S c h m i d t, T., S c h ö n e r s t e d t, H., S c h w a b, H., S t o l z e n b u r g, W.-L., T i m m, W., T h u m, E., V o l l g o l d, K., V ö l z, F., W o l f f, G., W o l l m a n n, G., Z a u n m ü l l e r, G. und Z s c h u p p e, H. Landtechnisches Taschenbuch. Berlin: VEB Deutscher Landwirtschaftsverlag. 1963. (167 S. m. 12 Abb. u. zahlr. Tab.) 11,5 x 18,5 cm. DM 6,50.

Die ständig fortschreitende Mechanisierung der Landwirtschaft durch die Einführung immer modernerer Geräte und Maschinen verlangt von allen am Arbeitsprozeß Beteiligten nicht nur ein Verständnis der "Neuen Technik", sondern auch eine laufende Weiterqualifizierung. Dieser Aufgabe dient das vorliegende Taschenbuch. Es will allen in der Landwirtschaft Tätigen ein ständiger Begleiter sein, der über den neuesten Stand informiert und beratet, damit unter Einsatz der besten Technik ein Höchstmaß an Produktivität erreicht werden kann. Die aus vielen Einzelbeiträgen von Fachleuten aus der Landtechnik, aus Wissenschaft und Praxis zusammengestellten Artikel liefern ein umfangreiches Material für die Planung, den Einsatz, die Pflege und Wartung von techn. Einrichtungen, von Maschinen und Geräten. Die einzelnen Beiträge sind in folgenden Abschnitten enthalten: 1) Bedeutung der Landtechnik für die sozialistische Produktion, 2) Maschinen und Geräte für die sozialistische Landwirtschaft, 3) Landtechnische Instandhaltung, 4) Tabellen und Richtwerte. Das Taschenbuch ist ein wichtiges Hilfsmittel für die tägliche Arbeit in den Betrieben der sozialistischen Landwirtschaft. W.Bohrisch.

1-64/04-0008 Der Rat der "Sojuzsel'choztechnika" (Unionsvereinigung der Landtechnik) berät über aktuelle Aufgaben. Aus: Pravda, Moskva v. 9.6.1961. S.2. (Übers. aus d. Russ., Maschinenschr. vervielfält.) - TO 782.

1-64/04-0009 Engere Verbindung der Unions-Vereinigung für Landtechnik mit der Produktion. Aus: Sel'skaja žizn, Moskva 1963 Nr. 6. S. 9. (Übers. aus d. Russ., Maschinenschr. vervielfält.) - TO 778.

1-64/04-0010 Information über einige Fragen der Landwirtschaft Hollands. Moskau. 1963. (38 S.) (Übers. aus d. Russ., Maschinenschr. vervielfält.) - T 117.

1-64/04-0011
D u k a, V. Chimizacija sel'skogo chozjajstva Federativnoj Respubliki Germanii. (Chemisierung der Landwirtschaft der Bundesrepublik Deutschland.) Moskva: Minist. sel'sk. choz. 1963. (42 S.) 4°. (1963 B 215)

C. UNTERRICHT, BERUFSAUSBILDUNG

1-64/04-0012 N o w a c k i, T. Problem utechniczienia nauczania w wyzszych szkołach rolniczych. (Die Landtechnik als Schwerpunkt im Unterricht an den landwirtschaftlichen Hochschulen.) -Nowe Rolnictwo 12 (1963) Nr. 9. S.27-29.
In sämtlichen Disziplinen mit Ausnahme der Tiermedizin sind 2stufige Studien zu schaffen (Ingenieure und Magister). Unter den nicht angenommenen oder ausgefallenen Kandidaten müssen die fähigen in die höheren landwirtsch.-techn. Lehranstalten geschickt werden. Nach einer bestimmten Anzahl von praktischen Jahren und einem einjährigen Fernstudium kann der Techniker das Diplom eines Magisters erwerben. Die Hörer der 2 letzten Studienjahre müssen in moderne landwirtsch. Versuchtsbetriebe kommen. Erforderlich sind: 1) Ausrüstung der Lehrstühle der landwirtsch. Hochschule mit Meßgeräten, Laborgeräten und Lehrmatérial; 2) Modernisierung der Lehrbücher; 3) Förderung wiss. Arbeiten an den Lehrstühlen. Der Landwirtschaftsingenieur muß die Fähigkeit besitzen, die techn. Geräte und Anlagen auf dem betreffenden Spezialgebiet richtig einzusetzen. Er muß die moderne landwirtsch. Produktion richtig anleiten können. PRL/CBR, übersetzt v. O.Kasperl. 1205.

1-64/04-0013 O k o n s k a, A. Korespondencyjne technika rolnicze. (Landwirtschaftliche Technika für das Fernstudium.) - Nowe Rolnictwo 12 (1963) Nr. 8. S. 7-8. - 2 Tab.
In der VR Polen wurden an den landwirtsch. Technika Abteilungen für Fernstudium geschaffen. Sie führen die Schüler bis zur Reifeprüfung; nach Ablegung der Reifeprüfung erhalten sie den Titel eines Technikers und das Recht, eine höhere Lehranstalt zu besuchen. Eine weitere Ausbildungsform stellen die Fernstudiumlehrgänge für Berufsausbildung mit mittlerem Niveau dar; sie berechtigen nicht zum Weiterstudium an höheren Schulen, da die Absolventen nicht das Reifezeugnis besitzen, das sie an anderen Schulen erwerben. Das Studium stützt sich auf 5 Besuche im Laufe eines Schuljahres von 3 - 7 Tagen sowie auf die selbständige Arbeit des Schülers. Sehr wichtig sind die Rolle und die Verpflichtungen der delegierenden Betriebe sowie ihr Einfluß auf die Ergebnisse des Studiums und den Prozentsatz der "austretenden" Schüler. Die Schüler stammen aus den Reihen der Werktätigen der LPG und Staatsgüter, aus bäuerlichen Einzelbetrieben sowie aus Betrieben und Insti-

tutionen, die mit der Landwirtschaft in Zusammenhang stehen. Die Fernstudienlehrgänge werden nach und nach abgeschafft zugunsten der Fernstudientechnika verschiedener Spezialgebiete. Im Entwicklungsplan für das Schulwesen der Landwirtschaft ist eine Erweiterung des Fernstudiums vorgesehen.

PRL/CBR, Übersetzt v. O.Kasperl. 1205.

1-64/04-0014 N i e w i a d o m s k i, W. Zakłady doświadczalne wyższych szkół rolniczych w perspektywie. (Die Versuchsanstalten der landwirtschaftlichen Hochschulen in der Zukunft.) - Postępy Nauk rolniczych 10 (1963) Nr. 1. S. 13-26. - 1 Tab. 1205.

1-64/04-0015 G i b e r, Katalin. Die Weiterbildung der Landwirtschaftsingenieure in Ungarn. - Wiss.-techn. Fortschr. Landwirtsch. 4 (1963) Nr. 10. S. 473. - 1 Abb. 1205.

1-64/04-0016 D e m p s e y, Larry. Das landwirtschaftliche Schulwesen und die Beratung in der Republik Irland. - Ausbild. Berat. Land- u. Hauswirtsch. 16 (1963) Nr. 12. S. 271-273.- 2 Abb. 1205.

D. FORSCHUNG

1-64/04-0017 S o ó s, G. A mezögazdasági tudományos kutatás helyzete és feladatai. (Lage und Aufgaben der wissenschaftlichen Forschung auf dem Gebiete der Landwirtschaft.) - Társadalmi Szemle /Soz. Rdsch./ 1963 Nr. 7. - Aus: Ung. Agrar-Rdsch. 1963 Nr. 4. 1305.

1-64/04-0018 A n o n y m. Annual report 1962-1963. (Jahresbericht 1962/63.) - Iowa State Univ. Sci. Technol., agric. Home Econ. Exp. Stat., annu. Rep. 1962/63 S. 1-14. 1305.

II. T E C H N I S C H E G R U N D L A G E N

B. GRUNDLAGENWISSENSCHAFTEN, ERFINDUNGEN, KONSTRUKTIONEN

1-64/04-0019 W e l s c h o f, Gerhard. Lärmbekämpfung bei Landmaschinen. - Mitt. dtsch. Landwirtsch.-Ges. 78 (1963) Nr. 35. S. 1104-1108. - 1 Abb., 3 Tab.

An wahrgenommenen Geräuschen weist der Vf. nach, daß die Bezeichnungen "laut" und "leise" nur subjektiv sind, daß es aber Richtlinien für die Beurteilung von Geräuschen gibt (VDI - Richtlinie 2058 oder DLG-Beurteilungsmaßstab), die die noch zulässige Grenze festlegen. Das Ausmaß der Lärmentwicklung bei Landmaschinen wird an einigen Beispielen aufgezeigt und auf den Lärm als Ursache für eventuell vorliegende Schäden hingewiesen. Schließlich werden einige Möglichkeiten der Lärmbekämpfung genannt: Abschirmung, Schalldämpfung oder Verwendung von schallschluckenden Stoffen.

W.Bohrisch. 2110d.

1-64/04-0020 W i e t h a u p, Hans. Rechtsgrundlagen der Lärmbekämpfung in Finnland. - Gesundheitswes. u. Desinfekt. 55 (1963) Nr. 11. S. 156-157. 2110d.

1-64/04-0021 B a l o v n e v, G.G. Racional'nye gnutye profili dlja ramnych konstrukcij s.-ch. mašin. (Rationelle gebogene Profilstähle für Rahmenkonstruktionen von Landmaschinen.) - Traktory i sel'chozmašiny, Moskva 33 (1963) Nr. 5. S. 30-34. - 2 Diagr., 5 Schemaskizzen, 1 Tab., 5 Lit. Aus: Dok.-Dienst ILT 1963 Nr. 8.

Bei Berechnung der Profile auf Festigkeit und Steifigkeit müssen vorher eine Reihe geometrischer Kennwerte bestimmt werden: Trägheits- und Widerstandsmomente sowie die Koordinaten einiger Punkte (Rechenbeispiele werden angeführt). Zur Bestimmung der rationellsten Form von Profilen mit offenem Querschnitt werden die Form-Kennwerte herangezogen. Die rationelle Form wurde hierbei auf die Festigkeit gegen Verbiegung und Verdrehung bezogen. Auswahl rationeller Profilformen für Rahmen. Untersuchung der rationellen Formen bei Wechselbeanspruchung. Bestimmung der Maße für optimale Profile.

2125.

1-64/04-0022 G o d f r e y, G.B. The techniques for the fabrication of tubular structures in ralation to agricultural machinery. (Technik der Verwendung röhrenförmiger Profile in landwirtschaftlichen Maschinen.) - J. Proc. Instn. agric. Engr. 19 (1963) Nr. 2. S. 56-63. - 4 Abb., 2 Tab., 7 Lit.

In zunehmenden Maße werden beim Bau von landwirtsch. Maschinen und Geräten Hohlprofile mit kreisförmigen, quadratischen, rechteckigen oder ähnlichen Querschnitten verwendet. Vf. hat deshalb einen Überblick über die Festigkeit der gebräuchlichsten Stahlsorten, über die üblichsten Profilarten und über ihr unterschiedliches Verhalten bezüglich Druck, Zug, Biegung, Scherung, Torsion, usw. gegeben. Schließlich wird auf das Schweißen eingegangen und die entsprechenden Britischen Materialstandards werden aufgeführt. Hinweise für Schweißkonstruktionen und dabei zu beachtende Maßnahmen werden gegeben.

W.Bohrisch. 2125.

1-64/04-0023 T e u c h e r, S. Betriebssichere Flachdichtungen. Konstrukt. Maschinen-, Apparate- u. Gerätebau 15 (1963) Nr. 9. S. 368-371.- 8 Abb., 1 Tab., 5 Lit.

Flachdichtungen sind stets nur im Zusammenhang mit ihrer Umgebung zu beurteilen. Um optimale Lösungen zu erzielen, sind eine ganze Reihe von Faktoren zu beachten: Anordnung der Schrauben (Anzahl, Abstand, Größe, Gütegrad), richtige Ausbildung der Dichtflächen und hohe und gleichmäßige Steifigkeit der Bauteile. Bes. behandelt werden die unterschiedlichen Einflüsse von Starr- und Dehnungsschrauben sowie von harten und weichen Dichtungen. An einem allgemeingültigen Rechenbeispiel wird gezeigt, wie Dichtungsstärke und -material sowie Flächenpressung und Schrauben miteinander zusammenhängen. Die Verspannungsbilder für Starr- und Dehnschrauben und für weiche und harte Dichtungen, die ausführlich behandelt werden, geben über die zu beachtenden Kräfteverhältnisse Aufschluß.

W.Bohrisch. 2135.

1-64/04-0024 Č e r n a v s k i j, S.A. Podšipniki skol'ženija s plavajuščej vtulkoj. (Gleitlager mit schwimmender Lagerbuchse.) - Izvestija Timirjazevskoj sel'skochozjajstvennoj akademii, Moskva 1962 Nr. 5. S. 153-160. - 3 Diagr., 1 Tab., 1 Zeichn., 4 Lit. Zus. in Engl.

Bei Zentrifugen, Gasturbinen u.ä. Maschinen können die Zentrifugalkräfte durch Unwuchten (z.B. beim Abreißen einer Turbinenschaufel) so groß werden, daß Wälzlager in wenigen Sek. zerstört werden. Verwendet man Gleitlager, so sind schwer zu berechnende und schwer herzustellende Sonderkonstruktionen erforderlich. Das einfachste Mittel zur Erhöhung der Vibrationsfestigkeit der Gleitlager ist die Anwendung sogenannter schwimmender Lagerbuchsen. Der Wellenzapfen dreht sich hierbei in einer Lagerbuchse, die sich ihrerseits in einer zweiten, festen Lagerbuchse dreht. Die Daten für die Lage des Zapfens in der schwimmenden Buchse und der schwimmenden Buchse in der festen Buchse werden vom Vf. nach der hydrodynamischen Theorie der Schmierung bestimmt. Ferner befaßt sich Vf. mit der Berechnungsmethodik von Lagern mit schwimmender Buchse und rechnet unter Verwendung der im methodischen Teil angegebenen Gleichungen und Diagr. einen konkreten Fall für einen Zapfendurchmesser von 25 mm, eine Zapfenlänge von 25 mm und eine Drehzahl von 30000 U/min durch. W.Balkin. 2125.

1-64/04-0025 R i c h a r d s o n, R.D. Wear in agricultural machinery - the relevance of study of the wear of materials against bonded abrasive. (Verschluß bei landwirtschaftlichen Maschinen - die Bedeutung einer Studie über den Materialverschleiß durch Schmirgelmittel.) - J.Proc. Instn. agric. Engr. 19 (1963) Nr. 2. S. 42-55. - 8 Abb.,8 Tab., 12 Lit.
In umfassender Form werden die Verschleißprobleme, insbes. die Schmirgelwirkung, bei Landmaschinen behandelt. Fongende Unterteilung des weiten Gebietes ist vorgenommen: 1) Metall-Erdboden, 2) Metall-Erdboden-Metall, 3) Staubeinwirkung, 4) geschlossene Lager, 5) Materialabrieb durch pflanzliche Stoffe, 6) Verschleiß von Kunststoffen durch Düngemittel. Für die gleichermaßen wichtigen Labor- und Felduntersuchungen werden verschiedene Forderungen aufgestellt, die im Interesse exakter Versuchsergebnisse zu beachten sind. Die benutzten Methoden und Verfahren werden erläutert. Die gefundenen Meßwerte sind in Tab. und Diagr. dargestellt und werden ausführlich besprochen. Schließlich wird noch auf den Einfluß von vergüteten Metalloberflächen (verchromt) eingegangen. Schlußfolgerungen aus den Meßergebnissen und das Aufzeigen von noch zu lösenden Aufgaben bilden den Abschluß. In der Diskussion nehmen Fachleute zu einzelnen Punkten Stellung oder stellen ergänzende Fragen. W.Bohrisch. 2140.

1-64/04-0026 H a g e n, K. Kunststoffe im Landmaschinenbau. - Landmaschinen-Markt 42 (1963) Nr. 21. S. 1156-1159. - 7 Abb. 2140.

1-64/04-0027 S c h l u n s e n, Dieter. Die Verwendung von Kunststoffen in der Landwirtschaft. - Landmaschinen-Markt 42 (1963) Nr. 21. S. 1160. 1162. 1164. - 3 Abb. 2140.

1-64/04-0028 K r ü g e r, Rolf. Neuerungen auf der 4. Intern. Kunststoff-Fachmesse 1963 in Düsseldorf vom 12. bis 20. Oktober. - VDI-Z. 105 (1963) Nr. 35. S. 1067-1670. 2140.

1-64/04-0029 A n o n y m. Badania stali w warunkach warsztatowych. (Prüfung von Stahl unter Werkstattbedingungen.) - Mechanizacja Rolnictwa 11 (1963) Nr. 1. S. 14-15. - 1 Abb. 2140.

C. FERTIGUNG, INSTANDSETZUNG, PFLEGE

1-64/04-0030 G a f a n o v i č, A.A. O rasčetnoj dolgovečnosti detalej i uzlov sel'chozmašin. (Errechnete Nutzungsdauer von Teilen und Baugruppen der Landmaschinen.) - Traktory i sel'chozmašiny, Moskva 32 (1963) Nr. 9. S. 42-45. - 2 Tab. - Aus: Dok.-Dienst ILT 1963 Nr. 2.
Einige Grundlagen für die Errechnung der Nutzungsdauer von Kraftübertragungselementen sowie von Mechanismen und Arbeitsteilen. Beispiele für die Berechnung der Hauptelemente von Kraftübertragungen und ihrer einzelnen Mechanismen in Abhängigkeit von ihren konstruktiven und funktionellen Besonderheiten. Berechnungsformeln und Hinweise für Ermittlung der Garantiezeit einzelner Teile. 2205.

1-64/04-0031 J a k o b s o n, M.O. und B y l o v, B.D. Ocenka urovnja progressivnosti technologičeskich processov mechaničeskoj obrabotki. (Beurteilung des technischen Niveaus der technologischen Prozesse bei der mechanischen Bearbeitung.) - Traktory i sel'chozmašiny, Moskva 33 (1963) Nr. 7. S. 39-42. - 3 Diagr., 5 Lit. Aus: Dok.-Dienst II/T 1963 Nr. 9.

Mathematische Bestimmung folgender Faktoren: Vollkommenheit des Werkstücks, Niveau der Schneidvorgänge, Stand der Mechanisierung und Automatisierung; jeweils zu erreichende Produktivität des technol. Prozesses und spez. technol. Selbstkosten. Errechnung einer allg. gültigen Kennziffer, die alle auf den Nutzeffekt des Prozesses einwirkenden Faktoren zusammenfaßt. Ermittlung des techn. Standes des technol. Prozesses. Prakt. Anwendung der Kennziffern auf dem Gebiete der mechanischen Bearbeitung von Keilwellen. 2210.

1-64/04-0032 A n o n y m. Werkstättengerät und Revisionsgerät für die Schweißnahtprüfung. - Landtechnik 18 (1963) Nr. 19. S. 658. - 1 Abb.

Zur sicheren und raschen Ermittlung von Schweißnahtfehlern dient der "Magnetoflux" der Fa. Tehag, Bochum. Es arbeitet nach dem Magnetpulver-Prüfverfahren. Der magnetische Kraftfluß wird im Schweißnahtprüfer erzeugt, tritt über die eine Polfläche an den Prüfling über und kehrt auf dem kürzesten Eisenweg über die zweite Polfläche in den Prüfer zurück. Risse oder Schlackeneinschlüsse werden sichtbar gemacht. Eigenmasse ca. 12 kg, Leistungsaufnahme 7 Amp. bei 26 V Tiefenwirkung bis 8 mm. H.Thömke. 2210.

1-64/04-0033 P a d u c h a, A.; Prag, Zentralstelle f. Instandsetzungswes. bei Trakt. u. Landmasch. Spezialisierung des Instandsetzungswesens bei Traktoren und Landmaschinen. - Int. Z. Landwirtsch. 1963 Nr. 2. S. 89-92. - 3 Tab.

Nach der Übergabe des Maschinenparks der MTS an die LPG und andere landwirtsch. Betriebe erwuchs in der ČSSR die Frage, wie am besten, schnellsten und mit dem geringsten Aufwand die Instandhaltungs- und -setzungsarbeiten an Maschinen und Ausrüstungen gewährleistet werden können. Die neue Organisation und techn. Weiterentwicklungs des landtechn. Instandsetzungswesens, über die Vf. ausführlich berichtet, sieht im wesentlichen ein 3stufiges Instandsetzungssystem, angefangen vom landwirtsch. Betrieb über RTS und Spezialwerkstätten bis zum spezialisierten Instandsetzungswerk vor. K.-H.Schulte. 2215.

1-64/04-0034 W o j c i e c h o w s k i, F. O systemach opłat za remonty. (Systeme der Kostenberechnung für die Überholung von Landmaschinen.) - Nowe Rolnictwo 12 (1963) Nr. 9. S. 24-26. - 1 Abb., 1 Tab.

Behandelt wird das gegenwärtige System der Vergütungen für Reparaturen durch die Betriebe POM und ZNMR in der VR Polen und die Möglichkeiten zur Reduzierung dieser allg. zu hohen Kosten. Die Vergütungen für Generalreparaturen für Traktoren und Motoren müssen im ganzen Land einheitlich sein. Sie müssen die Selbstkosten decken bei einer richtigen Technologie der Reparaturen einschl. Material entsprechend dem Landesdurchschnitt + Gewinnzuschlag bis zu 3 %/ha. Bei den Dienstleistungen für genossenschaftliche Abnehmer müssen die Vergünstigungen 30 % betragen. Die Höhe der Vergünstigungen kann man abhängig machen vom Termin der Zulieferung zur Reparatur und von der richtigen Verwendung des Gerätes. Die übrigen Dienstleistungen sollen anstelle der Vergütungen entsprechend der Ertragskalkulation in den ständigen Preislisten erfaßt werden, ohne die Materialkosten hinzuzurechnen. Reparaturen von Geräten, die in den Preislisten nicht erfaßt sind, müßten nach der Anzahl Arbeitsstunden und nach der Bewertung für laufende Reparaturen bezahlt werden. Die Kosten für laufende Reparaturen müssen den Aufwand an Arbeitszeit plus Zuschlag der Durchschnittskosten umfassen.

PRL/CBR, übersetzt v. O.Kasperl. 2215.

1-64/04-0035 P ä t s c h k e, Herbert. Das Lagerproblem bei Reparaturwerkstätten. - Landmaschinen-Markt 42 (1963) Nr. 20. S. 1122. 1124. 1126. - 7 Abb. 2215.

1-64/04-0036 Kak prodlit' žizň mašin. (Sbornik)(Wie kann die Lebensdauer der Maschinen verlängert werden?) Moskva: Izd. "Znanie". 1963. (38 S.) 8° = Stenogramma lekcii Serija 5 Nr. 10. (SR 168, 1963 10)

D. TECHNISCHE BETRIEBSANGELEGENHEITEN

1-64/04-0037 A n o n y m. Weniger landwirtschaftliche Arbeitsunfälle. - Landtechnik 18 (1963) Nr. 19. S. 633.

Die Zahl der landwirtsch. Arbeits- und Wegeunfälle sowie der neugemeldeten Berufskrankheiten in Westdeutschland ist im ersten Halbjahr 1963 gegenüber dem ersten Halbjahr 1962 um 6565 oder 5,4 % auf 114579 gesunken. Die Zahl der Wegeunfälle war mit 1142 um 151 niedriger als im ersten Halbjahr 1962. Die Zahl der neugemeldeten Berufskrankheiten sind mit 429 gegenüber 370 im ersten Halbjahr 1962 angestiegen. H.Thömke. 2310.

1-64/04-0038 Z a v a l i š i n, F.S. Osnovnye principy racional'nogo postroenija potočnych proizvodstvennych processov v sel'skom chozjajstve. (Grundprinzipien des rationellen Aufbaues von Fließprozessen in der Landwirtschaft.) - Mechanizacija i ėlektrifikacija socialističeskogo sel'skogo chozjajstva, Moskva 21 (1963) Nr. 3. S. 15-18. - 2 Diagr., 2 Skizzen, 5 Lit.

Für einen Fließprozeß in der Landwirtschaft ist es charakteristisch, daß das Material in einer pausenlos pulsierenden Bewegung aufgearbeitet wird. Hierbei spielt das Transportproblem eine bes. Rolle. Die Leistung einer Förderers muß z.B. mit dem Inhalt eines Bunkers abgestimmt sein. Zeitformeln sind angegeben. Vf. leistet einen Beschickungskoeffizienten ab und erklärt seine Anwendung. In einem Diagr. ist dieser Koeff. dargestellt. Für die max. Belastung von komplizierten Maschinen, z.B. Kombines, ist es erforderlich, daß die max. Auslastung der Einzelaggregate gleich der max. Gesamtbelastung ist. In 17 Formeln wird der Fließprozeß behandelt.

G.Reumschüssel. 2315.

1-64/04-0039 A n o n y m. Landarbeit in wissenschaftlicher Sicht. 11. Internationaler Landarbeitskongress auf Seelisberg. - Traktor und Landmaschine /Brugg/ 25 (1963) Nr. 4. S. 192. 2320.

1-64/04-0040 S t e f f e n, Günther. Sinnvolle Planung - erfolgreiche Mechanisierung. - Landtechnik 18 (1963) Nr. 20. S. 662.

Die erfolgreiche Mechanisierung der landwirtsch. Betriebe erfordert eine sinnvolle Planung, bei der Arbeitskräftebedarf, Gebäudekomplex, Produktion und Mechanisierung aufeinander abgestimmt sein müssen. Über den vertikalen

Betriebsvergleich mit Hilfe von Buchführungsunterlagen ist die Entwicklung immer mehr zur individuellen Kalkulation übergegangen. Vorteilhaft ist es, Leit- oder Beispielbetriebe zu schaffen, um brauchbare arbeitstechnische Lösungen zu demonstrieren. Solche Beispiele sollen Überlegungen vermitteln, die angestellt wurden, um mit Hilfe der Landtechnik und entsprechender betriebsorganisatorischer Anpassung zu besseren Betriebsergebnissen zu gelangen. H.Thömke. 2325.

1-64/04-0041 B u r k h a r d, Wolfram. Erfahrungen und Formen der überbetrieblichen Maschinenverwendung. - Fatis Rev. /Bad Godesberg/ 10 (1963) Nr. 2. S. 45-48. - 4 Abb., 1 Tab. 2325.

1-64/04-0042 R e i s e g g, Finn. Die Programmplanung aus der Sicht eines Experten. - Fatis Rev. /Bad Godesberg/ 10 (1963) Nr. 2. S. 49-50. 2325.

1-64/04-0043 B i s c h o f f, Theo. Kosten von Spezialmaschinen und -geräten für die Feldarbeit in Sonderkulturen mit besonderer Berücksichtigung der Kostendaten. - Arb. landwirtsch. Hochschule Hohenheim 20 (1963) S. 1 bis 189. - 15 Abb., 81 Tab., 272 Lit. 2325.

1-64/04-0044 T h o r f i n n s o n, T.S. und E p p, A.W. Cost of operating tillage and harvesting machinery in Nebraska. (Kosten des Maschineneinsatzes bei der Bodenbearbeitung und Ernte in Nebraska.) - Univ. Nebraska, Coll. Agric., agric. Exp. Stat., Stat. Bull. 1963 S. 1-22. - 3 Abb., 11 Tab. 2325.

1-64/04-0045 U r b á n e k, Ladislav. Příspěvek k organizování komplexních mechanizovaných brigád a čet. (Beitrag zur Organisation der komplexmechanisierten Brigaden.) - Zemědělská Ekonom. 9(36) (1963) Nr. 4. S. 223-232.
Die effektive Ausnutzung der Mechanisierung soll mit Hilfe von komplexmechanisierten Brigaden erreicht werden. Die neuen Formen sollen die Verbindung Boden-Mechanisierungsmittel-Arbeitskräfte realisieren, die Ausnutzung dieses Komplexes hinsichtlich Zeit und Leistung sicherstellen, die Mechanisierung ganzer technol. Fließstraßen garantieren und die materielle Interessiertheit an den Produktionsergebnissen steigern. Die Bildung der Brigaden erfolgt im Zusammenhang mit der Spezialisierung der Ergänzung der Maschinengarnituren für die Komplexmechanisierung und der Schulung von Mechanisatoren usw. ČSSR/ÚVTI. 2325.

1-64/04-0046 F e l d m a n n, F. Das Turbinenauto und die Landtechnik. - Dtsch. landwirtsch. Presse 85 (1962) Nr. 51/52. S. 521-522.; 86 (1963) Nr. 1. S. 3-4.; Nr. 2. S. 12-13.
Selbst landwirtsch. Betriebe mit einer LN von 60 ha und darüber können sich nur eine einfache techn. Ausrüstung, die in jedem Fall Einmannarbeit ermöglicht, leisten. Die dafür in Frage kommenden Geräte sind aufgeführt. Das notwendige Grundkapital beläuft sich auf ca. 58000 DM. Die Größenordnung dieses Betrages läßt erkennen, daß weitere Mechanisierung für Betriebe vorgenannter Größe finanzielle nicht tragbar sind. Für den als Modellfall angenommenen 20-ha-Betrieb sind 1,6 AK angenommen worden. Zu untersuchen war die Frage, ob diese Anzahl bei normaler Arbeitszeit und Arbeitsintensität in der Lage ist, die anfallenden Arbeiten unter Berücksichtigung der eingangs als notwendig erachteten maschinellen Ausrüstung zu bewältigen. Eine Untersuchung führte auf den Wert von 4000 AKh/Jahr ≙ 1,6 AK. Diese Bestätigung führt zu dem Schluß, daß ein stark mechanisierter 20-ha-Betrieb erhebliche Reserven für die verschiedensten Störungen besitzt. Eine über die als not-

wendiges Minimum bezeichnete Maschinenausstattung hinausgehende Mechanisierung hält Vf. für unnötig, da damit die Arbeitsproduktivität zu stark ansteigen und der notwendige AK-Bedarf sinken würde. Zu große Maschinen würden u.U. nicht einmal die volle AK des Bauern selbst auslasten.

K.-J.Zurawski. 2325.

E. MESS- UND PRÜFWESEN

1-64/04-0047 G a u s, H. Landmaschinenprüfungen aus eigener Sicht. - Mitt. dtsch. Landwirtsch.-Ges. 78 (1963) Nr. 47. S. 1487-1488. 2405.

1-64/04-0048 M e t z e n t h i n, W. und R i l l i n g, K.E. Die praktische Prüfarbeit vor der DLG-Anerkennung. - Mitt. dtsch. Landwirtsch.-Ges. 78 (1963) Nr. 47. S. 1488-1489. 2405.

1-64/04-0049 S c h m o c k, F. Wie kann der Landwirt die Maschinen-Prüfungsergebnisse nutzen? - Mitt. dtsch. Landwirtsch.-Ges. 78 (1963) Nr. 47. S. 1490-1493. 2405.

1-64/04-0050 F u l d a, E. DLG-Maschinen-Prüfberichte in der landtechnischen Beratung. - Mitt. dtsch. Landwirtsch.-Ges. 78 (1963) Nr. 47. S. 1493 bis 1494. 2405.

1-64/04-0051 F l e r l a g e, B. Landmaschinenprüfung aus der Sicht des Konstrukteurs. - Mitt. dtsch. Landwirtsch.-Ges. 78 (1963) Nr. 47. S. 1494 bis 1498. 2405.

1-64/04-0052 G a u s, H. Ein Blick über die Grenzen auf die Landmaschinenprüfungen in anderen Ländern. - Mitt. dtsch. Landwirtsch.-Ges. 78 (1963) Nr. 47. S. 1499-1500. 2405.

1-64/04-0053 C r u c q, J. Die Landmaschinenprüfung in den Niederlanden. - Mitt. dtsch. Landwirtsch.-Ges. 78 (1963) Nr. 47. S. 1502-1504. - 4 Abb. 2405.

1-64/04-0054 J a r v e l a, Ch. A. Novyj sposob kalibrovki nejtronnych vlagomerov. (Neues Verfahren für die Eichung von Neutronen-Feuchtemessern.) - Izvestija Timirjazevskoj sel'skochozjajstvennoj akademii, Moskva 1962 Nr. 6. S. 195-208. - 1 Abb., 4 Diagr., 2 Tab., 55 Lit. Zus. in Engl.

Das Neutronenverfahren zur Bestimmung der Feuchte ist in wesentlichen Punkten der Feuchtebestimmung durch Trocknen überlegen. Die Eichung des Neutronen-Feuchtemessers ist für die Feuchtebestimmung von entscheidender Wichtigkeit. Es sind verschiedene Verfahren für die Eichung auf dem Felde und im Laboratorium sowie nach theoretischen Berechnungen entwickelt worden, die Vf. kritisch beurteilt. Auch ein von einer Gruppe amer. Gelehrter entwickeltes Verfahren zur Übertragung der Eichkurve eines geeichten Neutronen-Feuchtemessers auf Feuchtemesser mit anderen und unterschiedlichen Moderatoren hat nach Ansicht des Vf. bestimmte Mängel. Bei dem von ihm vorgeschlagenen neuen Verfahren werden künstliche Moderatoren verwendet, die schnelle Neutronen in gleicher Weise abbremsen, wie ein Boden bestimmter Feuchte, dessen "Äquivalent" sie darstellen. Als zerstreuendes Medium des Äquivalents verwendet Vf. Wasser und bringt eine Kurve der Beziehung zwischen "äquivalenter Feuchte" der Wasserschicht und der Bodenfeuchte. Die "Feuchte" der Äquivalente kann theoretisch und experimentell ermittelt werden. Vf. beschreibt eine von ihm entwickelte Vorrichtung zum Eichen von Neutronen-Feuchtemessern mit künstlichen Äquivalenten bestimmter Feuchte bei Tiefen- und Oberflächenmessungen. W.Balkin. 2410.

1-64/04-0055 B i g s b y, F.W. und K i l c h e r, M. R.; Swift Current, Saskatchewan, Res. Branch, Exp. Farm. Note on the modification of a soil penetrometer for measuring sponginess of turf. (Bericht über die Abänderung einer Bodensonde zur Porositätsmessung von Grasdecken.) - Canad. J. agric. Sci. 43 (1963) Nr. 3. S. 425-427. - 2 Abb., 1 Lit.

Die wichtigste Eigenschaft einer Grasdecke ist die Porosität, deren Bestimmung bislang auf subjektiven Schätzungen beruhte. Durch die Abänderung einer registrierenden Bodensonde kann die Porosität gemessen werden, wodurch eine objektive Beurteilung gegeben ist. Die Änderungen betreffen den Fuß der Sonde, der gegen eine Sperrholzplatte ausgetauscht wurde und die Sondenspitze, die durch eine Holzplatte von 3x4 in. (7,6 x 10,2 cm) ersetzt wurde. Um bei allen Untersuchungen die gleiche Belastung zu gewährleisten, ist eine Lastbegrenzung in Form eines Anschlages angebracht. Durch diese billige Abänderung kann eine normale Bodensonde auch für den Sonderfall einer Porositätsbestimmung eingesetzt werden. W.Bohrisch. 2410.

F. EIGENSCHAFTEN, VERHALTEN UND NATURWISSENSCHAFTLICHE GRUNDLAGEN DES BODENS, DER LANDWIRTSCHAFTLICHEN PRODUKTE UND DER HILFSSTOFFE

1-64/04-0056 Radioaktive Isotope in der Landtechnik (Bodendichteprofil-Sonde "DS-2"). - Potsdam-Bornim, Inst. Landtechn. Dtsch. Akad. Landwirtsch.-Wiss. Berlin Plan-Nr.: 1701 23 h-2-16. Teil-Abschlußber. 1.2 (16/12. 1963).

Zur Messung von Bodenverdichtungen unter den Rädern von Schleppern und Landmaschinen und zur Ermittlung der Funktionsweise von Bearbeitungsgeräten ist die Aufnahme von Bodendichteprofilen unerläßlich. Die Messung mit Stechzylindern ergibt ein sehr grobes, statistisch nur schwer zu sicherndes Bild. Mit der γ-Bodendichteprofil-Sonde "DS-2" wird ein quer zur Spur freigelegter Erddamm horizontal und vertikal punktweise abgetastet. Die Messung der Bodendichtewerte im Profil beruht auf der Absorptionsmessung der γ-Strahlung von ^{60}Co. Das Freilegen des Erddammes erfolgt mit einer speziellen Schneidevorrichtung. Die Sonde wurde zum Vergleich der Einwirkungen von Rad- und Kettenschleppern auf den Boden und zur internationalen Vergleichsprüfung von Forstpflanzmaschinen verwendet. 2510.

1-64/04-0057 Radioaktive Isotope in der Landtechnik. (Impulsdichtemesser "I-1" und I-2", Zusatzgerät "I-2.1"). - Potsdam-Bornim, Inst. Landtechnik Dtsch. Akad. Landwirtsch.-Wiss. Berlin Plan-Nr.: 1701 23 h-2-16. Teil-Abschlußber. 3.1 (16/12.1963).

Der Bau von transistorisierten Impulsdichtemessern wird beschrieben. Die Geräte sind mit 2 Meßbereichen, der Versorgungsspannung für Halogen-Zählrohre "CTC-5", einer großen Integrations-Zeitkonstanten (zum Ausgleich der statistischen Schwankungen) und geringem Stromverbrauch auf die speziellen Probleme der Bodendichtemessung zugeschnitten. Sie lassen sich aber für alle Meßaufgaben mit "CTC-5"-Zählrohren heranziehen, bei denen die statistische Genauigkeit von 3 % für die Zählratenbestimmung ausreicht. So wurde das 2. Exemplar, "I-2", erweitert für den Anschluß des Zusatzgerätes "I-2.1", das 6 Meßstellen gleichzeitig ausmessen und die Impulsraten auf einem 6fach-Schreiber registrieren kann. Die Impulsdichtemesser "I-1" und "I-2" wurden mittels Thermistoren gegen Temperatureinflüsse kompensiert und zeigen eine lineare Abhängigkeit des Zeigerausschlages von der Impulsdichte. Die Geräte wurden mit einem robusten Blechgehäuse und Tragriemen versehen; ihr Gewicht beträgt 3,5 kp. 2510.

1-64/04-0058 R u b i n š t e j n, A.L. und R u b i n š t e j n, V.A. Novyj pribor dlja ispytanija slabych gruntov na sžatie. (Neues Gerät zur Prüfung weicher Böden auf Druck.) - Izvestija Timirjazevskoj sel'skochozjajstvennoj akademii, Moskva 1962 Nr. 5. S. 239-240. - 1 Abb. Zus. in Engl.

Vff. beschreiben ein Gerät, das aus einem durch einen axialen Schnitt in 2 Hälften geteilten Zylinder besteht. Durch einen Bügel sind die beiden Zylinderhälften zunächst miteinander verbunden. Nachdem die im Zylinder befindliche Bodenprobe unter einen bestimmten Druck gesetzt worden ist, wird die Kraft, mit der die Zylinderhälften aneinander gepreßt werden, solange verringert, bis der Boden sie auseinanderdrückt. Auf diese Weise ermittelt man den im Boden bei einer bestimmten vertikalen Belastung entstehenden horizontalen Druck. Zur Ermittlung der Reibung zwischen Boden und Zylinder wird eine Bodenprobe in einen anderen, nicht aufgeschnittenen Zylinder gelegt und belastet; der Zylinder wird hochgezogen und aus der dabei aufgewendeten Kraft ermittelt man die Reibungszahl. W.Balkin. 2510.

1-64/04-0059 E m e l ' j a n o v, L.M. Dva tipa davlenija grunta v vysokich korobkach. (Zwei Arten des Bodendrucks in hohen Prüfbehältern.) - Izvestija Timirjazevskoj sel'skochozjajstvennoj akademii, Moskva 1962 Nr. 6. S. 175-194. - 5 Diagr., 9 Zeichn., 5 Tab., 24 Lit. Zus. in Engl.

Nach den z. Z. geltenden Ansichten sind die Gesetzmäßigkeiten der Entwicklung der Drücke in vertikalen Zellen am besten durch Janssen (1895) angegeben worden. Durch Gutjar (SU) wurden sie 1935 experimentell bestätigt. Die in einer vertikalen Zelle auftretenden vertikalen und seitlichen Drücke und Druckverteilungen werden vom Vf. ausführlich mathematisch unter Anwendung von Nomogr. und Diagr., insbes. von Diagr., die die Drücke in Abhängigkeit von der Zellentiefe angeben, behandelt. Hierbei betrachtet Vf. verschiedene Möglichkeiten, z.B. horizontale und vertikale Trennplatten sowie schichtweises Einbauen verschiedener Böden in die Zelle. Ferner untersucht er die Vorgänge beim Eindringen von Probeentnahme-Zylindern in den Boden. Abschließend stellt er fest, daß in Silagebehältern und Getreidesilos außerordentlich unterschiedliche Spannungszustände eintreten können und die Seitendrücke sich in weiten Grenzen ändern. Eine wirklichkeitsgetreue Darstellung der Statistik der Zellenfüllung ist nur möglich bei Berücksichtigung der Richtung der vertikalen Schübe der Füllung längs den Seitenwandungen. W.Balkin. 2510.

1-64/04-0060 G u b a r e v, A.N. Pribor dlja opredelenija vlažnosti počvy v polevych uslovijach. (Gerät zur Bestimmung der Bodenfeuchte auf dem Felde.) - Izvestija Timirjazevskoj sel'skochozjajstvennoj akademii, Moskva 1962 Nr. 5. S. 233-238. - 2 Abb., 3 Diagr., 1 Zeichn., 7 Lit. Zus. in Engl.

Nachdem Vf. kurz auf die bisher vorhandenen Verfahren eingegangen ist, beschreibt er ein Gerät, das in folgender Weise arbeitet: Ein hohler Stab, der an seinem unteren Ende einen porösen Stopfen trägt, wird in den Boden versenkt. Über dem Stopfen befindet sich ein Preßling aus stark quellendem Material (hydrophiles Kolloid) und über dem Preßling sitzt ein Kolben, der eine zum oberen Ende des Hohlstabes führende Stange trägt. Diese Stange ragt in einen Indikator hinein, der auf einer Skala das Aufquellen des Preßlings anzeigt, wenn er durch den porösen Stopfen Bodenfeuchte aufnimmt. Je feuchter der Boden ist, um so stärker schlägt der Zeiger des Indikators aus. Das Gerät muß für die verschiedenen Bodenarten geeicht werden. Es muß mindestens 5 Min. im Boden stecken, ehe abgelesen werden kann. Vf. erörtert die theoretischen Grundlagen der Wirkungsweise des Geräts und gibt Anweisungen für seine Eichung. Die Abweichungen der Anzeigen des Geräts von den durch Trocknung und Wägen ermittelten Werten betrugen bei 27,3 % Feuchte + 1,2 Feuchteprozente und bei 8,8 % Feuchte -1,4 Feuchteprozente. W.Balkin. 2510.

1-64/04-0061 D e b, A.K. und S i n g h, Amar; Roorkee, Uttar Pradesh, Central Building Res. Inst. Fibre-glass electrical resistance moisture meters for long term measurement of in situ soil moisture. (Elektrische Widerstandselemente aus Glasfasern für langdauernde Feuchtigkeitsmessungen im Erdreich.) - J. Indian Soc. Soil Sci. 11 (1963) Nr. 1. S. 65-68. - 1 Abb., 6 Lit.

Widerstandselemente aus Glasfasern werden bevorzugt bei der Untersuchung von Wasserbewegungen im Erdbogen verwendet. Vff. beschreiben sehr eingehend die beiden Eichmethoden,- direkte oder indirekte Eichung - erläutern die jeweiligen Vor- und Nachteile und erklären den Eichvorgang anhand eines praktischen Beispiels. Der Vorteil, den die direkte Eichung gegenüber der indirekten besitzt, wird begründet. W.Bohrisch. 2510.

1-64/04-0062 H e i n i n g, B. A pressure membrane apparatus. (Ein Gerät mit Druckmembran.) - J. agric. Engng. Res. 8 (1963) Nr. 1. S. 48-49. - 2 Abb., 3 Lit.

Das Gerät ist für Bodenkundler und Biologen entwickelt worden, die sich mit dem Nährstoffgehalt oder dessen Lösungen im Erdboden befassen. Im Gegensatz zu den bisher üblichen Methoden der Bodenanalysen, die keine hinreichend genauen Werte ergaben, erlaubt dieses Gerät das Herausziehen von Lösungen aus Bodenproben mit Hilfe von Stickstoffgas, wobei der Druck bis 16 at variiert werden kann. Die Konstruktion der Vorrichtung, der Aufbau und die Handhabung werden eingehend beschrieben. W.Bohrisch. 2510.

1-64/04-0063 B i g s b y, F.W.; Swift Current, Saskatchewan, Canada Dep. of Agric. Note on a constant moisture balance for maintaining the moisture content of individual soil containers. (Bericht über eine Waage, die einen bestimmten Feuchtigkeitsgehalt in einem Gefäß mit einer Bodenprobe aufrecht erhält.) - Canad. J. agric. Sci. 43 (1963) Nr. 3. S. 432-435. - 2 Abb., 1 Tab.

Für längere Zeit andauernde Bodenuntersuchungen muß oftmals der Feuchtigkeitsgehalt der Probe konstant bleiben. Vf. beschreibt eine Waagevorrichtung, die diese Forderung erfüllt. Hauptelement ist eine am Waagebalken befestigte und mit Quecksilber gefüllte Glasröhre, die als Ventil wirkt. Durch Verdunsten von Wasser aus der Bodenprobe, also Gewichtsverminderung, senkt sich der Waagebalken und das Quecksilber in der Röhre fließt zum tiefsten Punkt. Dadurch wird nun eine Öffnung freigegeben, durch die Wasser aus einem Vorratsbehälter zur Bodenprobe fließen kann. Durch die damit erzielte Gewichtsvergrößerung hebt sich der Waagebalken wieder, das Quecksilber fließt in seine ursprüngliche Lage zurück und verschließt dadurch den Wasserzulauf. Aufbau und Funktion der Einrichtung, die sich bewährt hat, werden beschrieben. Sie ist sehr billig und kann leicht mit eigenen Mitteln hergestellt werden.

W.Bohrisch. 2510.

III. ENERGIE, KRAFTMASCHINEN UND SCHLEPPER

B. ENERGIE UND KRAFTMASCHINEN

1-64/04-0065 Š e f t e r, Ja.I. und C h e l l e n o v, O.B. Vetrodvigateli dlja vodopod-ema na pastbiščach i sistema ich techničeskogo obsluživanija. (Windmotoren für die Weidenbewässerung und ihre technische Wartung.) - Gidrotechnika i melioracija, Moskva 15 (1963) Nr.9. S.41-46. - 1 Abb., 2 Diagr., 2 Tab. 3120.

1-64/04-0066 R u e b, H.P. Die Elektrizität in der Landwirtschaft (Unfallschutz). - Grüne /Zürich/ 91 (1963) Nr.48. S.1464-1472. - 8 Abb. 3130a.

1-64/04-0067 A n d r i a n o v, V.N., B y s t r i c k i j, D.N. und P a ň k i n, V.V. Schemy avtomatiki peredvižnych dizel'nych ėlektrostancij s beskontaktnymi ėlementami. (Schaltungen für die automatische kontaktlose Regelung fahrbarer Diesel-Elektroaggregate.) - Mechanizacija i ėlektrifikacija socialističeskogo sel'skogo chozjajstva, Moskva 21 (1963) Nr.3. S. 38-43. - 3 Diagr., 3 Schemata, 2 Tab., 1 Zeichn., 8 Lit.

Am verbreitetsten sind halbautomatische Aggregate, deren Schaltungen durch folgende Besonderheiten gekennzeichnet sind: Steuerstrom ist der Wechselstrom des Generators; die Ausschaltmagnete arbeiten mit Ruhestrom; die Schaltung enthält Elemente der Serienproduktion. Die Einführung kontaktloser vibrationsfester Schaltelemente erhöht die Zuverlässigkeit der Aggregate, weil ihre Wartung einfach ist und sie auf dem Rahmen des Aggregats untergebracht werden können. Vff. untersuchen die Arbeit von Magnetverstärkern und Halbleiterschaltungen als Schaltelemente. Bei den Magnetverstärkern erwiesen sich Schaltungen mit Gleichstromabgabe ohne Rückkopplung oder mit innerer Rückkopplung als am günstigsten. Bei den Halbleiterschaltungen wurden eine Germanium-Transistortriode oder 2 parallel und entgegengesetzt geschaltete Siliziumdioden verwendet. Die Arbeit der Verstärker wird von Vff. unter Verwendung von Schaltbildern und Stromkennlinien der Stellmagnete besprochen. W.Balkin. 3130b.

1-64/04-0068 S p a m e r, Peter. Stand der Normung auf dem Gebiet der Verbrennungsmotoren. - Motortechn. Z. 24 (1963) Nr.10. S.353-354.

Bericht über den gegenwärtigen Stand der internationalen und der deutschen Normen über wichtige techn. Begriffe, die für die Verbrennungsmotoren gebraucht werden. Aus der Arbeit von ISO/TC 8 und 22, CIMAC, UIC, DIN. 3135a.

1-64/04-0069 R o s s e n b e c k, Martin. Siedekennwerte von Ottokraftstoffen und ihr Einfluß auf den Motor. - Motortechn. Z. 24 (1963) Nr.9. S.307-310. - 17 Abb., 15 Lit.

Es wird gezeigt, wie Kaltstart, Anwärmzeit, Dampfblasenbildung, Vereisung durch bestimmte Kraftstoff-Fraktionen beeinflußt sind. Die Oktanzahlen "ROZ" und "SOZ" unterscheiden sich nach der Verteilung der "ROZ" auf die einzelnen Siedefraktionen. Wirkung von Tetra-Methyl-Blei anstelle von Tetra-Äthyl-Blei auf die "SOZ" wird erläutert. 3135b.

1-64/04-0070 P i m e n o v, A.M. und M i c h a j l o v, N.A.; Moskau, Staatl. Forsch.-Inst. für Schlepperbau. O fil'trach gruboj očistki topliva traktornych dizelej. (Grobreinigende Kraftstoff-Filter bei Schlepper-Dieselmotoren.) - Traktory i sel'chozmašiny, Moskva 32 (1962) Nr.9. S.20-22.- 8 Zeichn.

Die Lebensdauer eines Dieselmotors hängt im starken Maße von der Grobreinigung des Kraftstoffes durch Filter ab. Vff. prüften verschiedene Filter und fanden, daß die besten Ergebnisse der Filter "KDM-100" liefert und empfehlen diesen für alle sowjet. Traktormotore. Die schlechtesten Ergebnisse zeigten die Filter "SMD-7", "SMD-14" und "D-16". Die untersuchten Filter sind in Zeichn. dargestellt, ihre Vor- und Nachteile werden miteinander verglichen. G.Reumschüssel. 3135c.

1-64/04-0071 S ö h n e r, Gerhard. Zündanlagen mit Halbleiterbauelementen. Teil 1. - Motortechn. Z. 24 (1963) Nr.9. S.291-295. - 18 Abb., 6 Lit.

Zündanlagen mit induktivem Energiespeicher. Grundlagen und Wirkungsweise von Spulenzündanlagen, bes. solche mit Transistoren als Schalter im Primärstromkreis. Transistorisierte Zündanlagen haben längere wartungsfreie Betriebszeiten als die seither üblichen Systeme. Ein Teil 2 wird Kondensatorzündsysteme behandeln. 3135c.

1-64/04-0072 B e y e r, Horst. Der Einfluß von Hartverchromung auf die Dauerfestigkeit von Kolbenringen aus Grauguß. - Motortechn. Z. 24 (1963) Nr.9. S.296-298. - 6 Abb., 9 Lit.

Aufnahme von Dauerfestigkeitsschaubildern. Die Entstehung von Rissen in der Chromschicht und ihr Einfluß auf die Dauerfestigkeit bezüglich Dehnung und Chromschichtstärke. 3135c.

1-64/04-0073 M a r t i n, Herbert. Schall- und Wellengeschwindigkeiten in Abgasleitungen bei verschiedener Spiegelung. - Motortechn. Z. 24 (1963) Nr. 9. S.302-306. - 13 Abb., 15 Lit.

Es wird gezeigt, daß die aus Vor- und Rücklaufzeit gemittelte Wellengeschwindigkeit in einseitig offenen Leitungen (Motor-Abgasrohr) bis zu großen Amplituden praktisch amplitudenunabhängig, in geschlossenen Leitungen stark amplitudenabhängig bleibt. Für 2-Taktmotoren wird gezeigt, daß nur die 3. Harmonische der Einzylinderperiode die bekannte Resonanzstauaufladung bei gleichzeitiger Sogwellen-Resonanzabsaugung exakt ermöglicht. 3135c.

1-64/04-0074 Stadelmann, Walter. Dickenbemessung von Flachdichtungen. - Motortechn. Z. 24 (1963) Nr.9. S.311-315. - 11 Abb.

Die Dichtungstechnik verfügt über Mittel, Verformungen zwischen den abzudichtenden Teilen infolge der Pressung auf zulässige Maße zu beschränken. Für wassergekühlte Motoren wird insbes. die Stärke der Dichtung betrachtet. Sie soll sein "so dünn wie möglich und so dick wie nötig". 3135c.

1-64/04-0075 D r e i e r, Horst. Lüfterräder aus Polyamid im Motorenbau. - Motortechn. Z. 24 (1963) Nr.9. S.316-318. - 12 Abb., 9 Lit.

Die physikalischen Eigenschaften von Kunststoff für Lüfterräder der Kühlanlage von Verbrennungsmotoren sind behandelt einschl. Fertigkeitsberechnung. Ausgeführte Beispiele. 3135c.

1-64/04-0076 R ö h r l e, Manfred. Kamera für die photographische Abwicklung von Kolben. - Motortechn. Z. 24 (1963) Nr.10. S.351-352. - 6 Abb., 6 Lit.

Beschreibung einer Peripherie-Kamera, die von Mahle zusammengestellt und seit Jahren benutzt wird, um die Kolbenschaft-Oberfläche als Abwicklung photographieren zu können. 3135c.

1-64/04-0077 A n o n y m. Jlo type L.26 petrol engine. (Benzinmotor Jlo "L.26" - N.I.A.E. - Test.) - Nat. Inst. agric. Engng., Rep. on Test Nr. 350. (1963) S. 1-8. - 3 Abb., 2 Tab.

Hersteller: JLO Werk GmbH, München, Germany. 3135d.

1-64/04-0078 A n o n y m. Krupp baut Cummins-Motoren. - Motortechn. Z. 24 (1963) Nr.9. S.319-320. - 6 Abb.

Konstruktionsbeschreibung mit näheren Angaben über das Cummins-Einspritzsystem. 3135e.

1-64/04-0079 Z i n n e r, Karl und S e i f e r t, Hans. Untersuchungsergebnisse an MAN-Motoren mit einer neuen Vorkammer-Ausführung. - Motortechn. Z. 24 (1963) Nr.10. S.333-338. - 21 Abb., 1 Tab., 4 Lit.

Bei der Neuentwicklung der MAN-Motoren "RV" und "VV16/18" wurden mit anderer Brenner-Gestaltung, dem sog. Schrägkanalbrenner, wesentliche Verbesserungen erzielt. Hierüber wird berichtet. 3135e.

1-64/04-0080 E i s f e l d, Fritz. Die Beeinflussung der Kraftstoffverteilung im Brennraum eines Dieselmotors durch eine gesteuerte Luftbewegung. - Motortechn. Z. 24 (1963) Nr.10. S.339-348. - 30 Abb., 20 Lit.

Die Bahnen von Kraftstofftropfen in einer Brennkammer mit Luftdrehung wurden berechnet. An Modell und laufendem Motor wurde die Kraftstoffverteilung untersucht, und die Ergebnisse sind mit der Theorie verglichen worden. 3135e.

1-64/04-0081 B ä u m l e r, Hermann. Brandspurversuche in einem Fahrzeugdieselmotor. - Motortechn. Z. 24 (1963) Nr.9. S.299-302. - 7 Abb., 2 Lit.

In einem Prüfstandmotor wurde die Wirkung verschiedener Maßnahmen auf die Brandspurbildung untersucht. Die Ursache der Brandspuren wird diskutiert, Versuchsanordnung und Ergebnisse werden beschrieben. 3135e.

C. SCHLEPPER MIT AUSRÜSTUNG UND ZUBEHÖR

1-64/04-0082 M a r m o r i n e, M.D. What's wanted for tractor in 1970. (Was wird vom Traktor im Jahre 1970 verlangt?) - S.A.E. Journal 71 (1963) Nr.2. S.52-55. - 4 Abb. Aus: Dok.-Dienst ILT 1963 Nr.9.

Die Ausrichtung auf größere landwirtsch. Betriebe und die Notwendigkeit max. Ausnutzung der Geräte während des Jahres erfordern den Wettbewerb der Traktorkonstrukteure. Folgende 10 Anforderungen werden an den künftigen Traktor gestellt: geeignete Konstruktion des Traktors für Erntearbeiten und Bodenbearbeitung; bessere Beweglichkeit der Arbeitsgeräte für schnellen, sicheren Straßentransport; mehr Fahrgeschwindigkeitsabstufungen für Ackerarbeiten; Verbesserung der Arbeitsmöglichkeit bei schlechtem Wetter; Verringerung des Bodendrucks; bessere Vorrichtung zur Überwachung des Fahrzeugs; bessere Vorrichtung für Gerätetransport; bessere Ausrüstung für die Pflege; größere Zuverlässigkeit und längere Lebensdauer. 3205.

1-64/04-0083 M i n d e l', E.M.; Moskau, Staatl. Forsch.-Inst. für Schlepperbau. Vlijanie povyšenija skorosti na k.p.d. i moščnostnye parametry perspektivnych s.-ch. traktorov. (Einfluß der Geschwindigkeitserhöhung auf Wirkungsgrad und Leistungsparameter künftiger landwirtschaftlicher Traktoren.) - Traktory i sel'chozmašiny, Moskva 32 (1962) Nr.10. S.1-4. - 1 Abb., 4 Diagr., 2 Tab.

Es werden die Ergebnisse von Untersuchungen über die Abhängigkeit des Traktorwirkungsgrades von der Arbeitsgeschwindigkeit als Begründung der für die künftigen Traktoren festgelegten Motorleistungen dargelegt. Die verwendeten Meßeinrichtungen und die Untersuchungsmethoden werden beschrieben. In Diagr. und Tab. werden die Ergebnisse dargestellt, die mit leistungsgesteigerten Traktoren "T-28P-60" (60 PS, Klasse 0,9 Mp), "GMZ-5LMS - 75" (76 PS, Klasse 1,4 Mp), "MTZ-62Ė" (87 PS, Klasse 1,4 Mp) und "T-75-100" (108 PS, Klasse 3 Mp) - ermittelt wurden. Es wurde festgestellt, daß die optimale Geschwindigkeit dieser leistungsstarken Traktoren bei ca. 9 km/h liegt und daß schon geringe Überschreitungen dieses Wertes (20-25 %) zu erheblicher Verminderung des Wirkungsgrades führen. Für die einzelnen Zugkraftklassen wurden folgende optimalen Motorleistungen ermittelt: Radtraktor 0,6 Mp - 35 PS, Radtraktor 0,9 Mp - 55 PS, Radtraktor 1,4 Mp - 85 PS, Kettentraktor 3,0 Mp - 150 PS, Radtraktor 3,0 Mp - 170 PS, Kettentraktor 4,0 Mp - 200 PS, Radtraktor 4,0 Mp - 290 PS. E.Stieglitz. 3205.

1-64/04-0084 A n o n y m. Warum mehr PS? - Schlepper u. Landmaschine 14 (1963) Nr.9. S.272. 274. - 1 Tab. Aus: Dok.-Dienst ILT 1963 Nr.10.

Der Leistungsbedarf der Geräte und Maschinen hängt ab von der Arbeitsbreite und -tiefe und von der Arbeitsgeschwindigkeit. Diese beiden Faktoren ergeben die Flächenleistung. Aus der Tab. ist ersichtlich, daß die Bodenbearbeitung neben dem stationären Dreschen die größten Motorleistungen erfordert. Auch die Arbeit zapfwellengetriebener Geräte verlangt erhöhte Motorleistung. Oft werden stärkere Traktoren wegen des größeren Gewichts und Radstandes verwendet, um z.B. schwere Geräte ausheben und lenksicher fahren zu können. Die Tab. gibt über die für die einzelnen Arbeitsgeräte erforderlichen Leistungsklassen der dazugehörigen Traktoren Auskunft. 3205.

1-64/04-0085 M a c d o n a l d, L. Estimating tractor performance. (Bestimmung der Traktorleistung.) - Farm Mechanizat. 15 (1963) Nr.168. S.32-34. - 1 Abb., 8 Tab. Aus: Dok.-Dienst ILT 1963 Nr.9.

Vf. hat aus Erfahrungswerten eine Übersicht zusammengestellt, mit Hilfe derer der Praktiker die für einen Arbeitsvorgang erforderliche Leistung und Ausrüstung eines Traktors errechnen kann. Die Übersicht ist gegliedert in: a) max. erhältliche Zugleistung von landwirtsch. Traktoren unter verschiedenen Bodenbedingungen; b) Anhänger-Rollwiderstand unter den verschiedenen Bodenbedingungen; c) erforderliche Zugleistung für bestimmte landwirtsch. Arbeiten. 3205.

1-64/04-0086 C h' i a o, Wu-chih. Issledovanie svobodnych kolebanij kolesnogo traktora v laboratornych uslovijach. (Laboruntersuchung der freien Schwingungen eines Radschleppers.) - Izvestija Timirjazevskoj sel'skochozjajstvennoj akademii, Moskva 1962 Nr.5. S.229-232. - 1 Abb., 1 Diagr., 1 Tab. Zus. in Engl.

Die Untersuchung von Schlepperschwingungen durch Registrierung der Bewegung der schwingenden Masse ist nicht genügend genau, daher registriert Vf. die Schwingungsbeschleunigungen. Das Verfahren wurde bei der Untersuchung des Einflusses des Luftdruckes in den Hinterradreifen auf die freien Schwingungen des Schleppers "GMZ-5LMS" angewendet. Hierbei wurde die Hinterachse um 45 mm gehoben und fallen gelassen. Die Beschleunigung der freien Schwingungen wurde mit Hilfe des Potentiometer-Meßgebers "MP-66" oszillographiert. Die Schwingungen können durch Reibung des schwingenden Körpers an einem anderen Körper (konstanter Reibungswiderstand) oder durch Reibung in einer Flüssigkeit (Reibung ist der Geschwindigkeit proportional) gedämpft werden. Vf. untersucht die zweite Möglichkeit und ermittelt durch mathematisches Auswerten der Kurve der abklingenden Beschleunigungsschwingungen die Beschleunigung, die Amplitude, das logarithmische Dekrement und den Dämpfungsbeiwert der Schwingungen. 3205.

1-64/04-0087 M i t s c h k e, M. Theoretische und experimentelle Schwingungsuntersuchungen am Kraftfahrzeug. - Automobiltechn. Z. 65 (1963) Nr.7. S.197 bis 205. - 19 Abb., 34 Lit. Aus: Dok.-Dienst ILT 1963 Nr.9.

Grundsätzlicher Überblick über den Stand der theoretischen und experimentellen Untersuchungs- und Auswertungsmethoden - Darstellung der Beurteilungsmaßstäbe. Die verschiedenen rechnerischen Untersuchungsmöglichkeiten der Schwingungen (Ersatzsysteme, spezielle Unebenheitsformen der Straße, wirkliche Straße) - Möglichkeiten der experimentellen Untersuchungen - (Messung der Unebenheiten während der Fahrt und auf Prüfständen). 3205.

1-64/04-0088 M ø l n å, Birger. Traktorulukkene og dei faktorane som aukar eller minkar faren for slike ulukker. (Unfälle mit Traktoren und die Faktoren, die die Gefahr erhöhen oder verringern.) - Meld. Norges Landbrukshøgskole 42 (1963) Nr.4. S.1-131. - 54 Abb., 9 Tab., 37 Lit. Zus. in Engl.

Vf. berichtet über eine mehrjährige Untersuchung, die sich außer auf die norwegischen Unlagen auch auf solche aus anderen Ländern sowie auf die umfassende einschlägige Literatur stützt. Ferner wurden Berechnungen über die Gefahr des Schleuderns, Umstürzens (seitlich oder durch Aufbäumen) sowie für unfallsichere Fahrerkabinen durchgeführt. Daraus zieht Vf. den Schluß, daß die meisten Unfälle (66,6 %) auf menschliches Versagen zurückzuführen sind. Als Sicherheitsmaßnahmen werden gefordert: Änderung der gegenwärtigen Bestimmung für das Fahren von Schlepperfahrzeugen (als wichtigste Maßnahme), Straßenbefestigungen und -markierungen, bessere Übersicht an Kreuzungen durch Roden von Bäumen und Büschen, Seitenbegrenzungen bei Brücken u.a.m. E.Kahn. 3205.

1-64/04-0089 P h i l l i p s, E. La nuova trattrice massey-ferguson super 90. (Der neue Massey-Ferguson Traktor "Super 90".) - Maccine & Motori agric. 21 (1963) Nr.6. S.55-58. - 6 Abb. Aus: Dok.-Dienst ILT 1963 Nr.9.

"Super 90" ähnelt sehr dem "MF 65", ist aber größer. Techn. Daten: Motor 77 PS bei 2000 U/min, Verdichtung 16:1, Zapfwellenleistung 68,5 PS, Zapfwellendrehzahl 548 U/min bei 1500 U/min des Motors, Einscheibenkupplung, Untersetzungs-Schneckengetriebe, 8 Vorwärtsgänge 1,1 - 13,958 km, 2 Rückwärtsgänge 0,908 und 3,598 km, Doppelscheibenbremse, Spurbreite Hinterrad 1,32 - 2,23 m, Spurbreite Vorderrad 1,27 - 1,91 m. Hydraulik-Dreipunktaufhängung, verstellbarer gummigefederter Sitz, hintere Anhängegewichte, Einrücken der Zapfwelle bei laufendem Motor, Pendelgeräteschiene. 3215.

1-64/04-0090 R e i t h e r, A. und W a x e n e g g e r. Allrad-Dieselschlepper Typ "D 4 K" (Technische Prüfung) - Prüfbericht Wieselburg, N.Ö. - Bundesversuchs- u. Prüf.-Anst. landwirtsch.Maschinen Geräte /Wieselburg, N.Ö./, Prüfber. Nr.675. Gr.1 a. (1963) 2 S. - 1 Abb.

Hersteller: Traktorenwerk Budapest, Ungarn. 3215.

1-64/04-0091 G o ł a b e k, S. Przyczyny awarii ciągnika Ursus C-325. (Die Ursachen der Unfallschäden des Schleppers "Ursus C-325".) - Mechanizacja Rolnictwa 11 (1963) Nr.1. S.16-18. - 8 Abb. 3215.

1-64/04-0092 A n o n y m. Ein Kleinschlepper für Entwicklungsländer. - Landtechnik 18 (1963) Nr.15. S.483. - 1 Abb. Aus: Dok.-Dienst ILT 1963 Nr.9.

Vom N.I.A.E. wurde ein Kleintraktor für die Kleinlandwirtschaft in tropischen Ländern entwickelt, der unkompliziert und leicht zu handhaben ist. Eine vorn vorhandene Werkzeugschiene ermöglicht Anbau von Geräten für Reihenkulturen, Pflugarbeit, Drillen, Transportarbeit u.a. Antrieb: 1-Zylinder-Viertaktmotor, 7 PS mit Zugkraft von 250 kp auf dem Acker und 340 kp auf trockener Teerstraße. Getriebe: 2 Vor-, 1 Rückwärtsgang. Kraftübertragung auf die Räder durch endlosen Flachriemen über eine einfache Rutschkupplung. Kupplung und auf das Hinterrad wirkende Scheibenbremse werden durch den gleichen Hebel betätigt. Fahrgeschwindigkeiten 1,6 - 20 km/h. Vorderachse durch Herausziehen auf jede gewünschte Reihenbreite einstellbar. Preis der Grundausführung in England 270 engl. Pfund, im Export fob London 185 engl. Pfund. 3215.

1-64/04-0093 P o g o s b e k o v, M.I.; Kuban, Landwirtsch. Inst. Opredelenie k.p.d. samochodnogo šassi. (Berechnung des Ausnutzungsgrades von Maschinenträgern mit aufgebauten Maschinen.) - Mechanizacija i ėlektrifikacija socialističeskogo sel'skogo chozjajstva, Moskva 21 (1963) Nr.3. S. 8-9. - 3 Lit.

Bei dieser Berechnung ist nicht nur die für die Überwindung der Horizontalkomponente des Zugwiderstandes erforderliche Leistung zu berücksichtigen, sondern auch die Leistung für die Überwindung des durch das Gewicht der aufgebauten Maschine entstandenen zusätzlichen Zugwiderstandes. Der Rollwiderstand der Räder kann hierbei je nach Lastverteilung und Radkonstruktion verschieden sein. Nach Aufstellung der entsprechenden Formeln untersucht Vf. den Ausnutzungsgrad der Maschinenträger bei reinen Transportarbeiten. Bei Geschwindigkeiten über 12 km/h ist hierbei auch der Luftwiderstand zu berücksichtigen. Abschließend berechnet Vf. den Ausnutzungsgrad des mit dem Kippaufbau "PS-2,5" belasteten Maschinenträgers "SŠ-45" auf Asphaltstraße bei 21,5 km/h und findet $\eta = 0,31$. Der Maschinenträger ist also nur zum Teil ausgelastet und sollte auf Asphaltstraßen nur mit Anhänger gefahren werden, um den Ausnutzungsgrad zu erhöhen und die Kosten des Lastentransports zu senken. W.Balkin. 3225.

1-64/04-0094 G o r s k i, M. Nośnik narzędzi RS-09. (Geräteträger "RS-09".) Mechanizacja Rolnictwa 11 (1963) Nr.4. S.11-12. - 4 Abb. 3225.

1-64/04-0095 K o r o b o č k i n, I.V. und R a j c h l i n, Ch.M. Novyj metod avtomatičeskoj registracii mechaničeskoj raboty dvigatelja traktora. (Neues Verfahren für die automatische Registrierung der Schleppermotor-Arbeit.) - Mechanizacija i ėlektrifikacija socialističeskogo sel'skogo chozjajstva, Moskva 21 (1963) Nr.1. S.20-23. - 5 Schemata, 5 Lit.

Bei den diskontinuierlich arbeitenden Integratoren ergeben sich im Gegensatz zu den kontinuierlich arbeitenden methodische Fehler. Diskontinuierliche Integration erfolgt bei dem elektronischen Arbeitsmeßgerät "RESK-AFI". Der Geber des Geräts besteht aus einer Torsionswelle, die zwischen Motorkupplung und Getriebe geschaltet wird. Ein auf der Torsionswelle angeordnetes optisches System läßt bei rotierender Welle in der Zeiteinheit um so mehr Lichtimpulse in eine Fotozelle fallen, je größer das Drehmoment ist. Die in elektrische Impulse umgewandelten Lichtimpulse gelangen zu einem Elektroimpulszähler, der die Anzahl der Impulse während einer bestimmten Zahl von Umdrehungen registriert. Die Umdrehungen der Welle werden mit einem Elektrokontaktgeber gezählt. Mit diesen beiden Gebern lassen sich das mittlere Drehmoment und die Arbeit des Motors ermitteln. In längeren theoretischen Ausführungen behandeln Vff. die hierbei auftretenden methodischen Fehler. Prüfstandversuche ergaben, daß die dabei ermittelten Fehler nahe bei den theoretisch berechneten Fehlern liegen. W. Balkin. 3235.

1-64/04-0096 V v e d e n s k i j, A.A. Issledovanie osevogo ventiljatora traktornogo dizelja vozdušnogo ochlaždenija. (Untersuchung des Axialventilators eines Schlepper-Dieselmotors mit Luftkühlung.) - Izvestija Timirjazevskoj sel'skochozjajstvennoj akademii, Moskva 1962 Nr. 1. S. 117-138. - 1 Abb., 6 Diagr., 4 Zeichn., 4 Tab., 6 Lit. Zus. in Engl.

Nach allg. Ausführungen über die Luftkühlung von Motoren beschreibt Vf. zunächst ausführlich das Axialgebläse für die Luftkühlung des Dieselmotors "Tatra-924" und anschließend den Windkanal zur Ermittlung der Förderleistung, des Druckes, der zugeführten mechanischen Leistung, des Luftförderungsbeiwertes (gemessene Ventilator-Förderleistung dividiert durch theoretische Leistung) und des Wirkungsgrades. Nach Aufstellung von Gleichungen für diese Werte bringt Vf. die ermittelten Werte in Abhängigkeit vom zu überwindenden Druck für Drehzahlen von 2000 - 6000 U/min und die nach ihnen gezeichneten Diagr. für verschiedene Abhängigkeiten sowie ein Nomogr. zur Ermittlung der Leistung des Ventilatorantriebes. Anschließend berichtet er über die Untersuchung des Ventilators und seiner hydraulischen Kupplung am arbeitenden Motor und bringt die Abhängigkeit verschiedener Ventilator- und Kupplungsdaten von der Motordrehzahl und der Lufttemperatur. Ermittelte Werte: Luftförderleistung 4150 kg/h, spez. Leistung 64,5 kg/PSh, Druck 60 mm WS, Zylindertemperatur 150 °C, Temperaturungleichheit der Zylinder 30-40 %, erforderliche Leistung 4,2 PS, Ölverbrauch der hydraulischen Kupplung 140 kg/h. Abschließend wird die Verteilung der Luft und die Gleichmäßigkeit der Zylinderkühlung behandelt. W. Balkin. 3235.

1-64/04-0097 K a m e n e c k i j, V.A., S l a b o s p i c k i j, I.A. und Č e k r i z o v, L.G. Rezul'taty ispytanij traktora s avtomatičeskoj frikcionnoj transmissiej. (Prüfungsergebnisse eines Traktors mit automatischem Friktionsgetriebe.) - Traktory i sel'chozmašiny, Moskva 33 (1963) Nr. 5. S. 11-14. - 1 Abb., 4 Diagr., 5 Tab., 1 Lit. Aus: Dok.-Dienst ILT 1963 Nr. 8.

Vergleichsprüfungen zwischen den Kettentraktoren "DT-54A" (Serienausführung) und einem "DT-54" mit automatischem Reibungsgetriebe. Unabhängig von den Fahrwiderstandsänderungen stellt der Traktor mit automatischem Getriebe die optimalen Zugkraftänderungen und die wirtschaftlichen Kennwerte sicher. Einstellung der Automatik auf die Arbeit des Traktors bei optimaler Motorbelastung. Beurteilung der Lenkfähigkeit und der Geländegängigkeit des Traktors bei optimaler Motorbelastung. Beurteilung der Lenkfähigkeit und der Geländegängigkeit des Traktors. Erweiterung des Zugkraftbereiches bei niedrigen Geschwindigkeiten. Niedriger Kraftstoffverbrauch und hoher Wirkungsgrad. Gleichmäßige, stoßfreie Änderung der Geschwindigkeit bei schwankender Belastung. Anhand von Tab. und Diagr. wird die erhöhte Leistungsfähigkeit und die Wirtschaftlichkeit des Versuchsmusters gezeigt.

3240

1-64/04-0098 A n i l o v i č, V.Ja., G o r o d e c k i j, I.M., Y u, Tiu-ying, F e d o r o v, Ju.I. und Č e r n j a v s k i j, I.S. Issledovanie dinamičeskich nagruzok v transmissii traktora T-75 (T-74) pri razgone. (Untersuchung der dynamischen Belastungen in den Triebwerken des Schleppers "T-75" /"T-74"/.) - Mechanizacija i ėlektrifikacija socialističeskogo sel'skogo chozjajstva, Moskva 21 (1963) Nr.3. S.1-4. - 5 Diagr., 3 Zeichn., 2 Lit.

Während sich die statischen Belastungen der Triebwerkteile von Schnellschleppern in den üblichen Grenzen halten, erhöhen sich die dynamischen Belastungen erheblich und zwar in bes. hohem Maße beim Anlauf, wodurch der Verschleiß steigt. Im Charkower Schlepperwerk untersuchte man am Schlepper "T-75" den Anlaufbetrieb und die Möglichkeiten der Verschleißminderung. Die auftretenden Kräfte wurden mit Dehnungsmeßstreifen gemessen, die auf die Außenseite der Kugellagerringe geklebt worden waren. Bei jedem Vorbeilauf einer Kugel entstand im Oszillogramm eine der Belastung entsprechende Kurvenspitze. Aus den Oszillogrammen konnte die Lagerbelastung und der "dynamische Koeffizient", d.h. das Verhältnis zwischen den beim Anlauf auftretenden Kräften und den Kräften des eingelaufenen Dauerbetriebes ermittelt werden. Dieser Koeff. wächst mit steigendem Übersetzungsverhältnis, kann aber durch Verwendung von weichen Kupplungsfedern gemindert werden. - Im 2. Teil seiner Arbeit untersuchen Vff. den Anlauf theoretisch durch die Entwicklung von Differentialgleichungen und stellen fest, daß die Kupplung des Schleppers "T-75" gegenwärtig keinen Überlastungsschutz gewährt. Verschleißminderung ist nur durch Erhöhung der Festigkeit der Triebwerkteile und Verminderung der dynamischen Belastungen, u.a. durch die Verwendung von weicheren Kupplungsfedern, erreichbar. W.Balkin. 3240.

1-64/04-0099 A n o c h i n, V.I. Nekotorye obosnovanija podbora gidrotransformatora dlja sel'skochozjajstvennogo traktora. (Einige Überlegungen zur Wahl des hydromechanischen Drehmomentenwandlers für Landwirtschaftsschlepper.) - Doklady TSChA. Moskovskaja ordena Lenina sel'skochozjajstvennaja akademija imeni K.A. Timirjazeva 1962 Nr.73. S.367-381. - 3 Diagr., 3 Schemata, 6 Lit.

Eine weitere Vervollkommnung der Betriebseigenschaften des Landwirtschaftsschleppers ist durch Verwendung von hydrodynamischen Drehmomentwandlern möglich. Vf. nennt und bespricht zunächst die Gleichungen für die im Wandler auftretenden Drehmomente und die max. Momentübersetzung. Entscheidend für den Schutz des Motors und der mechanischen Getriebe ist das Maß der Fähigkeit des Wandlers, Änderungen der äußeren Belastung auf die Motorkurbelwelle zu übertragen, für das Vf. eine Gleichung angibt. Beim Landwirtschaftsmotor soll eine solche Übertragung nach Möglichkeit nicht erfolgen (M_1 = const., n_1 = const.). Ist das der Fall, so verringert sich der Motorverschleiß gegenüber einem Motor mit mechanischem Schaltgetriebe auf 2/3 und der Getriebeverschleiß auf 1/4. Anschließend behandelt Vf. den Wirkungsgrad des Drehmomentwandlers sowie den Verlauf seiner Kennlinie und stellt nach einigen Überlegungen fest, daß die Verwendung von Wandlern mit 2 Leiträdern bei

Landwirtschaftsmotoren zweckmäßig ist. Abschließend nennt Vf. Gleichungen für den Zusammenhang zwischen den Konstruktionsdaten des Wandlers, den Drehmomenten und Leistungen an seinen Wellen und bespricht die Ermittlung von Belastungskennlinien zwecks Überprüfung der Richtigkeit der Wandlerwahl. W.Balkin. 3240.

1-64/04-0100 Č e r n y š e v, V.A. Metodika ėksperimental'nogo issledovanija gidrotransformatora na nagruzki v silovoj peredace traktora. (Verfahren zur experimentellen Untersuchung des Einflusses des hydrodynamischen Drehmomentwandlers auf die Belastungen in den Schleppergetrieben.) - Doklady TSChA. Moskovskaja ordena Lenina sel'skochozjajstvennaja akademija imeni K.A. Timirjazeva 1962 Nr.73. S.383-393. - 3 Abb., 3 Diagr., 3 Schemata.
Ziel der Untersuchungen war, die Belastungen im Getriebe eines Landwirtschaftsschleppers, ihre Art und ihre Dauer mit und ohne Verwendung eines hydrodynamischen Drehmomentwandlers zu ermitteln und anschließend die Betriebsdauer der Zahnräder zu berechnen. Vf. stellt zunächst theoretische Überlegungen an, aus denen unter Verwendung der Ergebnisse experimenteller Untersuchungen geschlossen werden mußte, daß die Getriebezahnräder des Motors "DT-54" die auftretenden Belastungen ertragen können, ohne beschädigt zu werden. Tatsächlich werden sie jedoch unter den Bedingungen der Praxis durch 2.10^{8} Belastungen zerstört. Es wurden daher Versuche zur Ermittlung der Zahnräderbelastungen unter verschiedenen Betriebsbedingungen durchgeführt. Vf. beschreibt den Versuchsstand, zu dem ein Motor "D-54", ein Drehmomentwandler "TRE-375" und das Schleppergetriebe gehörten, und die Versuche, bei denen die Spannungen mit Dehnungsmeßstreifen ermittelt wurden. Abschließend bringt er ein Versuchsdiagr. für die Abhängigkeit des max. Drehmoments an der ersten Getriebewelle vom Trägheitsmoment bei verschiedenen Anfahrbedingungen, ohne jedoch auf das Diagr. und die Versuchsergebnisse einzugehen. W.Balkin. 3240.

1-64/04-0101 A n o c h i n, V.I. Rabota gidrotransformatora na sel'skochozjajstvennom traktore pri neustanovivšichsja nagruzkach. (Arbeit des hydraulischen Drehmomentwandlers auf dem Landwirtschaftsschlepper bei schwankender Belastung.) - Izvestija Timirjazevskoj sel'skochozjajstvennoj akademii, Moskva 1962 Nr.6. S.139-150. - 1 Diagr., 4 Schemaskizzen, 4 Lit. Zus. in Engl.
Anhand einer graph. Darst., bei der angenommen wird, daß die durch Änderungen des Bodenwiderstandes hervorgerufenen Belastungsschwankungen des pflügenden Schleppers sinusförmig verlaufen, leitet Vf. Ausdrücke für das Drehmoment und den Wirkungsgrad des Drehmomentwandlers ab und ermittelt mit ihnen Kurven für den Drehmomentabfall des Wandlers "TRE-375" auf dem Schlepper "DT-54A" in Abhängigkeit von der Größe der Belastungsschwankungen. Anschließend beschreibt er einen Versuchsstand zur experimentellen Überprüfung der theoretischen Ermittlungen. Es wurden die Drehmomente der An- und Abtriebswellen mit Widerstandsmeßgebern und Oszillographen ermittelt und die Drehzahlen gemessen. Die Belastungsschwankungen wurden künstlich erzeugt. Die durch Auswertung der Oszillogramme ermittelte experimentelle Kurve des Drehmomentabfalls entsprach den theoretischen Berechnungen. Anschließend wurde das Verhalten des Wandlers beim Motoranlauf untersucht. Die durch Auswertung der Oszillogramme erhaltenen Kurven für das

Übersetzungsverhältnis des Drehmomentes und den Wirkungsgrad verliefen unter den entsprechenden Kurven bei eingelaufenem Betrieb mit verschiedenen Drehzahlen. Die bei den üblichen Schlepperarbeiten in der Landwirtschaft auftretenden Lastschwankungen verursachen nur einen geringen Wirkungsgradabfall. W.Balkin. 3240.

1-64/04-0102 O r l o v, A. Eksperimental'noe issledovanie dinamiki razgona sel'skochozjajstvennogo traktora klassa 3 tonn. (Experimentelle Untersuchung des Anlaufs des 3-Mp-Landwirtschaftsschleppers.) - Doklady TSChA. Moskovskaja ordena Lenina sel'skochozjajstvennaja akademija imeni K.A. Timirjazeva 1962 Nr.73. S.395-409. - 8 Diagr., 4 Lit.

Die Untersuchungen sollten der Ermittlung der Anlaufeigenschaften des mit mechanischen Getrieben ausgerüsteten 3-Mp-Schleppers dienen und können für die vergleichende Bewertung der Anlaufeigenschaften von mit anderen Getrieben ausgerüsteten Schleppern verwendet werden. Es wurden für den Schlepper "DT-54A" folgende Werte ermittelt und in Diagr. miteinander verglichen: theoretische und experimentelle minimale Drehzahlen in Abhängigkeit vom Gesamtträgheitsmoment des Aggregats Schlepper und Maschine; Gesamtträgheitsmoment in Abhängigkeit von der Fahrgeschwindigkeit beim Pflügen und Transport. Für alle Anlaufverhältnisse wurden 150 Oszillogramme des Drehmoments an der Motorwelle, des Drehmoments an der Getriebe-Antriebswelle, der Motordrehzahl und der Drehzahl der Getriebeantriebswelle aufgenommen. Durch Auswerten dieser Oszillogramme wurden Kurven für die Abhängigkeit der Anlaufkennwerte (minimale Drehzahl, Anlaufzeit und Gesamtträgheitsmoment) vom Belastungsmoment entwickelt. Weitere ohne elektrische Filter aufgenommene Oszillogramme der Drehmoment-Momentanwerte ergaben große Drehmomentschwankungen mit einem Ungleichmäßigkeitsfaktor von 2 und mehr. Abschließend entwickelt Vf. aus den angeführten Kennlinien ein zusammenfassendes Diagr. für die Abhängigkeit der minimalen Drehzahlen, der Anlaufzeit und der für den Anlauf erforderlichen Leistungsreserve von der Fahrgeschwindigkeit, aus denen sich u.a. die bei fehlender Leistungsreserve eintretenden Geschwindigkeitsgrenzen entnehmen lassen.

W.Balkin. 3240.

1-64/04-0103 A n s d a l e, R.F. Propeller shafts and final drives. (Antriebswellen und Endvorgelege.) - Automobile Engr. 53 (1963) Nr.6. S.233 bis 235. - 8 Abb. Aus: Dok.-Dienst ILT 1963 Nr.9.

Vf. erörtert die Notwendigkeit verbesserter Gleitkupplungen und berichtet über neue Lösungen von Differentialkonstruktionen. 3240.

1-64/04-0104 A n o n y m. Erfahrungen mit Hilfslenkungen. - Nutzfahrzeug 15 (1963) Nr.8. S.380-382. - 4 Abb. Aus: Dok.-Dienst ILT 1963 Nr.9.

Nach kurzer Beschreibung der ZF-Spindel-Hydrolenkung wird auf die Wartung und Eigenarten des Lenkmechanismus eingegangen. Trotz der darin auftretenden Drücke von 70 - 80 kp/cm^2 wird eine Dichtheit garantiert, die für eine Laufzeit von 200 000 km ausreicht. Die Ölkontrolle soll bei laufendem Motor stattfinden und die Lenkung nur bei laufendem Motor während der Fahrt betätigt werden. Das hydraulisch wirksame Drehmoment beträgt bei Lenkeinschlag nach rechts 800 mkp und nach links 900 mkp. Als Ölfüllung darf nur Hydraulik-Getriebeöl verwendet werden. Die beigefügten Abb. veranschaulichen gut Aufbau und Wirkungsweise der Hydrolenkung. 3245.

1-64/04-0105 A n o n y m. Suspension and steering. (Radaufhängung und Lenkung.) - Automobile Engr. 53 (1963) Nr.6. S.235-248. - 18 Abb., 1 Tab. Aus: Dok.-Dienst ILT 1963 Nr.9.

Vf. berichtet über interessante Neuerungen von englischen, amerikanischen und kontinentalen Herstellern und fordert einen geringeren Pflegeanspruch. 3245.

1-64/04-0106 J a r m a š e v i č, Ju. I. O povorote traktora s četyŕmja veduščimi kolesami. (Über das Wenden des Vierradschleppers mit Allradantrieb.) - Mechanizacija i élektrifikacija socialističeskogo sel'skogo chozjajstva, Moskva 21 (1963) Nr.3. S.4-5. - 3 Diagr.

Wenn 4-Radschlepper mit Allradantrieb und über das Triebwerk formschlüssig miteinander verbundener Vorder- und Hinterachse wenden, ist die Rollgeschwindigkeit der Vorderräder größer als die der Hinterräder. Vf. nennt den entsprechenden mathematischen Ausdruck, in den die Umfangsgeschwindigkeiten, der Schlupf und die Wendehalbmesser der Räder eingehen. Unter Weiterentwicklung der Gleichung und anhand eines experimentell ermittelten Diagr. behandelt Vf. die Vorgänge im Laufwerk des Schleppers und stellt u. a. fest, daß die auf die Vorderräder wirkende Bodenkraft umschlagen kann. Die Vorderräder werden dann durch die Hinterräder geschoben. Erst bei entsprechend großem Schlupf der Hinterräder, der bei genügend hoher Zugbelastung des Schleppers eintritt, wirken die Vorderräder wieder ziehend. Vf. veranschaulicht die Vorgänge in 2 Diagr. für die Abhängigkeit der kinematischen Diskrepanz der Vorder- und Hinterräder sowie des Hinterradschlupfes von der Zugbelastung mit dem Wendehalbmesser als Parameter und bespricht abschließend die Möglichkeit, diese Schlupferscheinungen mit einem Ausgleichgetriebe zwischen den Achsen zu beseitigen. W.Balkin. 3245.

1-64/04-0107 A n o n y m. Prøve med YRSTAD traktorkjettinger. (YRSTAD Schlepperketten - Prüfbericht Vollebekk.) - Landbrukstekn. Inst., Vollebekk, Meld. Nr.143. (1963) S.1-2. - 1 Abb.

Hersteller: K. Yrstad Ljaasmie & Mek. Verksted, Ryfoss. 3245.

1-64/04-0108 A n o n y m. Prøve med SKARPSKO traktorkjettinger. ("SKARPSKO" Schlepperketten - Prüfbericht Vollebekk.) - Landbrukstekn. Inst., Vollebekk, Meld. Nr. 144. (1963) S.1-2. - 1 Abb.

Hersteller: Johs. Sandvik, Stokke. 3245.

1-64/04-0109 A n o n y m. Prøver med JO-BU traktorkjettinger. ("JO-BU" Schlepperketten - Prüfbericht Vollebekk.) - Landbrukstekn. Inst., Vollebekk, Meld. Nr.145. (1963) S.1-2. - 1 Abb.

Hersteller: Jo-Bu, Hønefoss. 3245.

1-64/04-0110 L j u b i m o w, B. Zur Abstimmung der Abmessungen von Kopplungsbauteilen am Anbausystem von Traktoren und Antrieben von Landmaschinen. - Int. Z. Landwirtsch. /Sofia/Berlin/ 1963 Nr.4. S.83-86.

Vf. berichtet über folgende Empfehlungen der Mitgliedsländer der RGW für die Vereinheitlichung von Landmaschinen, die mit Schleppern der Klassen 0,6-2 Mp betrieben werden: Vereinheitlichte Richtwerte für 3-Punktaufhängungen, für starre Anhängevorrichtungen, für Zugpendel, für Zapfwellenprofile, Richtwerte und Abmessungen von Baugruppen der Schlepperhydraulik (Verteiler, Zylinder, Hochdruckleitungen). Zu den noch nicht gelösten Aufgaben gehört die Vereinheitlichung der Hydraulikarmaturen, die Schaffung einheitlicher techn. Forderungen an das kinematische Schema der 3-Punkt-aufhängungen. Ferner wird eine die Arbeitsschutzbedingungen erfüllende Einheitsgelenkwelle beschrieben. W.Balkin. 3255.

1-64/04-0111 A n o n y m. Schlepperverdecke als Unfallschutz. - Lohnunternehmen in Land- u. Forstwirtsch. 18 (1963) Nr.9. S.188. - 3 Abb. 3265.

1-64/04-0112 A n o n y m. Skyddsram HSV 350 BM SRG. (Schlepperfahrerhaus "HSV 350 BM SRG" - Staatlicher Maschinenprüfbericht Ultuna.) - Statens Maskinprovningar, Medd. Nr.1676. (1963) S.1-3. - 1 Abb.

Hersteller: AB Hultdins Smidesverkstad, Aspliden, Kristineberg. 3265.

1-64/04-0113 H a r k n e s s, K.A.; Ohio State Univ., Agric. Engng. Dep. Fluorescent - reflectorized triangular emblem to identify slow-moving vehicles. (Fluoreszierendes und reflektierendes Dreieck zur Kennzeichnung langsam fahrender Fahrzeuge.) - Agric. Engng. 44 (1963) Nr.7. S.362-365. 370-371. 373. - 5 Abb., 12 Lit.

Die stetig zunehmende Zahl von Verkehrsunfällen mit langsam fahrenden Landmaschinen und Schleppern zwang zu einer eingehenden Analyse dieser Unfälle. Danach entsteht ein großer Teil der Unfälle beim Überholen durch zu spätes Erkennen des langsam fahrenden Fahrzeuges. Daraufhin wurde ein Schild entwickelt, daß durch seine Abmessungen, seinen fluoreszierenden und reflektierenden Anstrich sowohl bei Tag- als auch bei Nachtfahrten ein gut sichtbares Erkennungszeichen darstellt. Es wird in der hinteren Mitte in 3-5 ft. Höhe am langsamen Fahrzeug angebracht und hat sich gut bewährt. W.Bohrisch. 3265.

1-64/04-0114 F e l d m a n n, F. Der Schlepper betriebsgerecht ausgewählt. Stuttgart: Verlag Eugen Ulmer. 1963. (159 S. m. 52 Abb. u. 27 Tab.) 15,5 x 22,5 cm. DM 8,00 = Angewandte Landtechnik Heft 1.

Den Interessenten werden heutzutage eine Vielzahl von landwirtschaftlichen Schleppern unterschiedlicher Leistungsstärke und unterschiedlichen Verwendungszweckes angeboten, so daß eine richtige Auswahl erhebliche Schwierigkeiten bereitet. Vf. will mit seinem Buch eine betriebsgerechte Auswahl erleichtern, indem er eine ganze Reihe von Faktoren ausführlich behandelt, die für eine rationelle Mechanisierung bestimmend sind. Zuerst werden die Eigenschaften des Schleppers betrachtet, die für seine Beurteilung wichtig sind: Größenklasse, Zugkraft, Leistung, Gewicht, Motor, Getriebe, Hydraulik, Abmessungen und Zubehör. Anschließend werden diejenigen Gesichtspunkte besprochen, die für eine richtige Auswahl von Bedeutung sind, beispielsweise Schlepper und Arbeitsproduktivität, Höhe der Schlepperkosten, welche technischen und landwirtschaftlichen Leistungen werden von Schleppern unterschiedlicher Größenklasse mit wichtigen Geräten und Maschinen erreicht. Schließlich werden noch Überlegun en angestellt, bis zu welcher Betriebsgröße ein Alleinschlepper möglich ist und wie er aussehen muß. In dem Schlußkapitel "Grundsätze für die Auswahl meines Schleppers" sind noch einmal alle entscheidenden Faktoren für den Ankauf eines Schleppers in kurzer, prägnanter Form zusammengefaßt. W.Bohrisch.

IV. TRANSPORT UND FÖRDERUNG

A. ALLGEMEINES

1-64/04-0115 S t r o u h a l, E. Koncepce zemědělské dopravy ve vztahu ke komplexní-mechanizaci. (Konzeption des landwirtschaftlichen Transportes, bezogen auf die Komplexmechanisierung.) - Zemědělská Techn. 9(36) (1963) Nr.3. S.259-264. - 6 Abb., 1 Lit.

Als erste Forderung gilt in der ČSSR die Steigerung der Transportgeschwindigkeit auf 30-35 km/h, wobei durch neue techn. Ausführung die Bequemlichkeit und Betriebssicherheit der Maschinenfahrer erhöht werden soll. Die Tragfähigkeit soll auf 5-10 t steigen, die Leistung bei der Güterbehandlung ist mit 7-8 t/h für sonstige Güter vorgesehen. Als Grundtyp des Transportmittels bleibt der 5-t-Kippanhänger, als Energiequelle der Zug-Transportschlepper mit einem ausgedehnten Gerätesatz. Zum Versetzen von sperrigen und körnigen Gütern werden Fördergebläse eingesetzt, die zu verschiedentlichen Aggregaten zusammengestellt werden können. Wichtig ist die Auslastung der Transportmittel außerhalb der Arbeitsspitzen in anderen Wirtschaftszweigen. Eine wichtige Voraussetzung für die Vervollkommnung des Transportwesens ist die Verbesserung des Wege- und Straßennetzes.
ČSSR/ÚVTI. 4005.

1-64/04-0116 H a u g e n, Oivind und M e l, Ivar. Transportirovka v gornych rajonach pri pomošči traktorov, lebedok i pročego mechaničeskogo oborudovanija. (Transportarbeiten im Gebirge mit Schleppern, Winden und anderen mechanischen Mitteln.) - Evropejskaja ėkonomičeskaja komissija. Komitet po voprosam sel'skogo chozjajstva. Rabočaja gruppa po mechanizacii sel'skogo chozjajstva 1963 Nr.2/73 R. S.1-17. - 8 Abb., 1 Diagr., 3 Schemata, 5 Skizzen.

Von der Arbeitsgruppe "Mechanisierung der Landwirtschaft" des Komitees für Landwirtschaftsfragen der Europäischen ökonomischen Kommission wird über Transportarbeiten auf Hängen mit mehr als 15 % Neigung berichtet. Dem Bericht liegen Befragungen in der DBR, England und der Schweiz sowie norwegische Erfahrungen zugrunde. Es werden folgende Transportmittel besprochen: Vierradschlepper mit Hängern und Aufsattelfahrzeugen sowie Heckgreifern; Einachsschlepper; Wagen im Seilzug; Schlepper-Anbauwinden; Seil-Hängebahnen; Milchtransport in Plasterohren; Gülletransport in Rohren. Abschließend nenen Vff. die Adressen der sich mit diesen Problemen befassenden Versuchsanstalten und geben die im Entwurf eines neuen Fragebogens enthaltenen Fragen an. W.Balkin. 4005.

B. FAHRZEUGE

1-64/04-0117 Untersuchungen über die Nutzung von Spezialfahrzeugen, insbesondere Behälterfahrzeuge für landwirtschaftliche Transporte. - Meißen, Hochschule LPG Plan-Nr.: 1702 07 h 2-03/1. Abschlußber. (26/11.1963).

Die Forderungen an den losen Transport von Mischfutter werden kurz aufgestellt. Im Ausland eingesetzte Fahrzeuge und ein Funktionsmuster eines

Mischfutterfahrzeuges auf der Basis eines Anhängers mit Kratzerboden (Kombiwagen vom VEB Fortschritt, Neustadt/Sa.) werden beschrieben. Bei den ersten Einsatzversuchen zeigten sich verschiedene Störungen. Die Ursachen dafür wurden beseitigt. Ein Untersuchungsprogramm wurde aufgestellt. Über die Ergebnisse wird späterhin berichtet. 4105.

1-64-0118 Verbesserung landwirtschaftlicher Traktorenanhänger, insbesondere deren Be- und Entladeeinrichtungen. Teil I. - Meißen, Hochschule LPG Plan-Nr.: 1702 07 h 2-05/1 Z. Teil-Abschlußber. (25/11. 1963).

Bei landwirtsch. Fließtransporten spielt die Senkung der Entladezeiten für die Erhöhung der Transportleistung der Fahrzeuge eine außerordentlich große Rolle. Motorhydraulische Kippeinrichtungen und automatisch öffnende Bordwände sind techn. Möglichkeiten für kürzeste Entladezeiten. Verschiedene Lösungen wurden untersucht und eingeschätzt. Für die landwirtsch. Betriebe werden Hinweise zur nachträglichen Ausrüstung von Kippanhängern gegeben. Der anhängerbauenden Industrie wird empfohlen, in Zukunft die Traktorenkippanhänger serienmäßig mit den beschriebenen Einrichtungen auszurüsten. 4111.

1-64/04-0119 Verbesserung landwirtschaftlicher Traktorenanhänger, insbesondere deren Be- und Entladeeinrichtungen. Teil II. - Meißen, Hochschule LPG Plan-Nr.: 1702 07 h 2-05/1 Z. Teil-Abschlußber. (25/11.1963). - Teil I vgl. vorst. Ref.

Es wird von den Einsatzerfahrungen des Traktors "ITM 533" und dem dazugehörigen Einachsanhänger berichtet. Beide haben sich in der Landwirtschaft der DDR gut bewährt. Für den Traktoren-Einachsanhängerzug werden die fahrmechanischen Grundlagen erarbeiet. Daraus werden die Hauptmaße für einen 4-t-Einachsanhänger zum Traktor "RS 14/36" abgeleitet. Ein nach diesen Maßen gebautes Funktionsmuster wird beschrieben. Die damit gemachten Einsatzerfahrungen werden erläutert. Abschließend wird von einem Vergleich der Zugsicherheit zwischen dem Traktoren-Einachsanhängerzug und dem Traktoren-Zweiachsanhängerzug berichtet. 4111.

1-64/04-0120 A n o n y m. Lader und Ladewagen. - Techn. u. Landwirtsch. 15 (1963) Nr.14. S.324-325. - 14 Abb. Aus: Dok.-Dienst ILT 1963 Nr.10.

Überblick über Lader und Ladewagen mit kurzen Charakteristiken und bildlicher Darstellung. Bei den Ladern handelt es sich vorwiegend um Schubstangenlader. Die Ladewagen sind Vielfachwagen mit Aufnahme, Lade- und Entladevorrichtungen der verschiedensten Fabrikate. Die Darlegungen ermöglichen einen Vergleich der Erzeugnisse untereinander. 4111.

1-64/04-0121 A n o n y m. Vielseitig verwendbar. - Landtechnik 18 (1963) Nr.20. S.713. - 1 Abb.

Die Fella-Werke, Feucht, haben einen neuen Mehrzweckwagen unter dem Namen "Farmer-Kombi" herausgebracht. Dieser Wagen eignet sich als Entladewagen für Kartoffeln, Rüben, Langgut, Häcksel u.a. Er ist mit einer Kratzbodenkette ausgerüstet, die eine automatische Entladung ermöglicht.

H. Thömke. 4111.

1-64/04-0122 A n o n y m. Ausstellungsneuheiten. - Landtechnik 18 (1963) Nr.19. S.654.

Die Fa. K. Mengele & Söhne, Günzburg/Donau, zeigt erstmals einen Großraum-Ladewagen in Ein- und Zweiachs-Ausführung. Fassungsvermögen 25 m^3. Beide Wagen können nach Umbau als Ladewagen oder als Stalldungstreuer verwendet werden.

H. Thömke. 4111.

D. FÖRDERMITTEL

1-64/04-0123 B o r i s o v, A.M., M e r ž v i n s k a j a, E.P. und F a t e e v, M.N. Tipaž pogruzčikov nepreryvnogo dejstvija dlja sel'skogo chozjajstva. (Eine Typenreihe kontinuierlicher Ladegeräte für die Landwirtschaft.) - Traktory i sel'chozmašiny, Moskva 33 (1963) Nr.6. S.35-38. - 3 Abb., 1 Tab. Aus: Dok.-Dienst ILT 1963 Nr.8.

Überblick über kontinuierlich wirkende Anbau-, Anhänge- und selbstfahrende Ladegeräte, wie Kratzerketten- und Bandförderer, Förderschnecken, Fördergebläse und Spezialausrüstungen. In Tab. Zusammenfassung aller dieser Geräte unter Angabe ihrer techn. Charakteristik. Kurze Beschreibung von Ausführung und Ausrüstung. Einsatzmöglichkeiten und spez. Arbeitsbedingungen.

4305.

1-64/04-0124 Č e r n i č k i n, A.S. Opredelenie soprotivlenija peremeščeniju sypučich gruzov v skrebkovych transporterach. (Ermittlung des Widerstandes beim Umsetzen von rieselfähigen Gütern in Kratzförderern.) - Mechanizacija i elektrifikacija socialističeskogo sel'skogo chozjajstva, Moskva 21 (1963) Nr.4. S.47-49. - 1 Diagr., 1 Schema.

Auf der Grundlage der Theorie von rieselfähigen Gütern wurde eine Methodik ausgearbeitet, mit deren Hilfe alle Größen, die bei der Beförderung mit Kratzerketten auftreten, ermittelt werden können. Um die Formeln zu vereinfachen, sind bestimmte Voraussetzungen getroffen, die beschrieben und schematisch abgebildet sind. Vf. gibt Formeln an, mit denen die Kräfte, die die Kratzerschaufeln aushalten müssen, Masse des Fördergutes, Reibungswinkel u.s.w. errechnet werden können. Aus einem Diagr. ist die Abhängigkeit des Reibungswiderstandes von der Masse des Fördergutes bei verschiedenen Bedingungen zu entnehmen. Es wurden offene und geschlossene Kästen, in denen Kratzförderer umlaufen, untersucht. Versuchsergebnisse sind angegeben.

G. Reumschüssel. 4315.

F. PUMPEN

1-64/04-0125 A n o n y m. Wo der Wasserdruck nicht ausreicht. - Landtechnik 18 (1963) Nr.19. S.658. - 1 Abb.

Die Fa. Loewe - Pumpenfabrik GmbH, Lüneburg, baut Druckerhöhungspumpen verschiedener Größe. Druckerzeugung 5-16 atü. Die Pumpen werden aus dem Wasserversorgungsnetz gespeist. Eine Überlastung des Motors in Druckspitzen ist ausgeschlossen. Die verwendeten Motoren haben eine Leistung von 1,5 bis 3 PS.

H. Thömke. 4505.

V. PFLANZLICHE PRODUKTION

A. ALLGEMEINES

1-64/04-0126 M ü l l e r, Karl. Mechanisierungsplan für einen Futterbaubetrieb. - Mitt. dtsch. Landwirtsch.-Ges. 78 (1963) Nr.34. S.1067-1069. - 2 Abb. 5005a.

1-64/04-0127 S o m m e r k a m p, G. Vollmechanisierte Grünlandbetriebe. - Mitt. dtsch. Landwirtsch.-Ges. 78 (1963) Nr.51/52. S.1624-1627. - 4 Abb. 5005a.

1-64/04-0128 P r a n d o t a, W. Ekonomiczne założenia produkcji ziemniaków. (Ökonomische Voraussetzungen für den Anbau der Kartoffel.) - Nowe Rolnictwo 12 (1963) Nr.16. S.12-14. - 8 Tab. 5005c.

1-64/04-0129 L j a c h, V. M. und G a l k i n, V. I. Rezul'taty ispytanij novych mašin dlja sveklovodstva. (Untersuchungsergebnisse von neuen Maschinen für den Zuckerrübenanbau.) - Mechanizacija i ėlektrifikacija socialističeskogo sel'skogo chozjajstva, Moskva 21 (1963) Nr.4. S.53-57. - 1 Abb., 4 Schemaskizzen, 1 Diagr., 8 Tab.
In den letzten Jahren wurde eine Grundrichtung der Komplexmechanisierung des Zuckerrübenanbaues festgelegt, wobei die Handarbeit vollständig ausgeschaltet wurde. Die Kontrolle dieser Aufgabe wurde 1962 dem ukrainischen Inst. MIS übertragen. Es standen 7 Drillmaschinen zur Prüfung, die im einzelnen beschrieben und abgebildet sind. Versuchsbedingungen und -methoden werden beschrieben. Die Ergebnisse sind in Tab. zusammengestellt. Es wurden auch Standversuche durchgeführt. Vff. beschreiben neue fräsartige Schneidapparate zum Ausdünnen der Rübenpflanzen, ein Reinigungsband, das auf der Kombine "SKTP-3" aufmontiert ist, und geben ein technol. Schema der Kombine "SKD-2".

G.Reumschüssel. 5005d.

1-64/04-0130 F i e d l e r, Jilji und Ř i m a l, Vladimír. Vliv změny technologických postupů pri setí a jednocení cukrovky na potřebu práce a na výši primých nákladů. (Wirkung veränderter technologischer Prozesse der Zuckerrübenaussaat und des Vereinzelns auf den Arbeitsbedarf und die direkten Kosten.) - Zemědělská Techn. 9(36) (1963) Nr.2. S.93-106. - 3 Abb., 9 Tab. Zus. in Russ., Dtsch.
Vf. behandelt im Zusammenhang mit der Entwicklung des Zuckerrübenanbaues den Handarbeitsaufwand und die direkten Kosten. Beide lassen sich senken durch den Einsatz von Gleichstanddrillmaschinen, entsprechendem Saatgut, Ausdünnstriegel und Herbiziden. Allerdings müssen dann die Normen für das Vereinzeln verändert werden. Der Einfluß der Normenfestlegung auf die Direktkosten und Probleme der materiellen Interessiertheit werden abschließend erörtert.

ČSSR/ÚVTI. 5005d.

1-64/04-0131 K u i p e r s, H.; Wageningen, Landbouwhogeschool. Drukverdeling onder Landbouwvoertuigen. (Druckverteilung unter Landmaschinen.) - Landbouwmechanisatie 14 (1963) Nr.8. S.642-647. - 1 Diagr., 3 Tab., 5 Lit.
Die Größe des Raddruckes auf den Boden hängt ab vom Bodenzustand und dem spez. Auflagedruck. Vf. geht davon aus, daß auch in einem mechanisierten Betrieb der von den Maschinen ausgeübte Bodendruck unter 1 kp/cm^2 liegt. Auf Kleiboden verursachen in nassen Jahren bereits Werte unter 1 kp/cm^2 Bodendruckschäden. Bei der Frühjahrsbearbeitung ist daher auf diesen Böden die gesamte über den Acker transportierte Masse möglichst gering zu halten. Diese Forderung soll nicht durch den Einsatz leichterer Maschinen, sondern in erster Linie durch Einschränkung der Arbeitsgänge - d.h. Verwendung von Gerätekombinationen - verwirklicht werden.

L.Machler. 5010.

1-64/04-0132 S v e t l i č n y j, Vladimir Andreevič und L e b e d i k, A. I. Der Anbau von Erbsen und Zuckerrüben in mechanisierten Arbeitsgruppen. - Aus: Zemledelie, Moskva 1963 Nr.4. S.33-42. (Übers. aus d. Russ., Maschinenschr. vervielfält.) - TÜ 811.

1-64/04-0133 Zalecenia agrotechniczne 1963 g. (Agrotechnische Empfehlungen.) Warszawa: Państw. wyd. roln. i leśne. 1963. 8°= Instytut uprawy,nawożenia i gleboznawstwa, Ser. P Bd.1. u. 2. (SR 3162, P2)

1-64/04-0134 Agrotechnika vozdelyvanija sel'skochozjajstvennych kul'tur na torfjano-bolotnych počvach. (Agrotechnik des Anbaues landwirtschaftlicher Kulturpflanzen auf Torf-Moorböden.) Minsk: Gos. izd. sel'skochoz. lit. BSSR. 1963. (79 S.) 8°. (1963 A 1248)

1-64/04-0135 S k l á d a l, Vladimír u.a. Peštování a sklizeň obilnin. (Getreideanbau und -ernte.) Praha: Státní zeměd. naklad. 1963. (184 S.) 8°. (1963 A 1338)

B. FELDARBEITEN AUSSCHLIESSLICH ERNTE

1-64/04-0136 B r e b u r d a, J. Meliorationsmaßnahmen in der Sowjetunion. - Wasser u. Boden 15 (1963) Nr.11. S.398-399. - 3 Lit. 5110a.

1-64/04-0137 Z a n d e r, J. Rapporten van de afdeling mechanisatie cultuurtechniek. (Bericht der Abteilung Mechanisierung der Kulturtechnik.) - Inst. Landbouwtechn. Rationalisatie Wageningen, Gestencilde Meded. 1963 Nr.1. S.1-65. - 30 Abb., 3 Diagr., 46 Schemata, 7 Tab., 45 Lit.

Bericht Nr. 30: Einige Aspekte der Dränage. Der für das Ingenieurstudium auf dem Gebiet der Landmaschinenkunde zusammengestellte Bericht gibt eine Übersicht über heutige Arbeitsmethoden der Dränage und die neuesten Entwicklungen auf diesem Gebiet in den Niederlanden und im Ausland. Zweck und Wesen der Dränage werden unter Berücksichtigung landwirtsch., kulturtechn. und maschinentechn. Aspekte untersucht. Nach der Behandlung der halbmech. Geräte, wie Grabenpflug und -fräse, werden eingehend Konstruktion und Arbeitsweise von Dränmaschinen zum Verlegen von Ton- und Plastikrohren beschrieben. Ein Überblick über niederländische Maschinen und über die Kosten der Rohrdränage wird gegeben. Über Methoden, Geräte und Kosten der Maulwurfdränage wird berichtet und der Stand der Dränage im Ausland untersucht. Abschließend werden u.a. Instandhaltung und Werkstoffe für Rohre behandelt. L.Machler. 5110c.

1-64/04-0138 O l b e r t z, M. H., W e r t z, G. und K ö s t e r, H.; Rostock, Univ., Inst. für Meliorationswes. Ein Verfahren zur Rekonstruktion von Dränanlagen. - Arb.-Ber. Inst. Meliorationswes. Univ. Rostock 1962 Nr.1. S.2-13. - 6 Abb., 1 Tab., 7 Lit. - nach Zus.

Die Rekonstruktion und laufende Instandhaltung von Dränanlagen ist gegenwärtig eine der wichtigsten Aufgaben der Meliorationsgenossenschaften und Meliorationsbetriebe. Am o.g. Inst. wurde ein Gerät entwickelt, mit dessen Hilfe sich sowohl die Wiederauffindung (einschl. Ortung lokaler Verstopfungen) als auch Reinigung der Dränsysteme ermöglichen läßt. Das Gerät besteht aus einer am "RS09/15" angesetzten Hochdruckpumpe des Sprüh- und Stäubegerätes "S293/2", einem 100 m langen Decelithschlauch (13 mm lichte Weite) mit eingesetztem Spülkopf sowie aus einem Zusatzgerät zur Funkortung. Für den Einsatz des Gerätes werden

2 AK benötigt. 5110c.

1-64/04-0139 A l i e v , Ja. Drenažno-krotovye mašiny. (Maschinen für die Maulwurfdränung.) - Technika v sel'skom chozjajstve, Moskva 23 (1963) Nr.7. S.40-42. - 4 Abb. Aus: Dok.-Dienst ILT 1963 Nr.9.

2 Maschinen zur Herstellung von Maulwurfdräns in torf- und mineralhaltigen Sumpfböden (Typ "KN-100M") und in Torfböden ("KN-55M") werden beschrieben. Gleiche Konstruktionsmerkmale: hydraulischer Böschungswinkelregler; Arbeitsgeschwindigkeitsbereich I-III. Gang; Transportgeschwindigkeit IV. Gang; je nach Einsatzbedingungen auswechselbare Arbeitsteile (Preßkörper aus Holz oder Metall; mehrreihiger Maulwurf mit Dränmeißeln zur Bodendurchlüftung). Arbeitsbreite des Maulwurfs an "KN-100M" 3 m, an "KN-55M" 2 m. Arbeitswerte: Dräntiefe auf Torfboden bis zu 1400 mm, auf torf- und mineralhaltigen Böden bis zu 1000 mm (Typ "KN-100M"), auf Torfböden bis zu 1200 mm ("KN-55M"). Bei Bodendurchlüftung Arbeitstiefe 500 mm, Schnittwinkel des Schwerts 120-160°. 5110c.

1-64/04-0140 K n o b l o c h , H. Dränung mit neuen Möglichkeiten. - Z. Kulturtechn. u. Flurbereinig. 4 (1963) Nr.3. S.157-158. - 4 Abb.

Es wird die Verlegung von Kunststoff-Dränrohren mit Hilfe eines neuentwikkelten Dränpfluges beschrieben. Der Rohrpflug wird von einem 90-PS-Schlepper gezogen. Er durchschneidet den Boden V-förmig bis zu einer Tiefe von 1,40 m. Im Innern der Schare besitzt er Führungen, die das flexible, endlose Kunststoffrohr und etwa erforderliches Filtermaterial in die Kiellinie des Pfluges bringen und dort ausmünden lassen. Die Steuerung erfolgt durch Verstellen des Schnittwinkels der Schare. 100 m Dränung werden in 2 1/2 Min. verlegt. Für die Bedienung sind 1 Traktorist, 1 AK zur Steuerung des Pfluges und 1 Helfer erforderlich. D.Voigt. 5110c.

1-64/04-0141 J ü r g e n s - G s c h w i n d, S. Pionierarbeit für die rationelle Ent- und Bewässerung. - Wasser u. Nahr. 8 (1963) Nr.1. S.36-38. - 5 Abb.

Inhaltsgleich mit vorstehendem Ref. 01-64/04-0140. 5110c.

1-64/04-0142 A n o n y m. Holländische Dränmaschinen für alle Bodenarten (Hersteller: Firma D. Barth & Zoon 's-Gravendeel.) - Wasser u. Boden 15 (1963) Nr.12. S.445-446. - 1 Abb. 5110c.

1-64/04-0143 K u n t z e, H. Kunststoffe in der Dräntechnik. - Techn. u. Landwirtsch. 15 (1963) Nr.1. S.12-14.

Kunststoff-Dränrohre werden z. Zt. aus Polyvinylchlorid (PVC) und aus Polyäthylen (PE) hergestellt. PVC-Rohre sind meist Rillen-Rippenrohre, die entweder in 5-6 m langen Stücken oder endlos von einer Trommel abgewickelt verlegt werden. Sie haben meist mehrere Schlitzreihen in Längsrichtung zum Eintritt des Wassers. PE-Rohre werden hauptsächlich von einer Trommel aus verlegt. Sie sind meist auf dem ganzen Umfang perforiert. Die Eintrittsfläche schwankt zwischen 3 und 24 cm^2/lfm. Zur Überwindung des Benetzungswiderstandes der Kunststoffrohre werden Filterstoffe verwendet. Dazu gehören neuerdings Glaswoll- und Steinwollvliese, u. U. bei bestimmten Böden auch Kunststoff-Flocken. Dränrohre aus Kunststoffen sind auf Grund ihrer elektrostatischen Eigenschaften bes. empfindlich gegen Verockerungen. Der noch doppelt so hohe Preis je lfm gegenüber den Tonrohren wird vor allem durch verfahrenstechnische Vorteile ausgeglichen. D.Voigt. 5110c.

1-64/04-0144 K o w e l d, R. Untersuchungen über die Stoßfugen normaler Tondränrohre. - Z. Kulturtechn. u. Flurbereinig. 4 (1963) Nr.5. S.300-307.
Die Eintrittsöffnungen bei Tonrohrdränen schwanken von 2,8 bis 15 cm^2/lfm. Da die Qualität der Tondränrohr-Schnittflächen für die maschinelle Dränung größere Bedeutung gewinnt, wurde vom Vf. ein Verfahren zum Messen der Weite und Form der Stoßfugen entwickelt. Bei engstmöglichem Schluß wurden 10 Plexigum-Abdrücke von Stoßfugen zwischen je 11 zu prüfenden Tonrohren, die von Hand sowohl auf eine ebene als auch auf eine aus 2 Schienen bestehende Unterlage gelegt wurden, hergestellt. Die Dicke jedes Abdruckes wurde auf jeweils 18 radialen Linien auf 0,01 mm genau gemessen. Von 5 Fabrikaten wurden die 180 kleinsten Weiten gemittelt. Bei Verlegung auf einer Ebene ergaben sich Eintrittsöffnungen von 1,92-4,22 cm^2/lfm, bei Verlegung in einer Rinne von 2,54-4,87 cm^2/lfm. Bei einigen Rohren waren bei maschineller Verlegung die Stoßfugen um 0,11-0,15 mm breiter; das sind dann um 0,6-0,9 cm^2/lfm größere Eintrittsöffnungen. Der Durchschnitt der kleinsten Stoßfugenweiten betrug bei Verlegung auf einer Ebene 0,33-0,71 mm, bei Verlegung in einer Rinne 0,48-0,82 mm. Z. Z. laufen weitere Untersuchungen über die Ausdehnung von Tondränrohren bei Anfeuchtung und über die dadurch verursachte Veränderung der Stoßfugen.

R.Teipel. 5110c.

1-64/04-0145 A v e r j a n o v, S. F. und R u s t a m o v , G. G. Rasčet kombinirovannych drenažnych sistem v uslovijach napornogo pitanija. (Berechnung eines kombinierten Entwässerungssystems bei Druckwasserandrang.) - Izvestija Timirjazevskoj sel'skochozjajstvennoj akademii, Moskva 1963 Nr.2. S.179-190. - 3 Diagr., 5 Zeichn., 12 Lit. Zus. in Engl.
Die horizontale Entwässerung ist in welligem Gelände mit Druckwasser wenig wirksam. Die Entwässerungszüge müssen tief, in engem Abstand und in wechselnden Richtungen verlegt werden. Aus diesem Grunde wird jetzt die senkrechte Entwässerung angewendet, bei der das Wasser aus Sammelschächten abgepumpt wird, die in die am stärksten Wasser führenden Schichten eingebaut werden. Das Verfahren verursacht hohe Bau- und Unterhaltungskosten. Es wird daher ein Entwässerungssystem aus wenigen, tiefen Gräben in Verbindung mit vertikalen Sickerschächten, die in bestimmten Abständen in die Grabensohle eingebaut werden, vorgeschlagen, das sowohl Druck- als auch Tagwasser abführt. Für die Berechnung der Gräben und Sickerschächte werden zahlreiche Formeln angegeben. R.Teipel. 5110c.

1-64/04-0146 J a r v e l a , Ch. A. Primenenie gamma-lučej pri izučenii režima vlažnosti drenirovannych počv. (Anwendung von γ-Strahlen für die Untersuchung des Wasserhaushalts dränierter Böden.) - Doklady TSChA. Moskovskaja ordena Lenina sel'skochozjajstvennaja akademija imeni K. A. Timirjazeva 1962 Nr.74. S.107-116. - 2 Diagr., 5 Schemaskizzen, 10 Lit. 5110c.

1-64/04-0147 M j a g i, K. A. Polevye sposoby opredelenija koėfficienta fil'tracii pri stroitel'stve drenaža. (Feldmethoden zur Bestimmung des Koeffizienten der Filtration beim Bau von Dränen.) - Doklady TSChA. Moskovskaja ordena Lenina sel'skochozjajstvennaja akademija imeni K. A. Timirjazeva 1962 Nr.74. S.125-133. - 4 Tab., 5 Zeichn., 8 Lit. 5110c.

1-64/04-0148 B e n f r a t e l l o, Guglielmo. Ricerca sperimentale su scarichi a pozzo aventi imbocchi di forme speciali. (Experimentelle Versuche mit Spezialabflußkanälen.) - Aqua Agric. Ig. Ind. 40 (1962) Nr.3. S. 49-74. - 15 Abb., 1 Tab., 17 Lit. Zus. in Engl.

Vf. berichtet von Versuchen mit transparenten Plastikmodellen, um eine mathematische Berechnung der Stutzenhöhe einschl. Krümmungswinkel von Abflußkanälen zu ermitteln, die sich auf die in den Boden einzubauenden Bewässerungskanäle übertragen lassen. Die ausgedehnten Versuchsserien an vertikalen Leitungen werden an einem Diagr. aufgezeigt, woraus u.a. hervorgeht, daß die horizontale Neigung mit einem weiten vertikalen Stutzen, die günstigste Durchflußgeschwindigkeit ergibt. G.Müller/Leipzig. 5110c.

1-64/04-0149 E l e m a, H. M. Vele nieuwe slootreinigers in Grientsveen. (Viele neue Grabenreiniger in Grientsveen.) - Loonbedrijf Land- en Tuinbouw 16 (1963) Nr.10. S.647.649.651.

Bericht über die Vorführung von Grabenräumgeräten in Grientsveen 1963. Von den eingesetzten Mähaggregaten werden u.a. folgende herausgestellt : Böschungsmäher "Berkenheger" mit hydraulisch verstellbarem Stützrad; der Mähbalken kann rechts oder links montiert werden. Das Mähaggregat von Klaus besitzt an einem langen, geknickten Ausleger einen hydraulisch angetriebenen Mähbalken mit doppelten Messern. Es kann damit die Grabensohle und bei nicht zu breitem Graben auch die gegenüberliegende Grabenböschung ausgemäht werden. Der Herder-Korbmäher kann an hydraulische Kräne montiert werden. Er besteht aus einem hydraulisch angetriebenen, doppelten Messer und einem Korb, in dem das Mähgut gesammelt und auf dem Grabenrand abgelegt werden kann. Weiterhin wird über den Einsatz von Baggern und Grabenfräsen berichtet.

L.Machler. 5110c.

1-64/04-0150 A n o n y m. Arden ditcher and arden super ditcher . ("Arden" Grabenräumgerät und vergrößertes "Arden" Grabenräumgerät. - N.I.A.E.-Test.) - Nat. Inst. agric. Engng., Rep. on Test Nr.355. (1963) S.1-16. - 7 Abb., 3 Tab.

Hersteller: R. Snialley Ltd.,Osbournby, Sleaford, Lincs. Die beiden Räumgerätetypen, die sich lediglich in der Länge des Auslegerarms unterscheiden, dienen zum Räumen und zur Instandhaltung von Wassergräben bis zu 11 ft. (3,35 m) Breite und 7 ft. (2,15 m) Tiefe von einer Grabenseite aus. Die Hauptbestandteile sind Schürfkübel und Gestänge (Ausleger), die an einen Schlepper montiert werden. Die Betätigung von Gestänge und Schürfkübel erfolgt durch die Schlepperhydraulik. Das normale Gerät hat eine Masse von 378 lb. (171,5 kg), das mit vergrößertem Ausleger 435 lb. (197,3 kg). Beide Geräte waren zum Zwecke der Prüfung 35 Std. in 8 verschiedenen Grabenarten eingesetzt. Die Arbeitsgüte und -leistung war allg. zufriedenstellend. Die besten Ergebnisse wurden in feuchten oder bewässerten Gräben erzielt. Je nach örtlicher Beschaffenheit des Grabens betrug der stündl. Aushub 3,2 bis 11,0 cu.yd. (2,25 - 8,41 m^3). Der Einsatz erfolgte mit den Schleppertypen Massey-Ferguson "65" und "35", "I.H.C.B.-275" und "Fordson Major". Andere Schlepper etwa der gleichen Leistungsklasse sind ebenfalls geeignet. Werden stärkere Schlepper verwendet (z.B. "Fordson Super Major"), so besteht bei der Räumung von Gräben mit unsichtbaren Hindernissen in der Böschung (starke Wurzeln) die Gefahr des Verbiegens von Schürfkübel und Gestänge. Bedienung und Wartung des Räumgerätes sind rel. einfach.

W.Bohrisch. 5110c.

1-64/04-0151 A n o n y m. Ein neues Gerät für Grabenräumung und Böschungspflege in einem Arbeitsgang. (Hersteller: Firma Gebr. Wehrhahn, Maschinenfabriken, Delmenhorst.) - Wasser u. Boden 15 (1963) Nr.12. S.444. - 2 Abb. 5110c.

1-64/04-0152 A n o n y m. Der vollhydraulische Raupenbagger Yumbo "Y 45 DP" im Grabenbau (Hersteller: Société Yumbo, Genas/Isère, Frankreich). - Wasser u. Boden 15 (1963) Nr.12. S.446. - 2 Abb. 5110c.

1-64/04-0153 A n o n y m. RUD-Plattenketten Typ "ELCH" (DPa) für zwillingsbereifte Mobilbagger (Hersteller: RUD-Kettenfabrik Rieger & Dietz, Unterkochen/Württ.). - Wasser u. Boden 15 (1963) Nr.12. S.448. - 1 Abb. 5110c.

1-64/04-0154 P a v e l i s, George A. Die Entwicklung der Landwirtschaft durch Bewässerung. - Fatis Rev. /Bad Godesberg/ 10 (1963) Nr.2. S.38-44. - 7 Abb. 5110d.

1-64/04-0155 K a d e n, Siegfried. Die Bewässerung und ihre Stellung in der Wasserwirtschaft. - Wasserwirtsch.-Wassertechn. 13 (1963) Nr.1. S.9-13. - 4 Tab., 6 Lit.

Für die Beurteilung eines Bewässerungsverfahrens sind von wasserwirtschaftlicher Seite aus hauptsächlich der Wasserverbrauch, die Wasserqualität, der Bodenwasserhaushalt und die natürlich-biologische Reinigungswirkung des Bodens entscheidend. Die wichtigsten Vorteile der Beregnung sind sparsamer Wasserverbrauch sowie große gleichmäßige Durchfeuchtung der Gesamtfläche. Für den Vergleich von Bewässerungsverfahren auf internationaler Ebene sollte eine einheitliche Untersuchungsmethode angewendet werden. Vf. gibt einen kurzen Überblick über die Arbeiten der Abteilung Wassertechnik des Inst. für Wasserwirtschaft, Berlin, auf dem Gebiet der Bewässerung. Dazu gehören die Aufstellung eines Klarwasserkatasters, Untersuchungen zum Wirkungsgrad der mechanischen Vorreinigung bei Bewässerungsanlagen sowie Untersuchungen zur Abwasserbodenbehandlung. D.Voigt. 5110d.

1-64/04-0156 F o k e e v, P.I. Nekotorye voprosy proektirovanija vnutrichozjajstvennoj orositel'noj sistemy v svjazi s vnedreniem v proizvodstvo traktorov s povyšennymi skorostjami i orudij k nim. (Probleme der Projektierung innerbetrieblicher Bewässerungssysteme im Zusammenhang mit der Einführung von Schleppern und Geräten mit erhöhter Geschwindigkeit.)-Doklady TSChA. Moskovskaja ordena Lenina sel'skochozjajstvennaja akademija imeni K.A.Timirjazeva 1962 Nr. 74. S. 5-7. 5110d.

1-64/04-0157 K o l p a k o v, V. V. Metodika vodobalansovych rasčetov po regulirovaniju zapasov vody v počve i ustanovleniju srokov i norm poliva sel'skochozjajstvennych kul'tur. (Methodik der Wasserbilanzierung zur Regulierung der Wasservorräte im Boden und zur Festsetzung der Bewässerungstermine und -normen für landwirtschaftliche Kulturpflanzen.) - Doklady TSChA. Moskovskaja ordena Lenina sel'skochozjajstvennaja akademija imeni K. A. Timirjazeva 1962 Nr.74. S.27-36. - 6 Diagr., 2 Tab., 11 Lit. 5110d.

1-64/04-0158 O k u l o v a, Z. N. Avtomatičeskie doždevateli impul'snogo dejstvija. (Automatische Regner mit stoßweiser Wasserabgabe.) - Izvestija Timirjazevskoj sel'skochozjajstvennoj akademii, Moskva 1962 Nr.6. S.159-174. - 5 Abb., 14 Zeichn., 4 Lit. Zus. in Engl.

Die Regenkanonen spritzen das Wasser stoßweise über weite Strecken. Das Wasser läuft dabei aus der Rohrleitung stetig in einen Behälter des Regners und füllt ihn. Wenn der Druck im Behälter eine bestimmte Höhe erreicht hat, wird das Wasser durch automatisches Öffnen eines Ventils herausgespritzt und strömt solange heraus, bis der Druck bis auf einen bestimmten Mindestwert abgesunken ist, worauf sich der Behälter von neuem zu füllen beginnt. Auf diese Weise können große Flächen bei sparsamem Wasserverbrauch beregnet werden. Vf. beschreibt eine große Anzahl von Ausführungsarten, bei denen der Druck im Behälter durch den Druck in der Rohrleitung direkt oder unter Anwendung des Prinzips des hydraulischen Widders, durch Dampf und sogar durch Sprengstoff erzeugt wird, wobei komprimierte Luft in Windkesseln oder anderen Hohlräumen als Träger der potentiellen Energie für das Ausspritzen des angesammelten Wassers dient. Vf. geht ferner auf die Ausführung der Spritzrohre ein und beschreibt abschließend einige Ausführungen von im Auslande gebräuchlichen Regenkanonen. W.Balkin. 5110d.

1-64/04-0159 A g r o s k i n , I.I. und Okulova, Z. N. Gidravličeskij rasčet doždeval'noj puški. (Hydraulische Berechnung des Beregnungsstrahlrohrs.) Doklady TSChA. Moskovskaja ordena Lenina sel'skochozjajstvennaja akademija imeni K. A. Timirjazeva 1962 Nr.74. S.301-314. - 2 Tab., 1 Zeichn. 5110d.

1-64/04-0160 Č e c h l a r o v, A. Opredeljane optimalnoto razpoloženie na razprŭskvačite pri izsledvane na meliorativnite pokazateli na razprŭskvača "Rinka" s djuzi 6 i 4,8 mm. (Bestimmung der optimalen Regenverteilung bei der Untersuchung der meliorativen Kennziffern der Beregnungsanlage "Rinka" mit Düsen von 6 und 4,8 mm.) - Izvestija na Instituta po chidrotechnika i melioracii, Sofija 4 (1963) S.79-98. - 5 Abb., 10 Tab., 22 Lit.
Die Methode zur Bestimmung der optimalen Regnerentfernung bei Rohr-Beregnungsanlagen, die man bei der Untersuchung der Anlage "DI-600" anwendet, wird besprochen. Versuche zeigen, daß die Festlegung des Regnerabstandes nach der max. Beregnungsfläche eines jeden Regners (nach Kostjakov, UdSSR) zu einer ungleichmäßigen Bewässerung führt (unter 70 %). Die optimalen Entfernungen werden richtiger nach dem Durchschnittsradius festgesetzt. Bei quadratischer Regenverteilung liegen die optimalen Entfernungen zwischen 6 und 12 m. NRB/ZSNTI, übersetzt v. Th.C.Boetticher. 5110d.

1-64/04-0161 B o d a m e r, H. Die Perrot-Einmanntechnik bei der Beregnung. - Wasser u. Nahr. 8 (1963) Nr.3. S.167-168. - 4 Abb. 5110d.

1-64/04-0162 K o č e v, Konstantin. Priloženie na dŭždovalnata technika pri toreneto. (Anwendung der Beregnungstechnik beim Düngen.) - Mechanizacija i elektrifikacija na selskoto stopanstvo, Sofija 13 (1963) Nr.2. S.30-31. - 1 Abb., 3 Zeichn.
Die Beregnungsanlagen werden mit zusätzlichen Vorrichtungen ausgerüstet und in 3 Verfahren angewendet: für die Beregnung mit in Wasser gelösten mineralischen Düngemitteln, für die Beregnung mit Jauche und mit Wasser vermengtem Stallmist; für die Beregnung mit Abwasser. Die Kopfdüngung mit Hilfe dieser Verfahren erfolgt gleichmäßig und die Pflanzen nutzen den Dünger besser aus. 2 Arten von Zusatzvorrichtungen für die Düngung mit Beregnungsanlagen werden angewendet: Vorrichtungen, die die Düngemittel in das Saugrohr der Pumpe drücken und Vorrichtungen, die die Düngemittel dem Druckrohr der Zentrifugalpumpe zuführen. Die Vor- und Nachteile dieser Vorrichtungen und ihres Montierens an die Beregnungsanlagen werden analysiert. Es wird auch ein Apparat zum Vermischen von Stallmist beschrieben, der mit guten Ergebnissen bei der Arbeit geprüft wurde.
NRB/ZSNTI, übersetzt v. Ch.Eshkowa. 5110d.

1-64/04-0163 S t e i n, C. Perlonschläuche in der Abwasserverwertung. - Wiss.-techn. Fortschr. Landwirtsch. 2 (1961) Nr.6. Beil. S.35-39. - 4 Schemata, 1 Tab., 8 Lit.

Vf. führt einen Kostenvergleich zwischen halbstationärer, rollender Beregnungsanlage und Beregnung unter Verwendung von Perlonschläuchen durch. Es werden Mittelstarkregner, ein Umtriebsturnus von 25 Tagen, eine Wassergabe von 58,1 mm sowie Zweischichtenbetrieb (2 x 7 Std.) zugrunde gelegt. Die Gesamtkosten betragen für halbstationäre, rollende Beregnungsanlagen und Beregnung mit Perlonschläuchen 94,90; 88,51; 76,00 DM/ha. Je m^3 Abwasser 0,018; 0,017 und 0,014 DM. D.Voigt. 5110d.

1-64/04-0164 W e r m i n g h a u s e n, B. Kunststoffrohre. - Techn. u. Landwirtsch. 15 (1963) Nr.1. S.12-13. - 6 Abb.

Vf. geht auf die Vorteile von Kunststoffrohren für die Wasserversorgung, Bewässerung und Beregnung in Landwirtschaft und Gartenbau ein und bringt praktische Beispiele für den Gebrauch von Polyäthylenrohren.

D.Voigt. 5110d.

1-64/04-0165 A l i e v, K. Ė. Mašina dlja odnovremennogo poliva po borozdam i doždevaniem. (Maschine für gleichzeitige Furchenbewässerung und Beregnung.) - Doklady TSChA. Moskovskaja ordena Lenina sel'skochozjajstvennaja akademija imeni K. A. Timirjazeva 1962 Nr.74. S.67-77. - 1 Abb., 4 Diagr., 1 Schema, 1 Tab.

Nach einer allg. Betrachtung der Bewässerungsverfahren stellt Vf. fest, daß es am günstigsten ist, Furchenberieselung und Beregnung zu kombinieren. Vf. beschreibt eine Maschine, die Wasser einem Bewässerungskanal entnimmt, es durch Ausflußstutzen in vorbereitete, parallel zum Kanal verlaufende Furchen überführt und gleichzeitig den Boden mit Hilfe von Beregnungsrohren beregnet. Es wurden die optimalen Wassermengen bei schwach und stark geneigten Hängen, der Einfluß von Querstegen, Bewässerungspausen und der Furchentiefe ermittelt. Ferner wurde die Möglichkeit der Bewässerung des Saatbettes vor der Aussaat untersucht. Die Ergebnisse sind in Diagr. erläutert, die die Bodenfeuchtigkeit längs der Furche angeben. Das bewässerte Feld wurde mit dem Verlauf der Kanäle, Furchen und Querfurchen skizziert.

W.Balkin. 5110d.

1-64/04-0166 P a n t e l e e v a, N. N. O suščestvujuščich metodach izyskanij osušaemych ob-ektov. (Methoden für die Untersuchung zu bewässernder Flächen.) Doklady TSChA. Moskovskaja ordena Lenina sel'skochozjajstvennaja akademija imeni K. A. Timirjazeva 1962 Nr.74. S.117-123. - 8 Lit. 5110d.

1-64/04-0167 A n o n y m. Water harvesting. (Wasserhaltung.) - Agric. Res. 12 (1963) Nr.3. S.10-11. -1 Abb.

Das Weideland in trockenen oder halbtrockenen Gebieten kann oftmals nicht vollkommen ausgenutzt werden, weil es an einer genügenden Wasserversorgung für die Tiere mangelt. Eine Abhilfe ist dadurch möglich, daß das Regenwasser aufgefangen und anschließend in Zisternen oder Tanks gespeichert wird. Vf. berichtet über erprobte Methoden, wie derartige Auffangstellen einzurichten sind. Eine Asphaltemulsion wird auf den Erdboden gesprüht. Sie dringt 1-3 cm in das Erdreich ein und verbindet sich mit diesem beim Erkalten zu einer festen, dauerhaften und wasserundurchlässigen Decke. Noch besser ist ein vorheriges Bedecken des Erdbodens mit einer 1 mm starken Aluminiumfolie und anschließendes Asphaltieren. Auch aufgesprühte Schichten aus synthetischem Gummi oder Plastikfolien, die eventuell durch Glasfasern verstärkt werden, haben sich bewährt. Bereits in den nächsten Jahren werden derartige Sammelflächen für Regenwasser, die in der Herstellung und laufenden Unterhaltung sehr billig sind, an Bedeutung gewinnen. W.Bohrisch. 5110d.

1-64/04-0168 B e n e d i c t u s, J. Het bezanden van laagveen-grasland in de ruilverkaveling Haerst-Genne te Zwollerkerspel. (Das Besanden von Grünland auf Niederungsmoor innerhalb der Flurbereinigung Haerst-Genne te Zwollerkerspel.) - Tijdschr. Kon. nederl. Heidemaatschappij 74 (1963) Nr.5. S.144 bis 150. - 3 Abb., 5 Tab.

Durch die Besandung der Flächen sollte in erster Linie eine größere Trittfestigkeit der Weiden erreicht werden. Es handelte sich um kleihaltiges Niederungsmoor mit einer Mächtigkeit von 0,5 - 1,5 m. Der Sand wurde durch Maschinen aus einer Tiefe von 2 m nach oben geholt und als 6-7 cm dicke Schicht aufgebracht. Der Sand war sehr nährstoffarm. Es erfolgte eine starke Düngung bes. mit Stickstoff und eine Neu ansaat. Die Auswirkung der Besandung wurde in jeweils 3 Betrieben festgestellt (Weideertragsberechnungen nach G e i t h). Die behandlelten Flächen brachten 1959-61 einen um 28 - 35 % höheren Ertrag, allerdings bei unterschiedlicher Düngung. Wird diese durch Korrekturrechnungen ausgeglichen, bleibt eine Ertragserhöhung von 16 - 27 %. Die besandeten Flächen waren trittfester. A.Arlitt. 5110f.

1-64/04-0169 H o e k s t r a, H. Het gebruik van de bezandingsmachines in de cultuurtechniek. (Anwendung der Besandungsmaschine in der Kulturtechnik.) - Tijdschr. Kon. nederl. Heidemaatschappij 74 (1963) Nr.5. S.136-143. - 3 Abb.

Seit etlichen Jahren verfügt die Kon. Ned. Heidemaatschappij über Besandungsmaschinen aus Deutschland, die auf die Entwicklung von Max Jaeger von 1925 bis 1926 zurückgehen. Sie bestehen aus einem Kettentraktorfahrgestell mit einem Motor von 150 PS und den Arbeitswerkzeugen. Ein an einem rotierenden Rohr angebrachtes Schaufelrad läuft im Boden und fördert den Sand der entsprechenden Schicht in das Rohrinnere, von dort wird der Sand durch eine Förderschnecke nach oben gebracht und dort verteilt. Die Maschine hat eine Masse von 30 t, eine max. Arbeitstiefe von 3,50 m und eine Arbeitsgeschwindigkeit von 1 m/min. Sie fördert 0,8 - 1,2 m^3 je lfm. Die Maschine wurde ursprünglich für das Besanden von Kleiböden entwickelt und wurde später aber auch zum Besanden von Moorböden mit Erfolg eingesetzt. Über ihre Anwendung in den Niederlanden und Deutschland auf Klei- und Moorböden und die dabei auftretenden meliorationstechnischen Fragen wird berichtet. Der Erfolg der Besandung ist immer abhängig von der Qualität und der Höhe der aufgebrachten Sandschicht. Er muß durch eine bodenkundliche Untersuchung gesichert werden. A.Arlitt. 5110f.

1-64/04-0170 F i l i m o n o v a, V. A. Sposoby planirovki obvalovannych učastkov v Volgo-Achtubinskoj pojme. (Methoden zur Planierung umgebrochener Flächen in den Wolga-Achtubinsker Flußmarschen.) - Gidrotechnika i melioracija, Moskva 15 (1963) Nr.9. S.14-18. - 2 Abb., 2 Tab.

Die Wolga-Achtubinsker Flußmarschen sind durch Bodenwellen und Verbindungskanäle stark gegliedert. Für die Bewässerung müssen sie eingeebnet werden. Das erfolgt komplex nach 2 Methoden: Erdbewegungen von 500-1500 m^3/ha werden mit den üblichen Scrapern, Buldozern, Gradern u.s.w. durchgeführt und kosten 0,15-0,25 Rbl/m^3 bzw. 80-300 Rbl/ha; wird die Krume umgesetzt und nach dem Planieren wieder aufgebracht, so können die Erdbewegungen bis zu 4000 m^3/ha und die Kosten 450-650 Rbl/ha betragen. Für die hydromechanische Auflandung werden die fruchtbaren Schlammablagerungen in den zahlreichen Wasserläufen und Seen nach entspr. Voruntersuchung verwendet.

R.Teipel. 5110f.

1-64/04-0171 A n o n y m. Steinsammler mit Zapfwellenantrieb. - Landmaschinen-Rdsch. 15 (1963) Nr.7. S.183. - 1 Abb. Aus:Dok.-Dienst ILT 1963 Nr.10.
Für die mechanisierte Entfernung von Steinen hat eine franz. Fa. eine einfache Steinsammelvorrichtung für Dreipunktanbau an schweren Traktoren entwickelt. Das Gerät nimmt auf 3 m Arbeitsbreite die Steine aus der oberen Schicht des Bodens und legt sie in Haufen ab. 2 schräg nach hinten angeordnete rotierende Zinkenwalzen heben die Steine aus, schieben sie zur Mitte und bringen sie in einen Fangkorb zur Ablage. Antrieb der Zinkenwalzen durch die Zapfwelle des Traktors. 5110f.

1-64/04-0172 P l i š k i n, A. A. und T r u f a n o v, V. V. Sozdanie kompleksa počvoobrabatyvajuščich mašin i orudij dlja rajonov, podveržennych vetrovoj ėrozii. (Entwicklung eines Systems von Bodenbearbeitungsmaschinen und -geräten für Gebiete, die der Winderosion ausgesetzt sind.) - Traktory i sel'chozmašiny, Moskva 33 (1963) Nr.7. S.22-24. - 6 Abb.
Für Gebiete mit bes. leichten und der Gefahr der Erosion durch Staubstürme ausgesetzte Böden ist der Spezialgrubber "KPL-3-150" entwickelt worden, der den Boden in 8-16 cm Tiefe lockert und die Stoppel weitgehend unbeschädigt läßt. Er besitzt 3 wie ein flacher Schneepflug ausgebildete, unterirdisch arbeitende Messer von je 1,6 m Arbeitsbreite und 4,5 m Gesamtarbeitsbreite. Es betragen der Winkel zwischen den Messerarmen 100°, die Messerbreite 160 mm, die Höhe des Bodenanhubes durch die Messer 65 mm. Der Grubber wird an die Schlepper "DT-54A" oder "DT-75" angebaut. Er wird von Laufrollen gestützt. Der Tiefgang der Messer kann mit Spindeln geregelt werden. Ähnliche Geräte für die Bodenbearbeitung unter der Stoppel sind vom Unions-Forsch.-Inst. für Mechanisier. der Landwirtsch. unter der Typenbezeichnung "KP-2-250", "KP-3-250", KPG-250", "KPG-260" und KPJa-250" entwickelt worden. Der zuletzt genannte Grubber unterscheidet sich von den anderen dadurch, daß er hintereinander angeordnete Messer besitzt, die in unterschiedlicher Tiefe (8-16 cm und 30 cm) arbeiten. W.Balkin. 5110h.

1-64/04-0173 A a b, H. R. und C l a a s s e n s, N. A. Use the correct implements against soil erosion. (Einsatz richtiger Maschinen und Geräte vermindert die Bodenerosion.) - Farming South Africa 39 (1963) Nr.7. S.60.62-63.
Die Maßnahmen gegen die Bodenerosion durch Wasser beginnen bereits mit einer sauberen, gleichmäßig wendenden Pflugfurche parallel zu den Höhenschichtlinien (H.). Die Arbeitsgeschwindigkeit soll beim Pflügen 5,6-8 km/h betragen. Die Pflug-, Häufel- und Hackarbeit parallel zu den Schichtlinien sowie das flache Einarbeiten von Pflanzenresten trägt zur besseren Versickerung der Niederschläge bei. Verkrustende Böden müssen nach jedem Regen mit leichten Eggen, Rotorhacken, Scheibeneggen, Federzahnkultivatoren usw. flach aufgebrochen werden. Tiefer liegende Stauschichten werden mit Bodenmeißeln (einscharig, Tiefgang 61-76 cm, Abstand der Spuren 1,80 m) in mehrjährigen Abständen oder mit Tiefkultivatoren mit Gänsefußscharen (3- oder 5scharig,

30-38 cm Tiefgang) in jedem Jahr aufgelockert. Der Abflußminderung dienen ferner Dammkulturen, die mit Häufelpflügen quer zum Gefälle hergestellt werden. Die Furchen zwischen den Dämmen können mittels eines sog."puddlers" mit Querdämmen unterteilt werden. Bepflanzte Streifen vor den obersten Konturfurchen verzögern den Abfluß ebenfalls. Gegen Winderosion helfen stehenbleibende Pflanzenreste und der Einsatz von Kultivatoren ("sweep cultivator"), die die oberste Schicht der Krume flach abschneiden, ohne sie zu sehr zu zerkrümeln. Nur die notwendigsten Bearbeitungsmaßnahmen sollten gründlich und zum richtigen Zeitpunkt durchgeführt werden, damit sie nicht wiederholt werden müssen. R.Teipel. 5110h.

1-64/04-0174 S c h a l k w y k, C. J. van. How to design contour banks. (Anlage von Konturfurchen.) - Farming South Africa 39 (1963) Nr.7. S.31. 33.35.37. - 4 Abb., 2 Tab.

Der Abstand der Konturfurchen (K.) wird meist bestimmt nach der Formel $V_A = \frac{S}{a} + b$ (V_A = vertikaler Abstand der K., S = durchschnittliche Neigung in %, a = von den Niederschlägen abhängige Konstante zwischen 4 (800 mm und mehr) und 1,5, b = Konstante, die vom Boden, der Fruchtart usw. abhängt). In der Praxis wird der Abstand meist nicht kleiner als 15 m gewählt. Die K. haben meist eine geringe Neigung von 0,25-0,40 %, bei Grasansaat auch bis zu 0,50 %. Das Gefälle der K. kann in leicht erodierbaren Böden zunehmen: 0 % Gefälle von 0-90 m Länge, 0,10 % von 90-180 m, 0,20 % von 180-270 m, 0,30 % von 270-360 m und 0,35 % von 360-450 m Länge. Bei vernässungsempfindlichen Kulturen (Ananas) werden auch K. mit abnehmendem Gefälle gebaut, um eine gleichbleibende Fließgeschwindigkeit zu erhalten. Die Fließgeschwindigkeit darf in unbewachsenen, geneigten K. bei sandigen Böden 0,46 m/s, bei bindigen Böden 0,61 m/s nicht überschreiten. Alle Kl bekommen auf den letzten 15 m zusätzliches Gefälle. Der wasserführende Querschnitt der K. beträgt 0,37-0,56 m^2. In niederschlagsarmen Gebieten mit durchlässigen Böden können auch abflußlose K. angelegt werden. Am verbreitetsten sind die mittelbreiten K. ("semi-broadbase banks"). Sie haben auf Flächen mit 2, 4, 6, 8, 10 und 12 % Neigung folgende Breiten der (von der Wallspitze gemessen) 38 cm tiefen Furchen: 2,6; 2,9; 3,2; 3,6; 4,3 und 5,0 m und folgende Wallbreiten/ 2,3; 2,6; 2,9; 3,3; 3,8 und 4,4 m. Die Böschungsneigung beträgt bei Furchen und Wällen hangabwärts 1:4, bei Wällen hangaufwärts 1:2. Die Wallaußenseite kann bebaut werden. Die Länge kann in einer Richtung 360-450 m betragen. Parallel verlaufende K. verlangen größere Erdbewegungen und werden nach sorgfältiger Planung nur auf schwach und gleichmäßig geneigten Flächen mit tiefer Krume angelegt. Akle K. und insbesondere die Auslässe müssen sorgfältig unterhalten werden. R.Teipel. 5110h.

1-64/04-0175 G l a t h a a r, J. O. Waterways and chutes in contour cultivation. (Wasserableitung bei der Konturfurchenkultur.) - Farming South Africa 39 (1963) Nr.7. S.37.39.41.43. - 8 Abb.

In der Winterregenregion wurden 4 Typen von Wasserabführungsgräben (W.) erprobt: 1) einfach stabilisierte W. mit Wasserbremsen. Die Gegenseite der Konturfurcheneinmündungen muß befestigt werden. 2) Mit (Kikuyu-)Gras angesäte W. mit trapezförmigem Querschnitt und einer Grundbreite von 3 m + 30,5 cm je Morgen Einzugsgebiet. Sie können in Gebieten mit Gefälle bis zu 8 % angelegt werden. Betragen die Niederschläge über 635 mm, so müssen sie 1 Jahr vor Inbetriebnahme gebaut werden, damit sich die Grasnarbe entsprechend entwickeln kann. Sie erhalten jährlich eine kleine Düngergabe. 3) Mit in Zementmörtel verlegten Steinen (nicht größer als 15 cm Dmr.) befestigte W. können viel schmaler (1,22 m breit) und tiefer gebaut werden. In Abständen von etwa 5 m sind Profilerweiterungen einzubauen; die Konturfurchen müssen oberhalb der Sohle des W. einmünden. 4) Mit Schotter (über 15 cm Dmr.) ausgelegte W., in denen als Wasserbremsen in Abständen von 9 m gemauerte Querwände mit Schotteroberkante eingebaut werden. Zwischen den Schotter wird Schlamm gefüllt, auf dem sich dann Pflanzen ansiedeln können. Diese Schottergräben können in Gebieten mit 8-12 % Gefälle gebaut werden. Zur Planung sind stets Fachleute hinzuzuziehen. R.Teipel. 5110h.

1-64/04-0176 G e r t e n b a c h, J. J. Constructing contours on slopes with disc or share ploughs. (Bau von Konturfurchen mit Scheiben- oder Scharpflügen.) - Farming South Africa 39 (1963) Nr.7. S.49.51.53. - 2 Abb., 1 Diagr.

Voraussetzungen dafür, daß die Farmer die Konturfurchen (K.) mit eigenen Maschinen und Geräten in einem Gelände mit 2-8 % Neigung herstellen können, sind: gute Beetpflüge mit neuen Scheiben oder Scharen und ein genügend starker Traktor, ein von Pflanzenresten völlig freier Boden, so daß Scheiben und Schare den Boden gut bewegen können, mittelfeuchter Boden. Anhand eines Diagr. werden 15 Arbeitsgänge für die Herstellung einer K. mit 1,80-2,40 m Sohlbreite und 30 cm Tiefe beschrieben. Vom ackerbaulichen Standpunkt aus wären 2,70 m breite und nur 23 cm tiefe K. besser, da dann die üblichen Maschinen und Geräte über die Furchen hinweg besser eingesetzt werden können. In Gebieten mit über 8 % Neigung müssen Kehrpflüge verwendet werden. Der Boden wird dann nach Möglichkeit hangaufwärts bewegt. Bei über 12 % Neigung sollte der Boden nicht mehr bearbeitet werden. R.Teipel. 5110h.

1-64/04-0177 V o s t r i k o v, N. A. und S a m o c h o d s k a j a, I. I. Proizvoditel'no ispol'zovat' pachotnye agregaty. (Höhere Arbeitsleistung beim Pflügen durch Gerätekopplung.) - Zemledelie, Moskva 25 (1963) Nr.8. S.86-90. - 2 Zeichn., 1 Tab. 5115b.

1-64/04-0178 B o e r, J. Met de ervaring van de wereldploegwedstrijden de praktijk in. (Erfahrungen vom Weltleistungspflügen für die Praxis.) - Landbouwmechanisatie 14 (1963) Nr.9. S.755-758. - 7 Abb.

Vf. hat die beim Weltleistungspflügen 1962 im Ijsselmeerpolder gepflügten Parzellen im Herbst 1962 und im Frühjahr 1963 besichtigt und aus dem Verhalten der Parzellen gewisse Schlußfolgerungen für die Praxis gezogen. Auf dem Grasland hat sich das Pflügen ohne Vorbearbeitung der Narbe nicht bewährt. Das Festfahren der Furchen des Auseinanderschlages vor dem Zusammenschlag ist nachteilig. Auch das vor dem Pflügen festgefahrene Vorgewende zeichnet sich sehr negativ ab. Auf dem leichten Kleiboden hat eine starke Krümelung durch steile Pflugkörper und hohe Geschwindigkeiten zu Verschlämmungen geführt. A.Arlitt. 5115c.

1-64/04-0179 K i s e l e v, I. I. Teoretičeskie osnovy raboty pachotnych agregatov na povyšennych skorostjach. (Theoretische Grundlagen des Schnellpflügens.) - Izvestija Timirjazevskoj sel'skochozjajstvennoj akademii, Moskva 1962 Nr.4. S.142-154. - 7 Abb.,5 Lit. Zus. in Engl.

Vf. untersucht das Schnellpflügen theoretisch mit Hilfe von Gleichungen und

Diagr. für die Schlepperleistung in ha/h, den Kraftstoffverbrauch in kg/h, den Energieaufwand in PSh, die Schlepperleistung in PS und die Zugkraft in kp in Abhängigkeit von der Fahrgeschwindigkeit. Er dehnt die Untersuchungen auf verschiedene Bodenwiderstände und verschiedene Schlepperklassen aus. Für die Leistung von Normalpflügen ist die Abhängigkeit des spez. Zugwiderstandes von der Pfluggeschwindigkeit entscheidend. Erhöhung der Schlepper-Nennleistung steigert die Leistung von Normalpflügen bis zu Geschwindigkeiten von 10-12 km/h. Bei weiterer Erhöhung der Geschwindigkeit sinkt die Stundenleistung. Eine weitere Leistungsteigerung ist nur mit Schnellpflugkörpern zu erreichen, bei denen das Anwachsen des Zugwiderstandes anderen Gesetzen folgt. Für 10 km/h brauchen 3-Mp-Schlepper Motoren von 160 PS, für 15 km/h von 235 PS. Bei konstanter Zugkraft und konstanter Schlepperausnützung ist der stündl. Kraftstoffverbrauch der Pfluggeschwindigkeit proportional. Der Kraftstoffverbrauch je ha steigt mit der Pfluggeschwindigkeit progressiv an. Das günstigste Verhältnis zwischen stündl. Pflugleistung und Kraftstoffverbrauch je ha liegt für normale Pflugkörper bei 9-1o km/h. Durch das Schnellpflügen kann die Pflugleistung auf das 2- bis 3fache erhöht werden.

W.Balkin. 5115c.

1-64/04-0180 T a n n e r, D. W. und D e a n, J. R. The soil forces acting on the body and on the disc coulter of a plough. (Die Bodenkräfte, die auf den Pflugkörper und das Scheibensech eines Pfluges einwirken.) - J. agric. Engng. Res. 8 (1963) Nr.2. S.194-201. - 5 Abb., 1 Tab., 13 Lit. Aus: Dok.-Dienst ILT 1963 Nr.9.

Messung der Kräfte an 3 verschiedenen Schartypen mit demselben Sech mit Hilfe von 6 Dynamometern. Verfahren zur Ermittlung der Gesamtlast und der jeweiligen Last am Schar und am Sech allein. Gemessen wurden: Zugkraft L, vertikale Kraft V und Seitenkraft S, sowie verschiedene Drehkräfte. Ergebnisse: Das Schar ist zu 80-85 % an der Gesamt-Zugkraft beteiligt, bei unterschiedlichen Schartypen kommt es am Sech zu keinen wesentlichen Zugkraftunterschieden. Die vertikal nach oben wirkende Kraft am Sech ist ca. doppelt so groß wie die vertikal nach unten wirkende Kraft am Schar. Die Seitenkraft zum ungepflügten Land hin wird durch eine geringe, aber entgegengesetzte Kraft am Sech reduziert. Die Sechkräfte sind weitgehend unabhängig von Arbeitsgeschwindigkeit. 5115c.

1-64/04-0181 L e v č e n k o, N. und M i r o n j u k, S. Plužnye korpusa s vintovymi otvalami. (Pflügkörper mit schraubenförmigen Streichblechen.) - Technika v sel'skom chozjajstve, Moskva 23 (1963) Nr.2. S.76-78. - 1 Abb., 2 Schemaskizzen, 2 Tab. Aus: Dok.-Dienst ILT 1963 Nr.4.

Konstruktionsbeschreibung von Wendelform-Pflugkörpern mit verschieden langen Arbeitsflächen. Verwendungszweck: Einsatz in schweren, stark verwachsenen Neuland-, Torf- und Sumpfböden. Prüfung von Wendelform- und Kulturformkörpern. Ergebnis: Mit Wendelform-Pflugkörpern erfolgt gleichmäßigeres Wenden des Erdstreifens und besseres Unterpflügen der Pflanzenreste als mit Kulturformkörpern. Arbeitsmerkmale und Leistungswerte in Tab. 5115c.

1-64/04-0182 J a n k o w s k i, A. Poszukiwanie możliwości przystosowania pługa zaczepianego do wykonywania orki skłonów wzdłuż warstwic. (Auf der Suche nach einer Anpassungsmöglichkeit des Anhängepfluges zum Pflügen von Hängen entlang der Schichten.) - Roczniki Nauk rolniczych, Ser. F. 75(1963) Nr.4. S.743-759. - 11 Abb., 1 Tab., 12 Lit.

Das Versuchspflügen erfolgte auf schweren, mittelschweren und leichten Böden. Der 1furchige Schlepperpflug wurde für Untersuchungszwecke entwickelt und wird zum Pflügen in der Schichtlinie bei Ausrüstung mit regulierenden Spezialmechanismen eingesetzt. Die max. Hangneigung kann je nach Bodenart 9 bis 14° betragen. PRL/CBR, übersetzt v. R.Hüffer. 5115c.

1-64/04-0183 R e h r l, Karl. Gleichmäßige Furchentiefe. - Prakt. Landtechn. /Wien/ 16 (1963) Nr.20. S.395-397. - 4 Abb. Aus: Dok.-Dienst ILT 1963 Nr.11.

Größte Gewähr für gleichmäßige Furchentiefe bietet der Selbstführungspflug mit Stützrad und Zugkraftverstärker. Bei Leichttraktoren Anwendung der Zugkraftregelung. Vorteil: automatische Übertragung aller Stützlasten auf die Triebräder. Verhinderung zu großer Schwankungen bei der Furchentiefe durch Hubdrossel und Senkdrossel. Andeutung der durch die Regelhydraulik auftretenden Kräfte in einfachen schematischen Darstellungen. 5115c.

1-64/04-0184 B e l e c h o v, I. P. Podderžanie zadannoj glubiny obrabotki počvy pri rabote navesnogo pachotnogo agregata avtomatičeskim vysotnym reguljatorom. (Feststellung der aufgegebenen Bearbeitungstiefe bei der Arbeit des Anbaupfluges mittels automatischer Tiefeneinstellung.) - Doklady TSChA. Moskovskaja ordena Lenina sel'skochozjajstvennaja akademija imeni K. A. Timirjazeva 1962 Nr.73. S.85-91. - 1 Abb., 2 Schemaskizzen, 1 Zeichn., 4 Lit. 5115c.

1-64/04-0185 L e v i, S. A. K teorii voprosa o vybore meste kreplenija opornogo kolesa na rame navesnogo pluga pri pachote poperek sklona. (Zum Problem der Befestigung des Stützrades am Rahmen des Anbaupfluges beim Pflügen quer zum Hang.) - Doklady TSChA. Moskovskaja ordena Lenina sel'skochozjajstvennaja akademija imeni K. A. Timirjazeva 1962 Nr.73. S.105-118. - 3 Diagr., 3 Tab., 4 Zeichn., 8 Lit. 5115c.

1-64/04-0186 A n o n y m. Prøve med SMULDNER 17, 28 og 29 tinds kultivatorer. (Grubber "SMULDNER" mit 17, 28 oder 29 Zinken - Prüfbericht Vollebekk.) - Landbrukstekn. Inst., Vollebekk, Meld. Nr.146. (1963) S.1-4. - 2 Abb. Hersteller:Kyllingstad Plogfabrik A/S, Kleppe. 5115e.

1-64/04-0187 A n o n y m. Prøve med HYDRAULA fjaerharv for firehjulstraktor. (Grubber "HYDRAULA" für Zweiradschlepper - Prüfbericht Vollebekk.) - Landbrukstekn. Inst., Vollebekk, Meld. Nr.147. (1963) S.1-2.-1 Abb. Hersteller: Kyllingstad, Plogfabrik A/S, Kleppe. 5115e.

1-64/04-0188 A n o n y m. Prøve med LIENS 19 tinds kulturharv. (Grubber "LIENS" mit 19 Zinken - Prüfbericht Vollebekk.) - Landbrukstekn. Inst., Vollebekk, Meld. Nr.148. (1963) S.1-3. - 1 Abb. 5115e.
Hersteller: K.K.Lien & Co., Tromøy pr. Arendal.

1-64/04-0189 S i e g und W a x e n e g g e r. Zweipunktanbau-Faltegge - Prüfbericht Wieselburg , N.Ö. - Bundesversuchs- u. Prüf-Anst. landwirtsch. Maschinen Geräte /Wieselburg, N.Ö./, Prüfber. Nr.645. Gr.3c. (1962) 2 S.

Hersteller: Fa. Hermann Meitzenitsch, Deutenham 16, Post Desselbrunn, O.Ö. 5115f.

1-64/04-0190 A l e k s a n d r j a n, K. V.; Armen. Forsch.-Inst. für Mechanisier. und Elektrifizier. der Landwirtsch. Primenenie vibracii pri glubokom rychlenii uplotnennych kamenistych počv. (Anwendung der Vibration für das Tieflockern von steinigen Böden.) - Mechanizacija i élektrifikacija socialističeskogo sel'skogo chozjajstva, Moskva 21 (1963) Nr.3. S.49-50. - 1 Diagr., 1 Schema.

Vom o. g. Inst. ist aus dem Untergrundlockerer "D-162A" ein Vibrationslockerer entwickelt worden, bei dem das Schar am unteren Ende eines starken, 2armigen Hebels sitzt. Der Hebel ist am Rahmen des 1achsigen Anhängegerätes angelenkt und sein oberes Ende wird von einem Vibrator über ein kurzes Stahlseil oder einen aus Federstahl gefertigten Ring in Schwingungen versetzt. Der Zugkraft des Vibrators wirkt die Kraft einer in entgegengesetzter Richtung ziehenden Schraubenfeder entgegen, so daß Resonanz erzielt werden kann. Mit Diagr. wird dargestellt, wie sich die aufzuwendende Zugkraft und der Gesamtenergieaufwand in Abhängigkeit von der Schwingungsfrequenz und Schwingungsweite ändern. Optimale Werte ergeben sich bei 1500-1700 Hz. Die max. Verringerung des Gesamtenergieaufwandes betrug 35 %. W.Balkin. 5115h.

1-64/04-0191 M e y e r. Die Ausbringung von Handelsdünger. - Dtsch. landtechn. Z. 14 (1963) Nr.9. S.434.436-437. - 7 Abb. Aus: Dok.-Dienst ILT 1963 Nr.10.

Erläuterung der verschiedenen Systeme. Einteilung der Mineraldüngerstreuer in 1) Kastenstreuer (früher Breitstreuer): a) Schlitzstreuer, b) Gitterstreuer, c) Walzenstreuer, d) Kettenstreuer, e) Tellerstreuer; 2) Schleuderstreuer. Die einzelnen Streusysteme werden kurz charakterisiert. Ausführlichere Beurteilung der Schleuderstreuer nach Aufbau und Arbeitsweise. 5120c.

1-64/04-0192 A s p i n w a l l, J.S., R o g i e, D. und H e p h e r d, R. Q.; Silsoe, Nat. Inst. of Agric. Engng. A series test of fertilizer broadcasters, 1963-64. Part I. (Eine Testreihe für Großflächendüngerstreuer, 1963 bis 64. 1. Mitt. - N.I.A.E.-Test.) - Nat. Inst. agric. Engng., Rep. on Test Nr. 354. (1963) S. 1-18. - 4 Abb., 3 Tab.

Im Frühjahr 1963 wurde mit einer Vergleichsprüfung von 20 Großflächendüngerstreuern von 18 verschiedenen engl. Firmen begonnen, die 1964 abgeschlossen werden soll. Die gesamte Prüfung gliedert sich in 2 Teile. Im 1. Teil (vorliegender Bericht) werden von jeder einzelnen Maschine die Streubreiten und die Gleichmäßigkeit der Verteilung mit 2 Düngemitteln aufgenommen. Nach Abschluß des 2. Abschnittes, der Eignungs- und Leistungsprüfungen enthalten soll, wird von jeder geprüften Maschine ein gesonderter Bericht veröffentlicht. Zur Prüfung wurde ein Düngemittel in Granulatform und Ammoniumsulfat benutzt. Nach optimaler Einstellung wird die zu prüfende Maschine im Labor über eine Versuchsfläche gezogen, die mit Auffang behältern ausgelegt ist. Die einzelnen, in den Behältern aufgefangenen Düngemittelmengen werden ausgewogen und ergeben bei entspr. Zusammensetzung ein Bild über die Gleichmäßigkeit der Verteilung. Eine Eignung der Maschine und auch gleichzeitig eine Zulassung zum Teil II der Prüfung wird nur ausgesprochen, wenn die Abweichungen der an verschiedenen Punkten innerhalb einer bestimmten Streubreite aufgefangenen Düngemittelmengen nicht mehr als 33 % der durchschnittl. Menge ausmacht. Streubreiten, Mengen und Gleichmäßigkeit sind für alle Maschinen in Tab. zusammengestellt, die außerdem noch eine Beurteilung hinsichtlich Einstellbarkeit, Regelmöglichkeit, Bedienung und Reinigung enthalten. W.Bohrisch. 5120c.

1-64/04-0193 A n o n y m. Fertilizer loading eased. (Handelsdüngerladen erleichtert.) - Farm Implement Machinery Rev. 89 (1963) Nr.1063. S.1528. - 3 Abb. Aus: Dok.-Dienst ILT 1963 Nr.11.

Beschreibung einer neuen Kombination: Heckladerschaufel am Schleuderstreuer.

An der Laufradachse des Streuers sind Schwenkarme angelenkt, die durch bes. Hydraulikzylinder betätigt werden. Die Schaufel ist so konstruiert, daß das Ladegut in der höchsten Stellung von selbst in den Vorratsbunker des Streuers fällt. Fassungsvermögen der Schaufel: 178-203 kg. Zum Laden von 2 t werden 3 Min. benötigt. Außerdem kurze Information über Gerät zur Flüssigdüngung.

5120c.

1-64/04-0194 B u r g, P. F. J. van und A r n o l d, G. H. De invloed van een stikstofoverbemesting op de opbrengst van granen. Ureumbespuiting per helicopter. (Einfluß einer Stickstoffkopfdüngung auf den Körnerertrag. Sprühen von Harnstoff mit dem Hubschrauber.) - Stikstof /'s-Gravenhage/ 4 (1963) Nr.38. S.66-71. - 9 Abb., 3 Lit.

Das Sprühen von Harnstoff (H) mittels Flugzeug bringt nach 1958 und 1959 durchgeführten Versuchen den Vorteil einer gleichmäßigeren Düngerverteilung gegenüber dem Sprühen mit der herkömmlichen Technik. Bei den besprochenen Versuchen wurde ein Hubschrauber mit 36 Sprühdüsen vom Typ "Spraying System nrs. D6-25" eingesetzt. Es handelte sich um Kopfdüngung eines Winterroggenfeldes. Die Menge Flüssigkeit, die beim einmaligen Überfliegen gesprüht werden konnte, betrug ca. 38 l/ha. Die damit ausgesprühte Menge H enthielt 5,5 kg/ha N, bei zweimaligem Überfliegen 11 kg/ha N. Die Vergleichsflächen wurden mit Kalksalpeter (Ks) (1) bzw. Kalkammonsalpeter (Kas) (2) in fester Form gedüngt. Auf anderen Vergleichsflächen wurde H (3) in flüssiger Form gegeben, wobei 150 l Flüssigkeit/ha versprüht wurden, in Konzentrationen, die 5, 10, 20 und 40 kg/ha N ergaben. Die Körnererträge waren bei 3 schlechter als bei 1 und 2. Dieses Resultat deckt sich mit den Ergebnissen früherer Versuche. Der Vergleich von 3 mit der Düngung mittels Hubschrauber (4) ergab keine eindeutige Überlegenheit von 4. Gegenüber 1 und 2 hatte 4 deutlich niedrigere Erträge. Das ist auf die geringe N-Gabe (5,5 bzw. 11 kg/ha N) zurückzuführen. Um bessere Erträge zu erzielen, müßten 20-40 kg/ha N mittels Flugzeug gegeben werden, wobei die Gefahr von Blattverbrennungen groß ist. Die Frage der Art der N-Düngung bei Kopfdüngung ist eindeutig zugunsten von Ks und Kas zu beantworten. E.M.Ardelt. 5120c.

1-64/04-0195 Z a j k o v, Atanas. Mechanizirane na toreneto s oborski tor. (Mechanisierung der Stallmistdüngung.) - Kooperativno zemedelie, Sofija 1963 Nr.3. S.15-17. - 4 Abb., 2 Tab.

Die Untersuchungsergebnisse eines Vierachsgeräteträgers, der zum Ausstreuen von Stalldünger umgebaut wurde, werden diskutiert. Bei den Versuchen war das Aufladen des Stallmistes mechanisiert und unmechanisiert. Die Leistung des Streuers mit einer Ladefähigkeit von 3 t Stallmist beträgt etwa 3 t/h, die Flächenleistung 1 ha in 10 Std. Die Gesamtleistung nimmt durch den Transport bei einer Entfernung von durchschnittlich 1 km nur unbedeutend zu. Die Gleichmäßigkeit der Düngung ist zufriedenstellend. Der Grad der Ungleichmäßigkeit beträgt etwa 24 %. Man kann ihn durch einige Verbesserungen und durch die Verwendung von Häckselstroh senken. Verbesserungsbedürftig sind das Aufladen und der Transport des Stallmistes.

NRB/ZSNTI, übersetzt v. S.Thienel. 5120d.

1-64/04-0196 A n o n y m. Beproeving bergmann stalmeststrooier. (Bergmann-Stallmiststreuer - ILR-Prüfbericht Wageningen.) - Inst. Landbouwtechn. Rationalisatie Wageningen, Bull. Nr.231. (1963) S.1-6. - 1 Abb., 1 Tab.
Hersteller: Fa. L. Bergmann, Goldenstedt, Oldenburg.- Beschreibung: Einachsiger Traktorenanhänger; Rollbodenkette, Streumechanismus aus 2 Streuwalzen, zusätzliche Streuwalze für Kompost, insgesamt abnehmbar, Zapfwellenantrieb. Techn. Daten: Typenbezeichnung "M 62"; Masse 1000 kg; Tragfähigkeit 3 t; Ladefläche 380 cm lang, 175 cm breit; Ladevolumen 2,3 m^3; Rollbodengeschwindigkeit 35-185 cm/min; Streuwalzen Dmr. 32,5 cm, Drehzahl 655 U/min; abs. Streubreite 4 m (ungleichmäßige Streudichte); Arbeitsbreite 1,75 m (gleichmäßige Streudichte); Streumengen: 7-55 t/ha; Zugleistungsbedarf: 20-25 PS.
A.Arlitt. 5120d.

1-64/04-0197 A n o n y m. Beproeving mentor stalmeststrooier. (Stallmiststreuer "Mentor" - ILR-Prüfbericht Wageningen.) - Inst. Landbouwtechn. Rationalisatie Wageningen, Bull. Nr.240. (1963) S.1-5. - 1 Abb.
Hersteller: Fa. Gebr. de Haan, Oosterzee (F.). - Beschreibung: Der Einachs-Stallmiststreuer "Mentor M 3" mit Zapfwellenantrieb ist für das Streuen von Stallmist, Kompost und ähnlichem vorgesehen. Das Material wird sehr fein verteilt. Die gesamte Streubreite beträgt ca. 4 m, die effektive Arbeitsbreite ca. 1,7 m. Die Verteilung ist sowohl in der Breite als auch in der Längsrichtung gleichmäßig. Für den Antrieb wird ein 20-25—PS-Schlepper benötigt. - Techn. Daten: Fassungsvermögen 3,5 t; 2 Streuwalzen. - Nach abnehmen der Streuvorrichtung kann der Einachsanhänger als selbstentladender Wagen eingesetzt werden.
L.Machler. 5120d.

1-64/04-0198 J e l i e s, H. Zaaien en ploegen in één werkgang. (Säen und Pflügen in einem Arbeitsgang.) - Landbouwmechanisatie 14 (1963) Nr.10. S.887. - 3 Abb.
Bericht über die Kombination eines 3-Furchenpfluges mit 90 cm Arbeitsbreite und einer Drillmaschine für die Bestellung von Getreide unter schwierigen Bodenverhältnissen. Die Drillmaschine ist seitlich am Schlepper "MF 35" angebaut und wird über Keilriemen von der Riemenscheibe am Schlepperrad aus angetrieben. Die Bedienung der Drillmaschine erfolgt durch den Schlepperführer. Die Arbeitsleistung beim Pflügen und Drillen von Sommergerste betrug ca. 3 ha/Tag.
L.Machler. 5125b.

1-64/04-0199 C h o d o b s k i, W. Siew na prędkościach przyśpieszonych. (Die Aussaat bei erhöhten Geschwindigkeiten.) - Mechanizacja Rolnictwa 11 (1963) Nr.6. S.15-17. - 10 Abb., 3 Tab.
Die Versuche mit erhöhten Geschwindigkeiten bei der Aussaat erfolgten mit einer Schlepperdrillmaschine, Arbeitsbreite 2,5 m und den Schleppern "Zetor Major 3011". Die Arbeitsparameter wurden bei folgenden Geschwindigkeiten bestimmt: 6; 8,8; 10 und 12,5 km/h. Die Säräder arbeiteten bei erhöhten Geschwindigkeiten gut. Dagegen verschlechterte sich die Arbeit der Drillschare: Es trat eine Verflachung der Aussaat ein und die Menge der unbedeckten Samen vergrößerte sich. Die Leistung der Sämaschinen erhöht sich bei erhöhten Geschwindigkeiten um max. 60 %. Der Arbeitswiderstand wächst mit dem Ansteigen der Geschwindigkeiten, hingegen verringern sich die Kosten der Aussaat. So verringern sich z. B. die Kosten bei Steigerung der Geschwindig-

keit von 7,5 auf 10 km/h um 17,5 %. Bei höheren Geschwindigkeiten wird der Schlepper voll ausgelastet. PRL/CBR, übersetzt v. R.Hüffer. 5125c.

1-64/04-0200 S v e r d l o v, M. S. und M o i s e e v, P.I, Agregaty iz trech sejalok. (Kopplung von 3 Drillmaschinen zu einem Aggregat.) - Kukuruza, Moskva 8 (1963) Nr.7. S.36-38. - 2 Abb., 4 Zeichn. 5125c.

1-64/04-0201 A n o n y m. New drilling technique. (Neues Drillverfahren.) - Farm Mechanizat. 15 (1963) Nr.167. S.42. - 1 Skizze. Aus: Dok.-Dienst ILT 1963 Nr.8.

Kurzbericht über ein Versuchsgerät des N.I.A.E. nach einer Idee von J.G. Elliott. Ausgangspunkt: Keimversuche mit Samen von Markstammkohl, Klee und Weidelgras; Feststellung, daß Keimtätigkeit und Bewurzelung durch Oberflächenfeuchtigkeit gefördert wird. Funktionsprinzip der neuen Vorrichtung: Das Saatgut wird in viskoser Flüssigkeit aufgeschwemmt und durch einfache Schlauchpumpe ausgebracht. Bei bisherigen Versuchen wurde mit 15,2 cm Reihenabstand und 2,5-7,6 cm Saattiefe gearbeitet. Der Flüssigkeitsverbrauch betrug 340-568 l/ha. 5125c.

1-64/04-0202 Z e l e n e v, A. A. Parallel'no-bločnyj perenos mernoj provoloki. (Parallelversetzung des Knotendrahtes mit Lenkrollen.) - Izvestija Timirjazevskoj sel'skochozjajstvennoj akademii, Moskva 1962 Nr.4. S.156-163.- 1 Diagr., 2 Tab., 4 Zeichn. Zus. in Engl.

Bei der Knotendrahtversetzung nach Logvin ist die Quadratnestsämaschine mit 3 senkrecht stehenden Rollen ausgerüstet, von denen 2 rechts und links hinten an der Sämaschine angebracht sind und die dritte Rolle sich hinter den 2 ersten Rollen an einem nach beiden Seiten schwenkbaren Arm befindet. Wenn der Knotendraht bei der Fahrt in der einen Richtung beispielsweise links aufgenommen wird, so läuft er über die linke vordere Rolle zur hinteren Rolle, die nach rechts geschwenkt ist. Dadurch wird er um einen Reihenabstand nach rechts versetzt. Bei der nächsten Fahrt in der anderen Richtung liegt die schwenkbare Rolle links und der Draht wird von rechts nach links versetzt. Es erfordert eine genaue Berechnung der Knotendrahtversetzung,damit die Nester in der Querreihe auf einer Geraden liegen, wobei Arbeitsbreite der Maschine, Rollen- und Drahtdurchmesser u.a. eine Rolle spielen. Auch die von dem Knotendraht ausgeübten Drehmomente sind zu berücksichtigen. Vf. führt die Berechnung durch und gibt anschließend Anweisungen für eine erfolgreiche Anwendung des Logvin-Verfahrens. W.Balkin. 5125c.

1-64/04-0203 A n o n y m. Hydraulisch bedient. - Landtechnik 18 (1963) Nr.19. S.653. - Aus: Dok.-Dienst ILT 1963 Nr.11.

Neu ist das automatische stufenweise Einsetzen und Ausheben von Maschine und Schar durch die Traktorenhydraulik bei der Anbau-Drillmaschine "Hassia-Drillautomat". Stauungen an den Scharen und Spurlockerern lassen sich während der Fahrt durch Betätigung der Hydraulik leicht beseitigen. Beim Wenden werden Spurreißer und Spurlockerer gleichzeitig mit den Scharen automatisch ausgehoben. Maschine ist für höhere Arbeitsgeschwindigkeiten geeignet. 5125c.

1-64/04-0204 Z e l e n s k i j, Ju. A. Štiftovye vysevajuščie apparaty s serijnymi i kapronovymi detaljami. (Stiftensäräder mit Kunststoff-Serienteilen.) - Mechanizacija i ėlektrifikacija socialističeskogo sel'skogo chozjajstva, Moskva 21 (1963) Nr.4. S.49-50. - 1 Abb., 1 Diagr.

Um Stiftensäräder zu untersuchen, wurde die Sämaschine "SLN-20" auf einen

Versuchsstand aufgebaut. Samenarten, Korngrößen von Düngemitteln und Versuchsdurchführung werden angegeben. Die Gleichmäßigkeit der Aussaat wurde mit Hilfe von elektrischen Meßgeräten aus einem Impulsoszillogramm ermittelt. Die Beschädigung der Samen und der Granulate durch die Stiftensäräder verringert sich mit zunehmender Geschwindigkeit. Bei verschiedenen Samenarten sind die Beschädigungen in Prozent angegeben. Die Fahrgeschwindigkeit beim Säen betrug bis 17 m/s. G.Reumschüssel. 5125c.

1-64/04-0205 V o l o š i n o v, V. S. O mechanizirovannoj zagruzke posevnych agregatov. (Mechanisiertes Füllen der Saatkästen.) - Sel'skoe chozjajstvo Povolž'ja, Saratov 8 (1962) Nr.8. S.76-77. 5125c.

1-64/04-0206 A n o n y m. Spadrullharv Hankmo. (Spatenrollhacke "Hankmo" - Staatlicher Maschinenprüfbericht Ultuna.) - Statens Maskinprovningar, Medd. Nr.1648. (1963) S.1-3.-1 Abb.Hersteller: Jakobstads Mek. Verkstad, Jakobstad. 5130c.

1-64/04-0207 W i l t o n, B. The use of high-velocity tines in breaking clods. (Die Verwendung von Zinken mit hoher Umlaufgeschwindigkeit zum Zerkrümeln von Kluten.) - J. agric. Engng. Res. 8 (1963) Nr.2. S.107-114. - 5 Abb., 2 Tab., 4 Lit. Aus: Dok.-Dienst ILT 1963 Nr.9.
Versuche über die Wechselwirkung zwischen Zinkengeschwindigkeit und Trägheitsmoment der Kluten. Untersuchung über den Einfluß folg. 3 Faktoren: Zinkenbreite, Umlaufgeschwindigkeit, Feuchtigkeitsgehalt der Kluten. Verwendete Bodenarten: 2 Tonböden mit unterschiedlichem Anteil von Grob-und Feinsand, toniger Lehm, sandiger Lehm. Ergebnisse: 1) Gesamteinfluß unterschiedlicher Zinkenbreite allg. gering, nur bei kleinster Breite wird der Wirkungsgrad etwas geringer; 2) Erhöhung der Geschwindigkeit bewirkt höheren Krümelungsgrad, wobei gleiche Geschwindigkeitszunahmen zu progressiv geringerer Reduktion der Krümelgrößen führen; 3) Kluten aus Ton und tonigem Lehm werden bei hohem und niedrigem Feuchtigkeitsgehalt leichter zerkrümelt als im mittleren Feuchtigkeitsbereich, sandiger Lehm wird mit fortschreitender Abtrocknung leichter zerkrümelt. 5130c.

1-64/04-0208 K l e p a c k i, W. Mechanizacja przerzedzania zasiewów buraków cukrowych. (Mechanisiertes Vereinzeln der Zuckerrüben.) - Nowe Rolnictwo 1963 Nr.8. S.21-23. - 4 Abb., 2 Tab., 1 Zeichn.
Für die Aussaat werden in der DDR die Maisdrillmaschinen "SKGK-6W" oder die 6reihigen Drillmaschinen "A 765" für den Geräteträger "RS 09" eingesetzt. Für das Ausdünnen der Rüben verwendet man den Striegel "B 39", die Rotationshacke "P 921" und die Egge "B 281". Das Verhorsten erfolgt mit der Rotationshacke "P 320", die mit dem Geräteträger "RS 09" zusammenarbeitet. Das Ausdünnen mit dem Gerät "P 921" oder mit dem Unkrautstriegel auf ungefähr 30 Pflanzen je m^2 und eine nachfolgende Handhacke verringern im Vergleich zur Bearbeitung von Hand den Arbeitsaufwand um die Hälfte.
PRL/CBR, übersetzt v. O.Kasperl. 5130f.

1-64/04-0209 A n o n y m. Automatisch Vereinzeln. - Landtechnik 18 (1963) Nr.19. S.655. - Aus: Dok.-Dienst ILT 1963 Nr.11.
Elektronisch gesteuerter Vereinzelungsautomat der Fa. Fähse & Co. zur exakten mechanischen Vereinzelung von Zuckerrüben und sonstigen Reihenpflanzen. Die Pflanzen werden auf die Endabstände gebracht, wobei bereits vorhandene Fehlstellen berücksichtigt und nicht vergrößert werden. Die Einstellung auf dem gewünschten Mindest-Abstand von 16-22 cm ist möglich. Ein sicherer Endbestand wird auch bei weniger dichten Rübenbeständen erreicht. 5130f.

1-64/04-0210 B r a t a n o v, V. und V ŭ r l e v, I. Mechanizirano prokarvane na napoitelnite mreži v TKZS. (Mechanisiertes Anlegen von Bewässerungsgräben in den LPGs.) Sofija: Zemizdat. 1963. (131 S. m. 63 Abb., 9 Tab. u. 9 Lit.)

Bewässerungsmaschinen, ihre Vorzüge und Nachteile sowie die in Bulgarien verwendeten Maschinen und Geräte werden besprochen. Eingehender werden das Einebnen und die Vorbereitung des Geländes zur Bewässerung unter Berücksichtigung der nachfolgenden Bodenbearbeitung analysiert.
NRB/ZSNTl, übersetzt v. S.Thienel.

C. ERNTE EINSCHLIESSLICH DRESCHEN OHNE ZUSÄTZLICHE AUFBEREITUNG

1-64/04-0211 S t a t n y c h, N. Samochodnaja drobilka kormov. (Selbstfahrender Futterschroter.) - Sel'skoe chozjajstvo Sibiri, Omsk 7 (1962) Nr.4. S.56-57. - 1 Zeichn.

Vf. berichtet über einen selbstfahrenden Futterschroter und Heumehlbereiter mit einer Leistung von 1600 kg/h Heumehl. Die Maschine nimmt das Heu aus dem Schwad auf und fördert es mit einem Schrägförderer in eine Zahnradtrommel, in der es zerkleinert wird. Aus dieser Trommel gelangt es in eine Hammermühle, die es zu Heumehl vermahlt. Die Maschine kann auch zum Schroten von Futtergetreide, Körnermais und Maiskolben sowie zum Zerreißen von Stroh verwendet werden. Nach geringen Änderungen kann man sie auch für den Getreideschwaddrusch verwenden. Ein Gebläse befördert das Heumehl über eine biegsame Rohrleitung in einen einachsigen Anhänger mit Kastenaufbau. Die Maschine wird vom Motor "ZIS-5K" angetrieben. Ihre einzelnen Baugruppen sind z.T. dem Mähdrescher "S-4M" entnommen. W.Balkin. 5215a.

1-64/04-0212 G r u n d, S. Die Organisation der Silomaisernte bei sowjetischen Mechanisatoren. - Wiss.-techn. Fortschr. Landwirtsch. 4 (1963) Nr.8. S.359-361. - 6 Abb., 2 Lit.

Die rationellste Auslastung der Technik wird nur bei guter Arbeitsorganisation und Anwendung der besten Arbeitsverfahren gewährleistet. Die rationellste Form der Arbeitsorganisation ist der Komplexeinsatz. Die einzelnen Kapazitäten (Mähen/Transport) müssen unter Beachtung der Be- und Entladezeiten sowie Entfernung und Fahrgeschwindigkeit genau aufeinander abgestimmt sein. Die Leistung der Silomaiskombine ist der entscheidende Faktor, dem alle anderen unterzuordnen sind. Anhand eines Beispieles aus der SU zeigt Vf. die Organisation der Silomaisernte von der Mahd mit der Silomaiskombine "SKN 2,6" bis zur Einsilierung in den Fahrsilo. Die bei diesen Arbeiten benutzten Maschinen und Geräte werden angegeben. Zum Schluß wird noch auf den Vorteil eines Mischanbaues von Mais und Leguminosen hingewiesen, der in der SU angewendet wurde. W.Bohrisch. 5215b.

1-64/04-0213 E d e n, B. Sa scelta del procedimento di lavoro per la manipolazione dei foraggi. (Wahl des Arbeitsprozesses für die Futterbergung.) - Macchine & Motori agric. 21 (1963) Nr.5. S.65-87. - 14 Abb. Aus: Dok.-Dienst LLT 1963 Nr.8.

Es werden die einzelnen Arbeitsgänge und der zweckmäßige Einsatz von Maschinen und Maschinenkombinationen bei der Heubergung vom Mähen bis zum Einsilieren anhand von Zeichnungen und ausführlichen Tab. angegeben.

5215b.

1-64/04-0214 A n o n y m. Komplette Ketten. - Landtechnik 18 (1963) Nr.20. S.714. - Aus: Dok.-Dienst ILT 1963 Nr.11.

Komplette Arbeitsketten für Futter und Stroh wurden durch den Bau von Pressen und Häckslern der Fa. Gebr. Welger - Wolfenbüttel geschaffen. Die Ballenkette umfaßt 4 Aufsammelpressen, die Niederdruck-Pressen "WSA 350" und "WSA 450" sowie die Hochdruckpressen "AP 12" und "AP 50". Die Häckselkette umfaßt den Feldhäcksler "FS 100", den Häcksel-Abladewagen "70 S" und das Häcksel-Abladegebläse "SK 100" sowie die Kombi-Schneidgebläse "S 62" und "S 82". 5215b.

1-64/04-0215 S i e g, Roman. Erfahrungen über die Hangarbeitsgrenze beim Mähen mit dem Traktor. - Traktor u. Landmaschine /Brugg/ 25 (1963) Nr.8. S.445-447; Nr.9. S.495-497. - 6 Abb. Aus: Dok.-Dienst ILT 1963 Nr.7; Nr.9.

Bericht über Versuche an der Bundesversuchs- und Prüfungsanstalt für landwirtsch. Maschinen und Geräte in Wieselburg an der Erlauf zur Ermittlung der statistischen Kippgrenze des Traktors. Ergebnis: Die Arbeitsgrenze beim Mähen mit einem Vierradtraktor mit Normalspurweite von 1250 mm liegt zwischen 30 und 40 %. Vorschläge für Maßnahmen zur Erhöhung der Hangfestigkeit: Herabsetzung der Schwerpunktlage und des Eigengewichts; leichte Veränderung der Spurweite, möglichst ohne Werkzeuge; leichte und schnelle Montage von Gitterrädern und Zwillingsbereifung; Verlängerung des Radstandes auf 2,0 m; große Antriebsräder an Portalachsen mit nach oben stehenden Achsschenkeln; möglichst tiefe Anordnung des Fahrersitzes; handliche Anordnung der Bedienhebel. Durch diese Maßnahmen wurde die Hangfestigkeit des Traktors beim Mähen um ca. 10 % erreicht. 5215c.

1-64/04-0216 A n o n y m. Prøve med AEBI AM 10 tojulstraktor. (Einachs-Motormäher "AEBI AM 10" - Prüfbericht Vollebekk.) - Landbrukstekn. Inst., Vollebekk, Meld. Nr.152. (1963) S.1-5. - 2 Abb.

Hersteller: AEBI & Co. AG Maschinenfabrik, Burgdorf, Sveits. 5215c.

1-64/04-0217 F e i x, Hellmuth. Doppelmessermähwerke. - Prakt. Landtechn. /Wien/ 16 (1963) Nr.13/14. S.257-259. - 4 Abb. Aus: Dok.-Dienst ILT 1963 Nr.10.

ESDA-Test aus prakt. Erfahrungen in 20 Betrieben. Das Doppelmähmesserwerk wurde von 75 % der Besitzer günstig beurteilt. Am Hang und unter ungünstigen Verhältnissen wurde gute Arbeit geleistet. Mähleistung lag entspr. der Traktorleistung zwischen 0,4 und 2,8 ha/h. Standfläche im Durchschnitt 3 ha. Als vorteilhaft werden genannt: leichte Montierbarkeit und Schmierung. 5215c.

1-64/04-0218 S e r g e e v, M. P. und O v s j a n n i k o v, B. P.; Tscheljabinsk, Inst. für Mechanisier. und Elektrifizier. der Landwirtsch. Opredelenie propusknoj sposobnosti izmel'čitelej silosouboročnych kombajnov. (Bestimmung der Durchlaßfähigkeit der Feldhäcksler-Schneidvorrichtung.) - Mechanizacija i elektrifikacija socialističeskogo sel'skogo chozjajstva, Moskva 21 (1963) Nr.3. S.50-51. - 1 Diagr., 1 Tab., 1 Schema.

Vf. führen zunächst die Formel Gorjačkins für die Feldhäckslerleistung an und bemerken, daß in dieser Gleichung der Schlupf zwischen Häckselgut und Einzugstrommeln sowie die Änderung des Abstandes zwischen den Einzugswalzen nicht berücksichtigt wird. Sie geben eine verbesserte Formel an und berichten über ihre experimentelle Kontrolle, bei der Einzugswalzenspalt, Umfangsgeschwindigkeit der Einzugswalzen und Häckselgut-Geschwindigkeit gemessen wurden. In einem Diagr. zeigen sie die Abhängigkeit der Differenz dieser Geschwindigkeiten von der Zufuhr. Die nach der verbesserten Formel berechnete max. Leistung der Feldhäcksler "PSK-1,8" und "SK-2,6A" wich von der experimentell ermittelten Leistung um 5-7 % ab. Das angegebene Verfahren kann zur Ermittlung der Variablen für die Leistungsberechnung nach der Gleichung von Gorjačkin dienen. W.Balkin. 5215d.

1-64/04-0219 R i l l i n g, Karl Eugen: Völkenrode, DLG-Prüfstelle für Landmaschinen. Feldhäcksler in der DLG-Prüfung. - Agros /Hannover/ 8 (1963) Nr. 10. S.14-16. - 5 Abb., 1 Tab.

Für die Prüfung von Feldhäckslern müssen seit 1961 zwei Maschinen gleichen Typs angeliefert werden. Eine wird in einen landwirtsch. Betrieb zur Ableistung möglichst vieler Einsatzstunden gegeben, während die andere für Meßversuche herangezogen wird. Die Einsatzprüfung soll Aufschluß über Eignung, Betriebssicherheit, Rüstzeiten, Handhabung, Verschleiß und Wartung geben. In der Meßprüfung werden Leistung, Durchsatz und Fahrgeschwindigkeit sowie alle erforderlichen techn. Daten ermittelt. Die Erfahrungen der Praxis werden durch Umfragen bei etwa 30 Besitzern derartiger Häcksler berücksichtigt. Nach unfallschutztechn. Untersuchung fällt ein unabhängiger Prüfungsausschuß das Urteil, das veröffentlicht wird. Ein Vergleich der beiden gebräuchlichen Häckslerarten, Schlegelernter und Messerradfeldhäcksler zeigt, daß der erstere einfacher, robuster und billiger ist und hauptsächlich zur Bergung von Grünfutter eingesetzt wird, während der zweite vorwiegend zur weitgehenden Mechanisierung der Häckselkette benutzt wird. W.Bohrisch. 5215d.

1-64/04-0220 V o r n k a h l, Wolfgang. Vergleichende Untersuchungen über den Leistungsbedarf von Feldhäckslern mit vereinfachten Mäh- und Häckselwerkzeugen. - Landtechn. Forsch. 13 (1963) Nr.3. S.79-85. - 9 Abb., 3 Tab., 15 Lit. Aus: Dok.-Dienst ILT 1963 Nr.8.

Ermittlung des Leistungsbedarfs an Feldhäckslern mit vereinfachten Mäh- und Häckselwerkzeugen. Vergleiche des spezifischen Leistungsbedarfs an der Zapfwelle bei versch. Häckslerbauarten bei Aufnahme aus dem Schwad und beim Mähen. Der Fahrleistungsbedarf, der Gesamtleistungsbedarf, die Motorstärke und die Senkung des Leistungsbedarfes bei Schlegelfeldhäcksler werden eingehend beschrieben. 5215d.

1-64/04-0221 Z e h e t n e r, H a m m e r s c h m i d und W a x e n e g g e r. Schlegelernter "Holbaek FA" - Prüfbericht Wieselburg, N. Ö. - Bundesversuchs- u. Prüf.-Anst. landwirtsch. Maschinen Geräte /Wieselburg, N. Ö./, Prüfber. Nr.643. Gr. 7d. (1962) 3 S.

Hersteller: Holbaek Maskinfabrik A/S, Holbaek, Dänemark. 5215d.

1-64/04-0222 Z e h e t n e r, H a m m e r s c h m i d und W a x e n e g g e r. Trommel-Feldhäcksler "Junior F" - Prüfbericht Wieselburg, N. Ö. - Bundesversuchs- u. Prüf.-Anst. landwirtsch. Maschinen Geräte /Wieselburg, N. Ö./, Prüfber. Nr.648. Gr. 7d. (1962) 3 S.

Hersteller: AG Alfa-Laval, Wien. 5215d.

1-64/04-0223 A n o n y m. Rotierende Bearbeitung. - Landtechnik 18 (1963) Nr.20. S.714. - Aus: Dok.-Dienst ILT 1963 Nr.11.

Der "Wirbelheuer" von der Maschinenfabrik Bautz ist ein Mehrzweck-Heugerät zum Zetten, Breitwenden und Schwadstreuen. Er ist eine Ergänzung der Sternrad-Heumaschine. Die Wirbelsterne sind beweglich aufgehängt. Das Gerät ist mit einem Tastrad versehen und besitzt eine gute Bodenanpassung. Die Arbeitsbreite beträgt 3,20 m und ist leicht auf Transportbreite (2,10 m) umzustellen. 5215e.

1-64/04-0224 S p i n d l e r, Z e h e t n e r und H a m m e r s c h m i d. Kreisel-Graszetter Type GZ-2 - Prüfbericht Wieselburg, N. Ö. - Bundesversuchs- u. Prüf.-Anst. landwirtsch. Maschinen Geräte /Wieselburg, N. Ö./, Prüfber. Nr.638. (1962) 2 S.

Hersteller: Gebr. Steininger, Linz/Ebelsberg. 5215e.

1-64/04-0225 S i e g und W a x e n e g g e r. Motormäher-Zusatzgerät "Heumagd" - Prüfbericht Wieselburg, N. Ö. - Bundesversuchs- u. Prüf.-Anst. landwirtsch. Maschinen Geräte /Wieselburg, N. Ö./, Prüfber. Nr.650. Gr.7a.(1962) 2 S.

Hersteller: Fa. Vogel & Noot AG., Wartberg/Mürztal, Steiermark. 5215e.

1-64/04-0226 A n o n y m. Granen persen. (Strohpressen.) - Inst. Landbouwtechn. Rationalisatie Wageningen, Werkvolgorde, Aanwijzingen 4 (1963) Nr.20. S.1-2. - 3 Schemata, 1 Tab.

Arbeitsbedingungen: Presse mit Aufbaumotor (I) oder Zapfwellenantrieb (II) und mit Schnellkopplung für Anhänger; Traktor mindestens 30-PS-Motor (I) oder 40-45-PS-Motor (II); Anhänger mit ausgeklappten Seitenwänden; 1 AK zum Traktorfahren, bei 3,5-4 t/h 1 AK zum Laden, bei mehr als 4 t/h 2 AK; Arbeitsausführung: Aufnehmen des vom Mähdrescher im Schwad abgelegten Strohes. Normzeiten bei 1,38-2,20-3,23 m Arbeitsbreite und 5,0-4,5-4,0 km/h Fahrgeschwindigkeit: 4,3 - 3,1 - 2,5 h/ha. A.Arlitt. 5215f.

1-64/04-0227 A n o n y m. Persen van stro. (Pressen von Stroh.) - Inst. Landbouwtechn. Rationalisatie Wageningen, Werkvolgorde, Aanwijzingen 4 (1963) Nr.21. 2 S. - 2 Schemata, 1 Tab.

Arbeitsanleitung für das Pressen von Stroh nach dem Mähdrusch durch eine Sammelpresse mit angehängtem Ballensammler. Es wird für eine Sammelpresse mit Aufbaumotor ein 25-30-PS-Schlepper, mit Zapfwellenantrieb ein 40-45-PS-Schlepper benötigt. Die Arbeitsgeschwindigkeit kann in Abhängigkeit von der Schwadstärke bei einer mittelgroßen Sammelpresse ca. 4,5-6 km/h betragen. Die Strohballen werden in Querschwaden vom Ballensammler abgelegt. Die Arbeitszeitnormen/ha betragen bei Einsatz einer mittelgroßen Sammelpresse für das Pressen von Schwaden eines 6-ft.-Mähdreschers bei 2500 kg Stroh/ha 1,5 AKh, bei 4500 kg Stroh/ha 1,8 AKh, für das Pressen von Schwaden eines 12-ft.-Mähdreschers 1,1 bzw. 1,2 AKh. L.Machler. 5215f.

1-64/04-0228 Z e h e t n e r und H a m m e r s c h m i d. Niederdruck-Aufsammelpresse "Paladin 850" - Prüfbericht Wieselburg, N. Ö. - Bundesversuchs- u. Prüf.-Anst. landwirtsch. Maschinen Geräte /Wieselburg, N. Ö./, Prüfber. Nr.642. Gr. 7d. (1962) 2 S. - 1 Abb.

Hersteller: Epple-Buxbaumwerke AG, Wels, Ober-Österreich. 5215f.

1-64/04-0229 Z e h e t n e r, H a m m e r s c h m i d und W a x e n e g g e r. Heckschiebesammler "Heupack HP 6" - Prüfbericht Wieselburg, N. Ö. - Bundesversuchs- u. Prüf.-Anst. landwirtsch. Maschinen Geräte/Wieselburg, N. Ö./, Prüfber. Nr.639. Gr.7a. (1962) 2 S.

Hersteller: AG Alfa-Laval, Wien XII., Wienerbergstr. 31. 5215f.

1-64/04-0230 A n o n y m. Prøve med dalen skyverine (skubberive) for tohjulstraktor. (Gabel für Einachsschlepper - Prüfbericht Vollebekk.)- Landbrukstekn. Inst., Vollebekk, Meld. Nr.153. (1963) S.1-2. - 1 Abb.

Hersteller: Lid Jarnindustri, Norheimsund. 5215f.

1-64/04-0231 A n o n y m. Hay wafering. (Heupreßlinge.) - Agric. Res. 12 (1963) Nr.3. S.7. - 2 Abb.

Abgesehen von der Tatsache, daß Heupreßlinge in Form von Waffeln oder kleinen Kuchen von den Tieren lieber gefressen werden als loses Heu oder solches aus Ballen, wird für die Lagerung nur etwa die Hälfte des sonst notwendigen Raumes benötigt. Diesem Vorteil steht aber die Herstellung und die anschließend erforderliche Trocknung gegenüber. Vf. berichtet über die Ergebnisse bei der Herstellung und insbesondere bei der Trocknung derartiger Heupreßlinge für eine spätere Lagerung. Er kommt zu dem Schluß, daß nicht nur die Herstellung maschinell erfolgen muß, sondern auch eine Reihe von Faktoren, wie Art und Reifezustand des Gutes, Form, Größe und Feuchtigkeitsgehalt der Preßlinge, eingehend untersucht werden muß, bevor dieses Verfahren größere Bedeutung gewinnen kann. W.Bohrisch. 5215f.

1-64/04-0232 A n o n y m. Kombilader "SL 160" lädt ohne Spezialeinrichtung. - Schlepper u. Landmaschine 14 (1963) Nr.8. S.254. - 1 Abb. Aus: Dok.-Dienst ILT 1963 Nr.9.

Weiterentwicklung des John Deer-Kombiladers "SL 160", um die Leistungsfähigkeit zu erhöhen. Es können Grün- und Rauhfutter, Strohbunde und Rübenblatt geladen werden, dabei entfallen die bisherigen Sonderausrüstungen. Weiterhin kann zum Wurfband auch eine zusätzliche Trommel angebracht werden, die als Wurfverstärker dient. Bei vorhandenen Ladegattern läßt sich die Ladekraft auf dem Wagen einsparen und die Arbeit ist durch Ein-Mann-Bedienung zu bewältigen. 5215i.

1-64/04-0233 A n o n y m. Einmann-Gerät. - Landtechnik 18 (1963) Nr.20. S.713. - 1 Abb.

Ein neues Ladegerät, welches an Stelle des Streuwerkes an jeden Stallmiststreuer angebracht werden kann, hat die Maschinenfabrik B. Krone, Spelle, herausgebracht. Der Lader eignet sich zum Laden von Heu, Stroh, Silage und Rübenblatt. Er kann von 1 AK bedient werden und das Fassungsvermögen des Stalldungstreuers kann durch einen Wagen-Aufbau vergrößert werden.

H.Thömke. 5215i.

1-64/04-0234 L a s s e n, Harald. Mechanisierung der Getreideernte. - Mitt. dtsch. Landwirtsch.-Ges. 78 (1963) Nr.51/52. S.1618.1620. 5220a.

1-64/04-0235 I z a k s o n, Ch. I. Puti razvitija zernouboročnoj techniki. (Entwicklungstendenzen der Erntetechnik /Getreide/.) - Mechanizacija i elektrifikacija socialističeskogo sel'skogo chozjajstva, Moskva 21 (1963) Nr.3. S.10-11. 5220a.

1-64/04-0236 G o č, K. und K r z e m i ń s k i, J. Nowe polskie maszyny do zbioru zbóż. (Neue polnische Maschinen für die Getreideernte.) - Mechanizacja Rolnictwa 11 (1963) Nr.11/12. S.7-9. - 5 Abb., 3 Schemata. 5220a.

1-64/04-0237 A n o n y m. Landelijke demonstratie van graanoogstwerktuigen. (Vorführung von Maschinen und Geräten für die Getreideernte.) - Loonbedrijf Land- en Tuinbouw 16 (1963) Nr.10. S.627.629.631.633.

Mähdrescher und Maschinen für die Strohbergung wurden in einem überreifen Bestand von Winterweizen der Sorte "Felix" eingesetzt. Von den Mähdreschern werden die neueren Typen "Arbos 1000 Major", Selbstfahrer "Dronningborg", JF-Anbaumähdrescher, Claas "Mercur" und "Nordsten Ceres" bes. hervorgehoben. Für die Getreideabfuhr wurden hydraulische Kipper, selbstentladende Wagen und Kisten verwendet. Alle zur Strohbergung eingesetzten Sammelpressen leisteten gute Arbeit; neu waren die "A.M.A." und die "SAIMM" mit verbesserter Zuführung. Ein Maschinensystem für das automatische Laden, Transportieren und Stapeln von Hochdruckballen stellt der "Haro-Bed" von New Holland dar. Die Ballen werden in Mieten von 6-8 Ballen Höhe bei beliebiger Länge und Breite abgelegt. L.Machler. 5220a.

1-64/04-0238 G o r j a č k i n, M. I. Organizacionno-ékonomičeskoe obosnovanie potočnogo sposoba uborki zernovych. (Organisatorisch-ökonomischer Beweis des Fließverfahrens in der Getreideernte.) - Mechanizacija i élektrifikacija socialističeskogo sel'skogo chozjajstva, Moskva 21 (1963) Nr.3. S.12-15. - 4 Diagr.

Bei der Schaffung einer neuen Technik steht die Konstruktion von neuen Maschinen im Vordergrund, während die organisatorisch-ökon. Begründung oft nicht berücksichtigt wird, wie z.B. beim Fließverfahren in der Getreideernte. Vf. legt kurz dar, was bei einer Neuentwicklung zu berücksichtigen ist. Für die Steppenzonen der SU wird der Vorteil des Fließverfahrens in der Getreideernte behandelt. Die Voraussetzungen und der technol. Ablauf der Ernte sind beschrieben. Ein wichtiges Problem stellt das Transportieren, Reinigen und Trocknen der Körner dar. Die Strohbergung ist in das Fließverfahren einbezogen. G.Reumschüssel. 5220b.

1-64/04-0239 K o g a n o v, A. B. Metody rasčeta potočnych proizvodstvennych linij na uborke urožaja. (Berechnungsmethoden von Fließbändern bei der Ernte.) - Mechanizacija i élektrifikacija socialističeskogo sel'skogo chozjajstva, Moskva 21 (1963) Nr.3. S.18-19.

Die Fließbandmethode gestattet es, den Produktionsausstoß zeitlich zu messen. Vf. gibt Formeln und Berechnungsmethoden an, um den Fließbandprozeß zahlenmäßig zu erfassen. Nach Festlegung des Fließtaktes kann auch der erforderliche Transportraum und seine Abstimmung mit der Kombine errechnet werden. Beispiele sind angegeben. Der Körner- und Strohstransport ist formelmäßig abgeleitet. Die beschriebene Methode kann zur Berechnung von Fließprozessen bei der Ernte von Getreide angewandt werden. G.Reumschüssel. 5220b.

1-64/04-0240 G r ę b s k i, P. Przystosowanie snopowiązałek WC-2 do zbioru dwufazowego. (Umstellung des Mähbinders "WC-2" auf die 2-Phasen-Ernte.) - Mechanizacja Rolnictwa 11 (1963) Nr.11/12. S.14. - 4 Abb. 5220d.

1-64/04-0241 K i e r u l, Z. Kombajnowanie, a suszenie i przechowywanie zbóż. (Getreideernte mit dem Mähdrescher, Trocknung und Lagerhaltung.) - Mechanizacja Rolnictwa 11 (1963) Nr.11/12. S.22-23. 5220e.

1-64/04-0242 S t u r i s, A. I. Dinamičeskie charakteristiki zveńev i issledovanie sistemy avtomatičeskogo regulirovanija zagruzki na ustojčivost' zernovogo kombajna. (Dynamische Kennlinien der Baugruppen des Mähdreschers und Stabilitätsuntersuchungen am System der automatischen Belastungsregelung.) - Izvestija Timirjazevskoj sel'skochozjajstvennoj akademii, Moskva 1962 Nr.6. S.151-158. - 1 Abb., 8 Diagr., 1 Tab. Zus. in Engl.

Vf. hat in früheren Arbeiten ein System der automatischen Regelung der Belastung eines Mähdreschers mit dem Drehmoment an der Antriebswelle als Regelgröße entwickelt. Die Frage, ob dieses System stabil ist, hat für seine Brauchbarkeit ausschlaggebende Bedeutung. Vf. bringt ein Strukturschema des Systems mit folgenden Gliedern: Mähwerk, Antrieb der Arbeitswerkzeuge, Drehmoment-Meßgeber, Verstärkungsglied, hydraulisches Stellglied, Geschwindigkeitsvariator, Regelstrecke (Mähdrescher). Er stellt für jedes Glied eine Differentialgleichung auf, die seine dynamischen Eigenschaften bestimmt, betrachtet sie und erhält damit 7 Gleichungen, aus denen er eine Gleichung für das geschlossene System der automatischen Regelung ableitet. Er findet die Wurzel dieser Gleichung und erhält durch Umwandlung und Einsetzen der Zeitkonstanten eine Gleichung 5. Grades, die praktisch unlösbar ist. Unter Benützung eines von Michajlov angegebenen Stabilitätskriteriums zeichnet er für das System der automatischen Regelung einen Hodographen, dessen Betrachtung ergibt, daß das System stabil ist. W.Balkin. 5220e.

1-64/04-0243 A r n o l d, R. E. und J o n e s, M. P. A survey of grain damage incurred and drum settings used during the combine-harvesting of cappelle desprez wheat and proctor barley. (Erfassung der Körnerbeschädigungen und der Dreschtrommel-Drehzahlen beim Mähdrusch von Weizen der Sorte "Cappelle Desprez" und von Gerste der Sorte "Proctor".) - J. agric. Engng. Res. 8 (1963) Nr.2. S.178-184. - 1 Abb., 3 Tab., 4 Lit. Aus: Dok.-Dienst ILT 1963 Nr.9.

Entnahme von Körnerproben beim Mähdrusch und Registrierung der jeweiligen Dreschtrommeldrehzahl. Einschätzung der Körnerfeuchtigkeit. Ermittlung der Körnerbeschädigung anhand von Sand- und Säurekeimversuchen und gesonderte Bestimmung des Prozentsatzes an Körnerbruch. Statistischer Nachweis: Beziehung zwischen Körnerschäden einerseits und Körnerfeuchtigkeit und Trommeldrehzahl andererseits sind bei Weizen vorhanden, bei Gerste aber nicht nachweisbar. 5220e.

1-64/04-0244 V a s i l e v, Kolju. Njakoi rezultati ot izsledvaneto na očistitelnite na kombajnite. (Einige Ergebnisse der Untersuchung von Reinigungsvorrichtungen von Mähdreschern.) - Mechanizacija i elektrifikacija na selskoto stopanstvo, Sofija 13 (1963) Nr.2. S.23-27. - 6 Diagr., 1 Skizze, 2 Tab.

Es wurden zahlreiche Versuche mit der in Bulgarien angewendeten Reinigung in selbstfahrenden Mähdreschern durchgeführt, wobei vorher die optimalen Werte der wichtigsten Kennziffern, wie die Amplitude, die Anzahl der Schwingungen/min, die Neigung der Siebe und der Charakter des Luftstroms, festgestellt wurden. Verschiedene Siebvorrichtungen wurden untersucht. Ziel der Untersuchung war es, die Reinheit der Körner auf über 98 % zu erhöhen. Die bisherige Reinigung sichert durchschnittlich eine 92-94%ige Reinheit, wobei die Reinheit der Körner vom Siebanfang zum Siebende hin abnahm. In der umgebauten Maschine wird das noch verunreinigte Korn abgesondert und über ein 2. Sieb geschickt. Außerdem wird der Luftstrom, der durch die Sieböffnungen geht, durch mehrere quer unter dem Sieb aufgestellte Richtungsklappen geteilt. Sie verstärken das Abwehen der leichteren Beimengungen in der Längsrichtung der Siebe. Dadurch wird die geforderte Erhöhung der Reinheit auf 98 % erreicht. NRB/ZSNTI, übersetzt v. Ch.Eshkowa. 5220e.

1-64/04-0245 A n o n y m. Der Mähdrescher heute und morgen. - Landmaschinen-Rdsch. 15 (1963) Nr.9. S.238.240. - 2 Abb., 3 Tab. Aus: Dok.-Dienst ILT 1963 Nr.10.

Vorstellung eines neuen selbstfahrenden Mähdreschers und einer neuen Aufsammelpresse der Fa. Claas und Überblick über das Verkaufsprogramm der kommenden Saison. Festgestellt wird, daß die Absatzmöglichkeiten überschätzt und in Verkennung der sich anbahnenden rückläufigen Umsatzentwicklung mit zu hoch angesetzten Stückzahlen gerechnet wurde. Für die zukünftige Entwicklung ist zu sagen, daß eine gewcisse Sättigungsgrenze erreicht ist. Mit den in Übersichten aufgeführten Maschinen bietet Claas zur kommenden Saison ein Programm an Mähdreschern und Aufsammelpressen an, daß allen ungleichen betriebswirtschaftlichen Verhältnissen und den Forderungen der westeuropäischen Agrarstruktur entspricht. 5220e.

1-64/04-0246 A n o n y m. The 1001: Ransomes' latest combine harvester. (Der neueste Mähdrescher Ransomes "1001".) - Farm Mechanizat. 15 (1963) Nr. 170. S.49. - 2 Abb. Aus: Dok.-Dienst ILT 1963 Nr.10.
Weiterentwicklung des Typs "902" mit einigen bereits beim Typ "801" vorhandenen Merkmalen. Bes. Merkmale: Fahrwerksantrieb durch Triebachsgetriebe (anstelle des Kettenantriebs beim "902") mit Kraftübertragung durch stufenlosen Keilriemenantrieb mit hydraulisch betätigter Kupplung und 3-Gang-Getriebe; Heben und Senken des Mähwerkes durch 2 Hydraulikzylinder, unterstützt durch Spiralfedern, die schwimmende Führung gewährleisten (wie beim Typ "801"); Sitzanordnung und Sichtverhältnisse sind besser als beim "902". Techn. Daten: Schnittbreite 3048 oder 3658 mm (Exportausführung 4267-4877 mm); Wendekreis 14 m; Motorleistung 63,4 PS (4-Zylinder-Ford-Motor) oder 91,3 PS (6-Zylinder-Ford-Motor); Fahrgeschwindigkeiten vorwärts 1,29-17,7 km/h, rückwärts 1,93 bis 5,15 km/h; Drehzahlbereich der Dreschtrommel 568-1098 U/min; Stellbereich des Mähwerkes 5-81 cm. 5220e.

1-64/04-0247 A n o n y m. Stroh häckseln. - Techn. u. Landwirtsch. 15 (1963) Nr.14. S.339. - 1 Abb.
Zum Mähdrescher wurde der Biso-Häcksler-Expreß als Zusatzgerät von der Fa. Bitter & Sohn, St.Annen, entwickelt. Der Anbau des Häckslers erfolgt an einem gesondert gelieferten Rahmen zum Mähdrescher. Besondere Merkmale des Gerätes: Geringes Gewicht, hohe Trommeldrehzahl, geringer Messerabstand (20 mm), daher kurz geschnittenes Stroh. Eine Ausrüstung mit Spezialmesser ermöglicht auch das Häckseln von Mais.Durch Anbringung eines Prall- und Verteilerblechs kann das Häckselgut auf die Schnittbreite des Mähdreschers zwischen den Stoppeln verteilt werden oder im Schwad abgelegt und mit einer Pick-up-Presse aufgenommen und in Ladewagen abgefahren werden.
E.Nowatzky. 5220e.

1-64/04-0248 G r o t h, H. J.; Rostock, Univ., Inst. für Landtechn. Der Schwadhäckseldrusch in der Getreideernte. - Int. Z. Landwirtsch. /Sofia/ Berlin/ 1963 Nr.4. S.64-65.
Es wurden theoretische Berechnungen und praktische Versuche mit dem Schwadhäckseldrusch durchgeführt, bei dem die Vorteile des Schwaddrusches genutzt und die Nachteile der Mähdrescherernte umgangen werden. Vf. beschreibt die 3 Phasen des Schwadhäckseldrusches und zählt abschließend die betriebswirtsch. und techn. Vorteile dieses Arbeitsverfahrens auf. W.Balkin. 5220f.

1-64/04-0249 H o o g e n d o o r n, N.; Wageningen, Inst. voor Landbouwtechn. en Rationalisatie. Nieuwe werkmethoden voor het oogsten van stro. (Neue Arbeitsmethoden für die Strohbergung.) - Landbouwmechanisatie 14 (1963) Nr.10. S.829-834. - 13 Abb.
Bericht über Arbeitsmethoden für die Strohbergung nach dem Mähdrusch. Laden von verstreut liegenden Ballen: Der Lader "Unicum" der Fa. Oldenhuis, der seitlich an einem Schlepperanhänger mit Ladegitter befestigt wird, nimmt die Ballen auf und fördert sie etwa in Wagenmitte auf jede gewünschte Höhe.

Der Lader wird durch einen Benzinmotor angetrieben, er kann auch zum Entladen des Anhängers eingesetzt werden. Das Maschinensystem "Haro-Bed" von New-Holland ist für Einmannarbeit vorgesehen. Die Ballen werden automatisch geladen und auf einer Ladefläche gestapelt. Durch Kippen der Ladefläche können Mieten (Höhe 6 Ballen) gesetzt werden. - Im Entwicklungsstadium befindliche Arbeitsmethoden: Beim System "Farmhand" werden die Ballen nach dem Pressen vollautomatisch auf einer Schleppe gestapelt und in einem "Paket" von 8 Ballen abgelegt, das dann mit Hilfe eines Frontladers auf einen Wagen geladen wird. Das 2. System arbeitet mit der Sammelpresse "78" von New-Holland mit Ballenwerfer und selbstenladenden Wagen. L.Machler. 52201.

1-64/04-0250 F u l d a, Eckart. Körnermais - pflücken oder mähdreschen? - Lohnunternehmen in Land- u. Forstwirtsch. 18 (1963) Nr.10. S.210-211. 5220n.

1-64/04-0251 M i r u m j a n, G. N. Konopleuboročnyj kombajn KKP-1,8. (Die Hanf-Vollerntemaschine "KKP-1,8".) - Len i konoplja, Moskva 8(25) (1963) Nr. 8. S.18-20. - 1 Abb., 1 Schema.

Die Aufsattel-Hanfvollerntemaschine arbeitet in folgender Weise: Die mit einem normalen Mähwerk geschnittenen Pflanzen werden von den Leitrinnen aufgenommen, zwischen den Klemmriemen des Leitrinnenförderers eingeklemmt und hochgetragen, wobei ein in der Art der Pick-up-Trommeln gebauter Grasabschneider die gleichzeitig geschnittenen Gräser abschneidet. Anschließend werden die Pflanzen von einem Stifteförderband einem Einführungsförderer zugeführt. Von diesem gelangen sie auf einen Klemmförderer, der die oberen Pflanzenteile 4 Dreschtrommeln zuführt. Vom Klemmförderer gelangen die Stengel auf den Garbenbindetisch. Das Saatgut und die Blütenstände werden von einem Plattenförderer dem Reiber zugeführt, der sie an die aus 3 Sieben und einem Gebläse bestehenden Reinigung abgibt. Bei der Ernte mit dieser Maschine verringerten sich die Körnerverluste um 50 % und der Arbeitsaufwand um 60 %.
W.Balkin. 5220o.

1-64/04-0252 C h a j l i s, G. A. und K l j a t i s, L. M. Nekotorye voprosy teorii raboty l'nopodborščikov. (Theoretische Probleme der Leinerntemaschine.) - Mechanizacija i ėlektrifikacija socialističeskogo sel'skogo chozjajstva, Moskva 21 (1963) Nr.3. S.52-54. - 2 Schemaskizzen. 5220o.

1-64/04-0253 E g o r o v a, A. V., L o g i n o v, V. E. und O s e č i n s k a j a, N. E. Ob ėkspluatacii l'nomolotilok ML-2,8. (Einsatz der Leindreschmaschine "ML-2,8".) - Len i konoplja, Moskva 8(25) (1963) Nr.8. S.17-18. 5220o.

1-64/04-0254 V o s s, H. Mechanisierung der Hackfruchtwirtschaft.- Mitt. dtsch. Landwirtsch.-Ges. 78 (1963) Nr.51/52. S.1620.1622. 5225.

1-64/04-0255 H a n s e n, Bildsøe. Hackfruchternte in Dänemark. - Landmaschinen-Markt 42 (1963) Nr.15. S.804.806. - 7 Abb. 5225.

1-64/04-0256 H e c h e l m a n n, H. G. und S c h o l z, B. Die Technik im Hackfruchtbau. - Dtsch. landwirtsch. Presse 86 (1963) Nr.26. S.260-261.

Für das Legen, Pflegen und Ernten von Kartoffeln werden Hinweise gegeben. 55 % des Gesamtarbeitsaufwandes entfallen auf Fördern, Lagern und Sortieren, 35 % auf die Ernte und je 5 % auf Legen und Pflegen. Der Zuckerrübenanbau wird von der Bodenbearbeitung bis zur Ernte kurz besprochen. Auf die Monogermsaat wird ausführlicher eingegangen. L.Kunath. 5225.

1-64/04-0257 I r r g a n g und M e i e r, B.; Blumberg, Kreis Bernau, LPG "Florian Schenk"; Frankfurt/Oder, Landwirtsch. Inst. Sozialistischer Wettbewerb in der Kartoffelernte der LPG "Florian Schenk" Blumberg, Kr. Bernau. - Dtsch. Landwirtsch. 14 (1963) Nr.9. S.434-436. 5230a.

1-64/04-0258 L i s i a k, A. Neue Maschinen für die Kartoffelernte. - Int. Z. Landwirtsch. /Sofia/Berlin/ 1963 Nr.4. S.112-114. - 3 Abb., 3 Schemata.
Vf. beschreibt folgende in Polen entwickelte Maschinen: Krautschläger "Rlz-4" mit senkrechter Kettenschlägerwelle, Anbau-Schleuderradroder "KGZ-1p" mit Hangverstellung zum Roden auf Hängen, Siebkettenroder "KEP-2" für das Roden in der Ebene und Siebkettenroder "KEP-2p" mit Hangverstellung für das Arbeiten auf Hängen. "KEP-2" rodet über 0,4 ha/h. Während normale Stabsiebketten nach 8-15 ha verbraucht sind, kann man mit den Siebketten des Roders "KCE-2" im Durchschnitt 25 ha ernten. W.Balkin. 5230a.

1-64/04-0259 S e d l a k, J. Bisherige Erfahrungen in der ČSSR mit dem Schwadroden von Kartoffeln in Verbindung mit der Ernte mit stationärer Trennung. - Dtsch. Akad. Landwirtsch.-Wiss. Berlin, Inst. Landtechn. Potsdam-Bornim 1962 Nr.17. S.57-63.
Es wird ein Dreiphasensystem für die Kartoffelernte beschrieben. 1) 2 oder 4 Reihen werden durch einen mit Querband versehenen Vorratsroder zwischen 2 Kartoffelreihen abgelegt. 2) Diese 4 oder 6 Reihen werden durch eine Vollerntemaschine aufgenommen. 3) Die Aufbereitung des Erntegutes wird mittels Trennanlage stationär vorgenommen. Ein ökonomischer Vergleich verschiedener Ernteverfahren, Angaben über die Lagerverluste naß und trocken eingelagerter Kartoffeln und Maschinenleistungen werden angegeben. L.Kunath. 5230b.

1-64/04-0260 H e s s e l b a c h, J. und U f e r m a n n, S. Erfahrungen in der Kartoffelernte. - Mitt. dtsch. Landwirtsch.-Ges. 78 (1963) Nr.35. S. 1091-1093. - 4 Abb., 1 Tab.
Folgende Erfahrungen ergeben sich aus der Kartoffelernte 1962. 1) Auf Moorböden sind Kartoffelvollerntemaschinen wegen ihres Gewichtes nur begrenzt einsatzfähig. Gitterräder am Schlepper, Zwillingsbereifung der Maschine und Ausrüstung mit Moorschar erweitern die Einsatzfähigkeit. Leichte Maschinen und solche ohne Bunker haben einen größeren Einsatzbereich. 2) Auf anderen als Moorböden hängt die Leistungsfähigkeit der Vollerntemaschine von der Siebfähigkeit des Bodens und dem Steinbesatz ab. Für eine gute Steintrennung zeichnen sich brauchbare Lösungen erst ab. In einer Tab. wird die Leistungsfähigkeit einer Vollerntemaschine auf verschiedenen Böden angegeben. Die Tagesleistung bei achtstündigem Einsatz liegt zwischen 0,6 und 0,8 ha. W.Bohrisch. 5230f.

1-64/04-0261 Einführung von Kartoffelsammelernteverfahren auf Böden mit hohem Stein- (und Kluten) -Anteil. Potsdam-Bornim, Inst. Landtechn. Dtsch. Akad. Landwirtsch.-Wiss. Berlin Plan-Nr.: 1701 23 h-2-34. Abschlußber.(5/9. 1963).
Im Hinblick auf die Ernte von Qualitätskartoffeln wurden Entsteinungsverfahren mit meliorierender Wirkung sowie Sondererntеverfahren untersucht. Die vergleichenden Untersuchungen über zweckmäßige Entsteinungsverfahren erfolgten mit selbstgebauten Schichten-Entsteinungsmaschinen und einem Stein-Großbunker für Sammelroder. Ein Vergleich der Aufwendungen und Kosten ermöglicht die Einschätzung der Einsatzgrenzen der Verfahren auch im Hinblick auf eine

zukünftige Spezialisierung des Kartoffelbaues nach Verwendungszwecken. Bei der Untersuchung der Sondererntenverfahren wurden verschiedene Schwaderntverfahren auf unterschiedlichen Böden miteinander verglichen. 5230f.

1-64/04-0262 Andrzejewski, B. Wyniki badań angielskich i niemieckich kombajnów do zbierania ziemniaków. (Prüfungsergebnisse englischer und deutscher Kartoffelvollerntemaschinen.) - Maszyny i Ciągniki rolnicze 1963 Nr.2. S.41-44. - 3 Abb., 4 Tab.

Die Vollerntemaschine "MF-711" von Massey-Ferguson wurde verglichen mit der deutschen Vollerntemaschine "E-675". Sie arbeiteten auf steinreichen Sandböden und auf klutenreichen Lehmböden. Vf. macht Angaben über Konstruktion, Arbeitsweise und techn. Daten, Leistung, Arbeitsaufwand und die Betriebskoeffizienten. Die Rodeverluste und die Beschädigung der Kartoffeln blieben innerhalb der zulässigen Grenzen. Der Energieverbrauch der "MF-711" ist gering, sie kann bis zu einer Hangneigung von 25 % arbeiten. Techn. Besonderheiten: Das Scheibenschar nimmt die Reihe ohne Stauungen auf. Die Räder arbeiten fast lautlos. Anhängen und Einstellen der Maschine wurden durch die Hydraulik des Schleppers gut gelöst. Die "MF-711" zeichnet sich durch gute Arbeitsqualität und zuverlässige Arbeit aus, ihre Flächenleistung ist mit 25 ha/Saison zu gering. PRL/CBR, übersetzt v. O.Kasperl. 5230f.

1-64/04-0263 Anonym. Preventing potato damage. (Verhütung von Kartoffelbeschädigungen.) - Farm Implement Machinery Rev. 89 (1963) Nr.1062. S.1373 bis 1376. - 11 Abb. Aus: Dok.-Dienst ILT 1963 Nr.10.

Vorschau auf diesjährige Maschinenvorführung. Das Schwergewicht liegt bei der schonenden Behandlung der Knollen (daher starker Anteil der Zusatzgeräte für das Absacken der Kartoffeln). Beteiligte Maschinen und ihre Merkmale: Erntemaschine "Twin Major" der Fa. Johnson's (Engineering) (Breite des Rodeschars und der Siebkette ist auf die gleichzeitige Aufnahme von 2 Reihen abgestimmt; Spezial-Kluten- und Steinabscheider; vom Traktor gesteuerter hydraul. Abwurfförderer); Maschine "Samro-Spezial" (Spezialschar für Marschböden, das bandeisenartig um die Siebtrommel gelegt ist und mit dieser rotiert; durch Gitterstäbe hindurchgreifende Trommelreinigungszinken); norweg. Maschine "Faun" der Fa. Underhaugs Fabrik (entgegengesetzt zur Fahrtrichtung rotierendes Schleuderrad wirft Material auf Siebkette); Vollerntemaschine "E/675/1" und Siebkettenroder "E/649" aus der DDR. Außerdem Mietenzudecker und verschiedene Sortier- und Absackgeräte. 5230f.

1-64/04-0264 Anonym. Potato harvesters prove their worth. (Vorführung von Kartoffelerntemaschinen.) - Farm Implement Machinery Rev. 89 (1963) Nr. 1063. S. 1507-1508. - 8 Abb., 1 Tab. Aus: Dok.-Dienst ILT 1963 Nr. 11.

Bericht von der 8. Maschinenvorführung in England. Arbeitsbedingungen: sehr schwere Böden, jedoch ziemlich frei von Steinen. Bes. arbeitstechn. und konstruktive Merkmale: potentielle Möglichkeiten für Beschleunigung der Erntearbeit (Maschine Johnson "Twin Major"); stärkere Heranziehung der Palette zum Sammeln und Abtransport der Knollen (Typen "G.V.C. Majestic" und "Faun"); beim Handauflesekarren für auf Vorrat gerodete Kartoffeln ist eine Pritsche vorgesehen, auf der die Aufsammler knien (6reihiger Karren der Fa. Robert H. Crawford & Son); 3teiliges Rodeschar mit Scheiben zu beiden Seiten (Maschine der Fa. M. B. Wild & Co.); für Kartoffelsortierer zusätzliche Absackvorrichtungen. Günstigste Gesamtleistungsmerkmale (Schmutzanteil, Knollenbeschädigung) bei den Maschinen "Faun" und "G.V.C. Majestic". 5230f.

1-64/04-0265 W r i g h t, S. J. Potato harvesters do a gentle job on 'earlies'. (Schonende Behandlung der Frühkartoffeln durch Kartoffelvollerntemaschinen.) - Farm Mechanizat. 15 (1963) Nr.168. S.31. - 1 Abb. Aus: Dok.-Dienst ILT 1963 Nr.9.

Kurzer Bericht über Vorführung anläßlich der "Royal Show". Zweck: Vergleich der chem. Unkrautbekämpfung durch Herbizide mit traditioneller Unkrautbekämpfung durch Einsatz mech. Werkzeuge; Nachweis der Einsatzfähigkeit von Vollerntemaschinen bei Frühkartoffeln. Ergebnisse: Die Überlegenheit der chem. Methode für die Entwicklung des Bestandes war nicht signifikant; trotz starker Regenfälle entstanden keine längeren Arbeitsunterbrechungen bei den Maschinen; auch stärkerer Krautwuchs bereitete den Maschinen keine Schwierigkeiten (vorheriger Einsatz von Krautschlägern und Schlegelerntern); der Grad der Knollenbeschädigung war sehr gering. Vf. vergleicht die einzelnen Methoden, ohne die Maschinen zu charakterisieren. 5230f.

1-64/04-0266 A n o n y m. This potato harvester crushes the chats. (Diese Kartoffelerntemaschine zerdrückt die kleinen Ausschußknollen.) - Farm Implement Machinery Rev. 89 (1963) Nr.1063. S.1531. - 5 Abb. Aus: Dok.-Dienst ILT 1963 Nr.11.

Kurzinformation über 2reihige selbstfahrende Vollerntemaschine "Fulcrop" der Fa. Catchpole Engineering Co. Merkmale: Bergung des Erntegutes mit geringstmöglicher Beschädigung; automatische Sortierung in 3 Größengruppen; kleine Ausschußknollen, die sonst wieder auf den Boden geworfen werden, werden hier zerdrückt; dadurch wird den Kartoffelälchen die Entwicklungsgrundlage entzogen. Flächenleistung 2 ha/Tag; Gesamt-Arbeitskräftebedarf auf dem Feld und im Speicher 12 Personen. 5230f.

1-64/04-0267 A n o n y m. Rooien van aardappelen. (Roden von Kartoffeln.) - Inst. Landbouwtechn. Rationalisatie Wageningen, Werkvolgorde, Aanwijzingen 1963 Nr.24. S.1-3. - 1 Schema, 2 Tab.

Arbeitsanleitung für das Roden von Kartoffeln mit einem 2reihigen Sammelroder. Die Kartoffeln werden in einen nebenherfahrenden Wagen gefördert. Die Geschwindigkeit der Schlepper soll im 1. Gang zwischen 1,5 und 2, im 2. Gang zwischen 2 und 3 km/h liegen. Für den Kartoffeltransport werden Schlepperanhänger für 3-4 t eingesetzt. Unter günstigen Arbeitsbedingungen werden nur 2 AK für Ernte und Abfuhr der Kartoffeln benötigt. Arbeitszeitnormen: bei einem Reihenabstand von 0,65 m 4 h/ha bei einer Arbeitsgeschwindigkeit von 3 km/h, 5,3 h/ha bei 2 km/h. Diese Normen gelten bei folgenden Voraussetzungen: Ertrag 40 t/ha; Einsatz von 2-3 Anhängern für den Kartoffeltransport; Zeit für das Entladen der Anhänger 7 Min. L.Machler. 5230f.

1-64/04-0268 T e r p s t r a, J. und H o o g e n d o o r n, N.; Wageningen, Inst. Landbouwtechn. Rationalisatie. Het transport bij het werken met een tweerijige aardappelrooier. (Transport beim Einsatz von 2reihigen Sammelrodern.) - Landbouwmechanisatie 14 (1963) Nr.8. S.694-700. - 7 Abb., 1 Schema. Zus. in Engl.

Auf 3 Betrieben wurde bei der Kartoffelernte folgende Maschinenkette mit 5 AK eingesetzt: ein 2reihiger B.A.V.-Sammelroder mit seitlichem Förderband, 3 Schlepper mit Anhänger, eine stationäre Siebanlage im Lager, ein Einachskipper für die Abfuhr der abgesiebten Erde. Die Siebanlage wurde als Prototyp von der Fa. Brouwer, Oudenbosch, geliefert; sie besteht aus der Siebkette eines 2reihigen Sammelroders, die durch einen Elektromotor angetrieben wird, Krautfingern sowie Förderbändern für die Zu- und Abfuhr der Kartoffeln. Arbeitsstudien erbrachten, daß bei guten Wegverhältnissen und einer Weglänge unter 100 m zwischen Schlag und Lager bei einer Flächenleistung von 2 ha/Tag 2 Schlepper mit Anhänger für den Transport ausreichen.

L.Machler. 5230f.

1-64/04-0269 B e z r u k i j, L. P. Soveršenstvovanie rabočich organov dlja separacii počvy. (Verbesserung der Arbeitsorgane für die Erdabsiebung in Kartoffelvollerntemaschinen.) - Mechanizacija i élektrifikacija socialističeskogo sel'skogo chozjajstva, Moskva 21 (1963) Nr.4. S.46-47. -1 Diagr. 5230f.

1-64/04-0270 S o r o k i n, A. A. Rasčet parametrov kolebanij lemecha kartofeleuboročnoj mašiny. (Berechnung der Schwingparameter eines Schares bei Kartoffelvollerntemaschinen.) - Mechanizacija i élektrifikacija socialističeskogo sel'skogo chozjajstva, Moskva 21 (1963) Nr.4. S.45-46. - 2 Skizzen.
Der Zugwiderstand eines gewöhnlichen Schares von Kartoffelvollerntemaschinen hängt von der notwendigen Kraft zum Zerschneiden des Bodens und vom Druck auf das Schar ab. Mit dem Ziel, den Zugwiderstand zu verringern, wurden schwingende Schare untersucht. Vf. beschreibt den Mechanismus, der das Schar in Schwingung versetzt. Dieser schematisch dargestellt Vorgang wird analytisch abgeleitet. Vf. kommt zu dem Ergebnis, daß der Zugwiderstand erheblich geringer ist und ein Minimum an beschädigten Kartoffeln anfällt. Es erfolgt eine bessere Trennung der Kartoffeln von der Erde. Diese Ergebnisse werden auch durch ausländische Lit. bestätigt. Auf Grund dieser Untersuchungen wurde die Arbeit der Kartoffelvollerntemaschinen verbessert.

G.Reumschüssel. 5230f.

1-64/04-0271 W ä t j e n, Heinz. Betriebswirtschaftliche Überlegungen zur Zuckerrübenernte. - Mitt. dtsch. Landwirtsch.-Ges. 78 (1963) Nr.39. S.1219 bis 1221. - 3 Abb.
Die wesentlichen Verfahren in der Zuckerrübenernte sowie sich daraus ergebende Folgearbeiten werden dargestellt. Für die Roder wird grundsätzlich einreihige Arbeit vorgeschlagen, so daß eine Kampagneleistung von 10 bis 15 ha erwartet werden kann. Betrieben mit kleinerer Anbaufläche wird der Zusammenschluß zu Erntegemeinschaften empfohlen. Die Anbaubunker mit einem Fassungsvermögen von 7-17,5 dt haben sich - bes. nach der Bewährungsprobe im ungünstigen Jahre 1960 - weitgehend durchgesetzt. Die Rüben werden vom Bunker auf Fahrzeuge umgeladen oder auf die Erde abgekippt. Auf ebenen Schlägen mit mittleren Bodenverhältnissen werden für Maschinen mit kleinem Bunker Schlepper der 20-25-PS-Klasse benötigt, für größere 35-40 PS. Die meisten Roder sind für Ein-Mann-Bedienung ausgerüstet. Das Rübenblatt kann bei allen Maschinen wahlweise im Längs- oder Querschwad abgelegt werden. Für das Laden des Krautes aus dem Längsschwad kommt neben dem Feldhäcksler der Wurfbandlader in Frage. Die dichteren wetterbeständigen Querschwaden werden meist mit dem Frontlader aufgeladen oder seitlich mit dem Siloschwanz angestochen, der größte Mengen aufzunehmen und zu laden vermag. Der Hecklader kommt seltener zum Einsatz. Abschließend werden Leistungsdaten für die absätzige Ernte und für das Fließverfahren gegenübergestellt.

H.Reichenheim/Kleinwanzleben. 5235a.

1-64/04-0272 A n o n y m. Vollmechanisierte Futterrübenernte. - Lohnunternehmen in Land- und Forstwirtsch. 18 (1963) Nr.10. S.211-212. - 4 Abb. 5235a.

1-64/04-0273 F u l d a, Eckart. Maschinelle Verfahren der Futterrübenernte. - Lohnunternehmen in Land- u. Forstwirtsch. 18 (1963) Nr.9. S.186-188. - 5 Abb. 5235a.

1-64/04-0274 A n o n y m. Twelve rows at a time! (Gleichzeitig zwölf Reihen!) - Farm Implement Machinery Rev. 89 (1963) Nr.1063. S.1521-1522. - 4 Abb. Aus: Dok.-Dienst ILT 1963 Nr.11.
Vorführung der Möhrenvollerntemaschine des engl. Erfinders J. C. Frith. Vorheriges Köpfen erfolgt mit dem Schlegelernter. Das Konstruktionsprinzip der Erntemaschine ähnelt dem der Kartoffelvollerntemaschine. Bes. Merkmale: Die erste Siebkette besitzt eine Polyäthylen-Verkleidung und darüber eine parallel umlaufende, gummiverkleidete Kette (beide gewährleisten Transport und Vorreinigung des Erntegutes). Die Maschine ist mit einer selbständigen Steuerung ausgerüstet, da sehr genaue Führung in der Reihe und Tiefenkontrolle erforderlich sind. Handsortieren auf der Maschine ist nicht erforderlich. Vorn links am Traktor befinden sich Krautabweiser als Abgrenzung zum noch nicht geköpften Teil des Möhrenfeldes. Leistung: Ausstoß 100 t bzw. Flächenleistung 1,2 ha pro Tagewerk. 5235a.

1-64/04-0274 K l e c k i n, M. I. Razdel'nyj sposob uborki sacharnoj svekly na kormovye celi. (Die Zweiphasen-Futterrübenernte.) - Traktory i sel'chozmašiny, Moskva 33 (1963) Nr.7. S.19-22.-3 Abb., 1 Schemaskizze, 1 Tab. Aus: Dok.-Dienst ILT 1963 Nr.9.
Prüfung von Erntemaschinen für die Ein- und Zweiphasenernte mit verschiedenen Methoden der Rübenblattbergung. Funktionsweise und Leistungswerte verschiedener Rübenblatternte- und Vollerntemaschinen. Die besten Ergebnisse bei Zweiphasenernte wurden beim Einsatz des Mähhäckslers "KIR-1,5" erzielt. Rübenernte erfolgt mit Kombine "SKP-3", Beladen der Transportmittel mit Lader "PG-0,5". Leistungsmerkmale: Gesamtverluste 15,99 %; Schmutzanteil im Rübenblatt bei Mahd 0,0 %, nach Aufnahme mit Lader 4,77 %; Vollständigkeit des Rübenblattes 84 %. Arbeitsaufwand 0,57 AKh/t. 5235b.

1-64/04-0275 A n o n y m. Arbeitsketten in der Zuckerrübenernte. - Landmaschinen-Rdsch. 15 (1963) Nr.9. S.230-232. - 6 Abb. Aus: Dok.-Dienst ILT 1963 Nr.10.
Mechanisierung und betriebswirtschaftliche Verbesserung der Rübenernte durch Anwendung der Arbeitskette Köpfen-Roden-Sammeln-Laden. Bei diesem Arbeitsverfahren (Köpfen und Roden gleichzeitig) werden Blatt und Rüben getrennt in ein Quer- oder Längsschwad abgelegt. Im Hinblick auf die mechanisierte Ladearbeit entwickelte sich aus dem Querschwadverfahren das Bunkerernteverfahren. Bei Rüben-Vollerntemaschinen mit aufgebautem Blatt- und Rübenbunker wird das Blatt wahlweise in Längs- oder Querschwaden abgelegt und die Rüben am Vorgewende auf einen Wagen umgeladen oder in eine Miete abgekippt. Um Verluste durch Wurzelbruch und dergl. zu vermeiden, werden Köpfroder mit selbstführenden Rodescharen ausgerüstet, damit ein seitliches Ausweichen verhindert wird und die Rüben nicht abgeschert werden. Zuckerverluste können bei sofortiger Einlagerung in Feldrandmieten oder bei der Überladung auf Fahrzeuge beim Bunkerernteverfahren vermieden werden. Durch diese Ver-

fahren werden durch Atmung bei der Lagerung entstehende Zuckerverluste auf ein Mindestmaß reduziert. 5235b.

1-64/04-0276 V a s i l e n k o, A. A. und G e r a s i m č i k, V. G. Issledovanie botvorežuščich apparatov sveklouboročnych kombajnov s obreskoj botvy na kornju. (Untersuchung von Köpfvorrichtungen in Rübenvollerntemaschinen mit Schneiden der Blätter an den in der Erde steckenden Rüben.) - Mechanizacija i elektrifikacija socialističeskogo sel'skogo chozjajstva, Moskva 21 (1963) Nr.4. S.3-7. - 5 Diagr., 4 Schemata, 1 Tab.
Untersuchungen an sowjet. und ausländischen Rübenvollerntemaschinen ergaben einen oft hohen Handarbeitsaufwand für die Trennung der gerodeten Rüben vom Blatt, weil die Köpfer ungenügend arbeiten. Vff. geben theoretische und experimentelle Ergebnisse bekannt, die sie beim Köpfen der noch nicht gerodeten Rüben gewonnen haben. Die Versuchsbedingungen und -durchführungen sind beschrieben. Formelmäßig wird die Abhängigkeit der Fahrgeschwindigkeit und der Schnittgeschwindigkeit der Schneidapparate abgeleitet und graphisch dargestellt. Versuchsergebnisse sind beschrieben. Der optimale Rübenabstand wurde mit L > 170 mm ermittelt. G.Reumschüssel. 5235c.

1-64/04-0277 A n o n y m. Koppen. (Köpfen von Rüben mit Köpfschippe.) - Inst. Landbouwtechn. Rationalisatie Wageningen, Werkvolgorde, Aanwijzingen 4 (1963) Nr.23. 2 S. - 2 Abb., 1 Schema, 2 Tab. 5235c.

1-64/04-0278 S c h i b, Karl. Entwicklungen in der mechanisierten Zuckerrübenernte. - Grüne /Zürich/ 91 (1963) Nr.36. S.1071-1080. - 18 Abb., 1 Tab.
In einer gedrängten, allgemein gehaltenen Übersicht werden verschiedene Verfahren einschließlich der zugehörenden Werkzeuge und Maschinen bei der Ernte von Zuckerrüben beschrieben. Die Blattbergung und -abfuhr wird in ihrem Entwicklungsgang, angefangen beim manuellen Rübenköpfen über den pferdegezogenen Köpfschlitten bis zum Köpfen und Blattladen mit dem Schlegelhäcksler, geschildert. Auch die Wurzelernte beginnt mit der einreihig arbeitenden Maschine mit Pferdezug und schließt mit der Vollerntemaschine mit und ohne Bunker. Für die in 4 Gruppen unterteilten Verfahren werden Vor- und Nachteile aufgezeigt und Handarbeits-, Zugkraft- und Maschinenstunden angegeben. Hinweise für das Verladen der geernteten Rüben und für eine überbetriebliche Maschinenverwendung beschließen die auf klein- und mittelbäuerliche Betriebe zugeschnittene Arbeit. W.Bohrisch. 5235f.

1-64/04-0279 S t r o o k e r, E.; Wageningen, Inst. voor Landbouwtechn. en Rationalisatie. Machinaal rooien van mechanisch gedunde suikerbieten. (Maschinelles Roden von mechanisch ausgedünnten Rüben.) - Landbouwmechanisatie 14 (1963) Nr.10. S.820-824. - 4 Abb., 3 Diagr., 2 Tab. Zus. in Engl.
Ergebnisse von 2jährigen Versuchen mit dem Einsatz von Vollerntemaschinen auf mech. ausgedünnten Rübenflächen zeigen bereits deutlich die Schwierigkeiten auf, mit denen bei stark herabgesetztem Handarbeitsaufwand in der Pflege bei der folgenden Vollernte zu rechnen ist. Die verringerte Erntequalität wird in erster Linie durch die vielen kleinen Rüben verursacht, die zu hohen Schmutzanteilen und Rodeverlusten führen. Weiterhin wirkt sich die unregelmäßige Verteilung der Pflanzen in der Reihe ungünstig auf die Erntequalität aus. Um die Rodeverluste zu vermindern, müßten Reinigungskörbe und Siebräder sowie Sieb- und Transportketten kleinere Öffnungen haben. Das würde jedoch die Absiebleistung herabsetzen. L.Machler. 5235f.

1-64/04-0280 E r e m e e v, I. D. Soveršenstvovanie rabočich organov sveklouboročnych kombajnov terebil'nogo tipa. (Vervollkommnung der Arbeitsorgane von Rübenvollerntemaschinen mit herausziehender Arbeitsweise.) - Mechanizacija i elektrifikacija socialističeskogo sel'skogo chozjajstva, Moskva 21 (1963) Nr.4. S.7-10. - 1 Diagr., 5 Schemata, 1 Tab.

Durch die Rübenheber der Rübenvollerntemaschine "SKEM-2" werden die Rüben aus dem Boden herausgezogen. Dieser Vorgang ist schematisch und formelmäßig dargestellt. Auf Grund von Untersuchungen konnten neue Rübenheber entwickelt werden, deren Eigenschaften beschrieben sind. Es wurde ein neues Testrad entwickelt. Um die abgeschnittenen Rüben von Erde und anderen Rückständen zu reinigen, wurde die Versuchsmaschine "KS-3A" mit einem Reinigungsband ausgerüstet. Es besteht aus einem Waagerechtförderer, Blattabschneider, Trommel und Kratzförderer. Alle Aggregate sind abgebildet und ihre Arbeitsweise math. abgeleitet. G.Reumschüssel. 5235f.

1-64/04-0281 T h o m s o n, D. C. G. Public tests of cleander-loaders in November. (Öffentliche Prüfung von Reinigungsladern im November.) - Brit. Sugar Beet Rev. 32 (1963) Nr.1. S.23-25. - 4 Abb.

Anläßlich einer 1961 durchgeführten Demonstration wurden von 18 Reinigungsladern in 8 Tagen 1270 tons (1290 t) Zuckerrüben geladen. Dabei wurden 313 tons (318 t) Erde abgeschieden und somit Transportkosten von 200 engl. Pfund gespart.Vf. schätzt die Weiterentwicklungen der letzten beiden Jahre ein. Viele Fabrikate erfüllen bereits die Forderungen nach größeren Einschüttmulden, besserer Schmutzentfernung unter den Maschinen, leichterer Manövrierfähigkeit und stabilerer Konstruktion. Hohe Rübenbeschädigungen und unzureichender Reinigungseffekt unter wechselnden Bodenbedingungen sollten Anlaß zu weiteren Verbesserungen sein. Einphasenernte kann den Schmutzbesatz erhöhen. In England haben sich daher mit Ausweitung dieses Ernteverfahrens Reinigungslader verbreitet. W.Schinkel/Kleinwanzleben. 5235h.

1-64/04-0282 A n o n y m. Verlustlose Hopfenernte. - Hopfenbau 1963 Nr.6. S.1-13. - 4 Abb. 5236.

1-64/04-0283 Ž u k o v, A. A. Mechanizacija obmolota zernobobovych kul'tur. (Mechanisierter Drusch von Körnerleguminosen.) - Sel'skoe chozjajstvo Povolž'ja, Saratov 8 (1962) Nr.3. S.78-79. 5240.

1-64/04-0284 A n o n y m. Peas. (Erbsen.) - Agric. Machinery J. 17 (1963) Nr.9. S.66. - 1 Abb. Aus: Dok.-Dienst ILT 1963 Nr.10.

Kurzbericht vom Einsatz der Vollerntemaschine der Fa. Scott Viner Co. (USA). Sie ist eine Anhängemaschine mit 32-PS-Aufbaumotor zum Antrieb der Arbeitsteile, während Pick-up-Haspel und Elevator von der Zapfwelle angetrieben werden. Funktion: Ausdrusch der Erbsen (Dreschtrommel mit schaufelförmigen Schlagleisten und Dreschkorb); Trennung von Kraut und Erbsen (schräges Fördertuch); Reinigung des Endproduktes durch Gebläse; Sammeln der Erbsen in Sammelbunker oder Absackung. Bes. Merkmale: hydraulische Höheneinstellung der Pick-up-Vorrichtung (einwandfreie Materialaufnahme auf unebenem Boden); hydraulischer Hangausgleich (Pendelprinzip), der auf 4 Räder der Tandem-Hinterachsen wirkt. Außerdem kurze Beschreibung einer selbstfahrenden Erbsenvollerntemaschine der schwed. Fa. AB Rix-Maskiner, die auch stationär einsetzbar ist. 5240.

1-64/04-0285 K o n i n g, K. de und H o o g e n d o o r n, N. Het oogsten van doperwten voor de conservenindustrie. (Ernten von Grünerbsen für die Konservenindustrie.) - Inst. Landbouwtechn. Rationalisatie Wageningen, Publ. 1963 Nr.72. S.1-94. - 76 Abb., 9 Tab.

Vff. geben einen umfassenden Überblick über den Entwicklungsstand der Maschinen und Verfahren für die Grünerbsenernte in den Niederlanden. Die größte Verbreitung hat das Verfahren: Schwadmähen - Sammelladen - Transport mit LKW - Dreschen mit stationärer Grünerbsendreschmaschine. Das Verfahren: Schwadmähen - Schwaddreschen kann wesentlich billiger sein, ist aber wegen der schweren Maschinen an günstige Boden- und Witterungsverhältnisse gebunden. Zum Mähdreschen fehlt noch das geeignete Mähwerk. Im allg. werden spez. Schwadmäher eingesetzt; solche mit schwimmenden Schneidwerken haben sich bes. bewährt. Anbaumähwerke mit Normalfingern, Mulchfingern oder Doppelmessern, mit spez. Ährenhebern oder"Oldenburger Schwingen" finden ebenfalls Verwendung. Neben eigentlichen Sammelladern werden auch Hecklader und Frontlader an Traktoren eingesetzt. Mählader werden nur für große Flächen empfohlen. Das Anbringen von Aufsätzen auf die Transportfahrzeuge wird bes. erläutert. Der Zeit- und Arbeitsaufwand für verschiedene Methoden des Transportes ist angegeben. Es erfolgt ein Kostenvergleich zwischen stationärem Drusch und Schwaddrusch. A.Arlitt. 5240.

1-64/04-0286 D u c k e r, H. C. und S p e a r, A. J. Groundnut growing in the Rhodesias and Nyasaland. Part IV. Mechanisation. (Erdnußanbau in Rhodesien und Nyasaland. 4.Mitt. Mechanisierung.) - Rhodesia agric. J. 59 (1962) Nr.4. S.192-194.

Zur Saatbettbereitung können Scheiben- und Scharpflüge benutzt werden, sofern sie tief genug gehen (>10 in.). Danach soll das Unkraut durch entsprechende Grubberbearbeitung möglichst noch vor der Saat vernichtet werden. Die Saat erfolgt im Großanbau mit der Maschine (Lochscheiben). Dabei müssen bei Reihenentfernungen von 24 in. oder weniger die Kerne im Abstand von 2-4 in. abgelegt werden, um genügend dichte Bestände zu bekommen. Das bedeutet, daß die Saatstärke der Maschine von 40000-120000 Korn/acre regulierbar sein sollte. Die Saattiefe beträgt 1,5-4,0 in. Schwierigkeiten ergeben sich z.T., wenn auf Dämmen gedrillt werden soll. In diesem Fall sind Beete in Schlepperspurbreite mit Doppelzeilen vorteilhaft. Die Unkrautbekämpfung kann in manchen Fällen mit Herbiziden (vor Auflauf) und sonst mit Ackerbürsten, Rotationshacken und dergl. erfolgen. Die einfachste Erntemethode ist das Anheben der Pflanzen mit speziellen Scharen und nachfolgendes Ausziehen von Hand. Vollkommenere Maschinen trennen die Erde durch Roste oder Schleudersterne und legen die Pflanzen im Schwad ab. In diesem Fall kann mit der Kombine bei 20-25 % Kornfeuchte gedroschen werden (Abflücken der Nüsse oder Pflücken und Entkernen). Allg. muß das Kraut erst abtrocknen, ehe die Hülsen mit Hilfe von Pflückmaschinen (Stiftentrommeln) abgetrennt werden können. Das Heu sollte möglichst gut gewonnen werden, da es ein wertvolles Viehfutter darstellt. Da sich die Nüsse in der Hülse leichter lagern lassen, erfolgt die Entkernung besser erst nach dem Verkauf an zentraler Stelle. Hier wird in mehrere Fraktionen nach Verwendungszweck (Saat, Ölgewinnung, Konserven usw.)und Korngröße (Größenklassen je nach Sorte) sortiert und zuletzt nach der Farbe handverlesen. Für Maschinensaat sind Kerne, die etwas unter der mittleren Größe der Sorte liegen und leicht schrumplig (etwas unreif), gleichgroß und gut keimfähig sind, am besten geeignet.

V. Ehrenpfordt. 5240.

1-64/04-0287 S o l o n i n, V. V. und C e p e n k o v, V. S. Ispytanie chlopkouboročnych mašin na tonkovoloknistych sortach. (Einsatz von Baumwollerntemaschinen bei haarfaserigen Sorten.) - Chlopkovodstvo, Moskva 13 (1963) Nr.7. S.11-14. - 3 Tab. 5240.

1-64/04-0288 D o b i e, John B. Technische Bewertung des Heupelletierens. Aus: Agric. Engng. 1959 S.76-77.; S.92-93. (Übers. aus d. Engl.) - TO 691.

1-64/04-0289 D o b i e, John B. Die Herstellung von Heuwaffeln. Aus: Agric. Engng. 41 (1960) Nr.6. S.366-369. (Übers. aus d. Engl.) - TO 725.

1-64/04-0290 B u c k i n g h a m, Frank. Ist Waffelpressen die Lösung? Aus: Implement & Tractor Farm Implement News 76 (1961) Nr.7. (Übers. aus d. Engl.) - TO 684.

1-64/04-0291 D o b i e, John B. Materialtransportanlagen für Heuwaffeln. Aus: Agric. Engng. 42 (1961) Nr.12. S.692-695.697. (Übers. aus d. Engl.) - TO 726.

1-64/04-0292 K o n i n g, K. de und W e s t e i n d e, H. L. van 't. Aufsammeldrusch von Erbsen. Aus: Landbouwmechanisatie 1963 S.449-456. (Fotokopie) - TO 723.

1-64/04-0293 T o m o v č i k, Jan. Nové sposoby zberu obilnín. (Neue Methoden der Getreideernte.) Bratislava: Slov. vyd. pôdohosp. lit. 1963. (225 S.) 8° = Edicia Nova technika a technologia Nr.2. (1963 A 1304)

1-64/04-0294 H o f f m a n n, Tamás. A gabonanemüek nyomtatása a magyar parasztok gazdálkodásában. (Der Drusch des Getreides in der ungarischen Bauernwirtschaft.) Budapest: Akad. kiadó. 1963. (374 S.) 8°. (1963 A 1233)

1-64/04-0295 Maschinen-Systeme für eine neue Technologie der Kartoffelernte. Hrsg.: Gesellschaft zur Verbreitung wissenschaftlicher Kenntnisse. Potsdam: Grimm. 1963. (19 S.) 8°. (DA 1624)

1-64/04-0296 T j u p k o, Valentin Afanásevič. Kompleksnaja mechanizacija v chlopkovodstve. (Vollmechanisierung im Baumwollbau.) Moskva: Izd. sel'skochoz. lit., žurnalov i plakatov. 1962. (46 S.) 8°. (1963 A 1366)

D. ERNTEAUFBEREITUNG UND -LAGERUNG

1-64/04-0297 B i l o w i c k i, J. Technika i wyniki sztucznego dosuszania siana w Polsce. I. (Technik und Ergebnisse der Heubelüftung in Polen. 1.Mitt.) - Nowe Rolnictwo 12 (1963) Nr.11. S.15-18. - 4 Zeichn.

Die im IMER durchgeführten Versuche stützen sich auf die Heubelüftung in 2 Etappen. In der 1. Etappe erfolgt das Antrocknen der gemähten Grünmasse auf dem Feld. In der 2. Etappe wird vorgewärmte Luft durch die Grünmasse geblasen. Auf den Trocknungsverlauf wirken ein: Geschwindigkeit der Luftzufuhr, Art des Grünfutters sowie klimatische Bedingungen, vor allem aber die rel. Luftfeuchtigkeit in dem betreffenden Gebiet. Entsprechend den Raumverhältnissen, der Erntemenge und der Organisation der Heuernte werden einige Typen von Belüftungsanlagen errichtet. In den Betrieben, die keinerlei Gebäude besitzen, erfolgt das Nachtrocknen in Tunnelschobern und Haufen. Die Baukosten der Anlagen unterscheiden sich nicht grundsätzlich voneinander und liegen zwischen 9000 und 15000 Zł mit Ausnahme des Tunnelschobers, der ca. 2500 Zł kostet. Seine Aufnahmefähigkeit beträgt aber nur 30-50 % der übrigen Anlagen. PRL/CBR, übersetzt v. O.Kasperl. 5310c.

1-64/04-0298 V a m o s i, J. Neue Versuchsergebnisse bei der Belüftungstrocknung von Heu. - Dtsch. Agrartechn. 13 (1963) Nr.8. S.350-351.353. - 6 Abb., 2 Tab. Aus: Dok.-Dienst ILT 1963 Nr.8.

Bericht über die in Ungarn durchgeführten Untersuchungen. Befriedigende Ergebnisse wurden erzielt bei der Halmquetschung mit der Maschine "MPZ-140" (ČSSR), beim Einschwaden mit dem Sternradrechwender "PZB-7" (Polen). Zur Belüftung Einsatz von 2 auf Schlittenkufen ruhenden, in Ungarn entwickelten Gebläsetypen mit elastischem Rohr aus Planenstoff (statischer Druck 35 mm WS, Luftförderleistung 65 ooo m^3/h). Die Schoberbelüftung erfolgte mittels Stöpselreihen. Darstellung der Untersuchungsergebnisse in Diagr. Kosten für Belüftung ca. 1,50 DM/dt Trockenheu. 5310c.

1-64/04-0299 S c h w e i g e r, W. und P ö t k e, E. Beitrag von Pflanzenbau und Pflanzenzüchtung zur Auslastung von Trocknungsanlagen. - Dtsch. Landwirtsch. 14 (1963) Nr.10. S.484-488. - 3 Abb., 1 Tab., 6 Lit.

Eine ökon. Trocknung von Grünfutter setzt voraus, daß die Trocknungsanlagen max. und kontinuierlich ausgelastet werden, was bei 80-100-tägiger Beschickung erreicht wird. Voraussetzung ist ein zeitlich genau festgelegter Anbauplan von Feldfutterpflanzen, die für eine Trocknung geeignet und in ihrem Nährstoffgehalt auch anbauwürdig sind. Vff. stellen eine derartige Schnittreihenfolge von verschiedenen Futterpflanzen auf, die eine kontinuierliche Belieferung der Trockenwerke von Mai bis zur Getreideernte gewährleistet. Agrotechn. Maßnahmen, die zu einer Stabilisierung dieser Schnittfolge führen, werden ebenso besprochen wie die Aufgaben der Pflanzenzüchtung hinsichtlich der Züchtung neuer, nährstoffreicher Pflanzen, um noch bestehende Lücken bei der optimalen Trocknerauslastung zu schließen.

W.Bohrisch. 5310d.

1-64/04-0300 A n o n y m. Stropakken stapelen en afdekken met plastic hoezen. (Stapeln von Strohballen und Abdecken mit Plastikfolien.) - Inst. Landbouwtechn. Rationalisatie Wageningen, Werkvolgorde, Aanwijzingen 4 (1963) Nr.22. 1 S. - 1 Abb., 1 Schema. 5310e.

1-64/04-0301 B r o d e r s e n, G. Die Technik der Gärfutterbereitung (Bildbericht.) - Mitt. dtsch. Landwirtsch.-Ges. 78 (1963) Nr.22. Illustr. Beil. Nr.5. 8 S. - 43 Abb. 5310f.

1-64/04-0302 W i j k, A. van. Een duitse inkuildemonstratie. (Vorführungen von Maschinen und Geräten für die Gärfutterbereitung.) - Landbouwmechanisatie 14 (1963) Nr.8. S.653-659. - 15 Abb.

Bei der Vorführung von Maschinen für die Grassilierung in Wiesmoor wurden vorwiegend Feldhäcksler und nur wenige Schlegelernter zur Aufnahme der Grasschwaden (ca. 50 % Trockensubstanzgehalt, Masse der Schwaden ca. 2,5 kg/ laufende m) eingesetzt. Da für das Gärfutter mech. Entnahme und Verfütterung vorgesehen waren, wurde die Häcksellänge so kurz wie möglich gewählt.

Die geringsten Häcksellängen lagen bei den einzelnen Typen laut Fabrikangaben zwischen 6 und 18 mm, betrugen jedoch in der Praxis bei Häckseln von Gras das Zwei- bis Dreifache. Die eingesetzten selbstentladenden Wagen waren zum größten Teil 2achsig, der Häckselaufbau befriedigte nicht immer. Das Entladen wird als das schwächste Glied in der Futtererntekette bezeichnet. Das Gras wurde in einem Harvestore-Silo und in einem Grabensilo siliert.

L.Machler. 5310f.

1-64/04-0303 M a w b y, M. E. Silage from sugar beet tops. (Silage aus Zuckerrübenkraut.) - Brit. Sugar Beet Rev. 32 (1963) Nr.1. S.27-29.

Das Zuckerrübenkraut wird in England meist untergepflügt. Als Anregung für die Nutzung des Krautes wird das Silierverfahren eines engl. Farmers beschrieben, der das Kraut einphasig erntet, ein Behelfssilo aus Stroh und Folie zügig füllt und gute Silage erzielt. Mit der Darstellung von Futterwert und Verwertungsmöglichkeiten werden betriebswirtschaftliche Ausblicke verbunden. W.Schinkel/Kleinwanzleben. 5310f.

1-64/04-0304 A n o n y m. Inkuilen in ronde silo. (Befüllen von Rundsilos.) - Inst. Landbouwtechn. Rationalisatie Wageningen, Werkvolgorde, Aanwijzingen 4 (1963) Nr.18. S.1-2. - 2 Schemata, 1 Tab.

Arbeitsbedingungen: Rundsilo 1,50-2,50 m hoch ohne Aufsatz, bis 4 m mit Aufsatz; Gras mit Schlegelernter geerntet; Anhänger mit Aufbauten und möglicherweise mit Rollboden, Traktor mit heckseitigem Schwenkkran, 1 AK zur Traktorbedienung, 1 AK zum Verteilen und Festtreten im Silo. Arbeitsausführung: Transport mit Schwenkkran entweder direkt vom Wagen oder nach Entladen vom Haufen. Normzeiten: 1,4 h/10 t direkt vom Wagen, 1,6 h/10 t vom Haufen.

A.Arlitt. 5310f.

1-64/04-0305 M i n s o n, D. J. Covering silage with plastic. (Siloabdekkung mit Plastikfolie.) - New Zealand J. Agric. 107 (1963) Nr.4. S.341.344 bis 345. - 2 Abb., 1 Tab. 5310f.

1-64/04-0306 S i e g und W a x e n e g g e r. Plastic-Siloverschluß "Seeger" - Prüfbericht Wieselburg, N. Ö. - Bundesversuchs- u. Prüf.-Anst. landwirtsch. Maschinen Geräte /Wieselburg, N. Ö./, Prüfber. Nr.661. Gr. 8h. (1963) 2 S.

Hersteller: Fritz Seeger, München. 5310f.

1-64/04-0307 Z e h e t n e r und H a m m e r s c h m i d. Plastikfolien - Prüfbericht Wieselburg, N. Ö. - Bundesversuchs- u. Prüf.-Anst. landwirtsch. Maschinen Geräte /Wieselburg, N. Ö./, Prüfber. Nr.663. Gr. 8h. (1963) 2 S.

Hersteller: Fa. Polytex GmbH., Wien VI. 5310f.

1-64/04-0308 Z e h e t n e r und H a m m e r s c h m i d. Fördergebläse "Asco 4 o 2" - Prüfbericht Wieselburg, N. Ö. - Bundesversuchs- u. Prüf.- Anst. landwirtsch. Maschinen u. Geräte /Wieselburg, N. Ö./, Prüfber. Nr.625. Gr. 10c. (1962) 2 S. - 1 Abb.

Hersteller: A. Schmidt & Co., Bludenz, Vorarlberg. 5310h.

1-64/04-0309 J e l i n e k, Alois. Nové zařízení na postupné ukládání slámy do stohu. (Neue Strohstapeleinrichtung mit stufenweiser Arbeitsweise.) - Mechanizace Zemědělství 13 (1963) Nr.6. S.198-199. - 5 Schemaskizzen.

Die patentierte Einrichtung von A. Jelinek beseitigt die bisherigen Nachteile der Strohförderung in Schober mittels Strohgebläse. Das Stroh wird in einen stufenweise gestapelten Schober geworfen, dessen Breite unveränderlich ist, während die Länge durch den Verschub der Stapeleinrichtung beliebig verändert werden kann. Durch selbsttätige Schwenkung des Wurfgebläses nach den Seiten wird eine gleichmäßige Strohverteilung auf der gesamten Schoberoberfläche ermöglicht. Die Rohrleitung ist teleskopartig und wird mit Hilfe einer Seilwinde ausgefahren. Um die Luftgeschwindigkeit nicht zu verringern, ist am letzten Abschnitt ein Reduktionsstück mit einem Aufsatz montiert. Der Aufsatz ist mit einem Träger versehen, der den Schwenkteil des Wurfgebläses trägt. Die selbsttätige Schwenkung der Wurfeinrichtung erfolgt durch die Drehbewegung eines an der Spitze angeordneten 6flügeligen Rades. Die Stapelarbeit kann in jedem Zeitpunkte abgebrochen werden, das Stapelgerät ist gut transportierbar. ČSSR/UVTI. 5310h.

1-64/04-0310 B u j d o s ó, J. und S z a b ó, L. Árugabonatisztító gépek. (Reinigungsmaschinen für Handelsgetreide.) - Járművek, mezögazdasági Gépek /Fahrzeuge, landwirtsch. Maschinen/ 10 (1963) Nr.4. S.153-155. - Aus: Ung. Agrar-Rdsch. 1963 Nr.4.

Mit folg. Getreidereinigungsmaschinen wurden Vergleichsuntersuchungen vorgenommen: 1) Die sowjet. Maschine "OVP-20" reinigte Winterweizen von 94 % auf 98 % bei einer Leistung von 20 t/h. Die Leistungsaufnahme betrug 7,34 kW, die Betriebssicherheit 91,6 %, die Masse der Maschine 1950 kg. 2) Die DDR-Maschine "K-521" hatte eine Leistung von 10 t/h bei einem Reinigungsgrad von 97 %, einer Leistungsaufnahme unter Belastung von 2,28 kW; Masse 803 kg. 3) Die rumänische Maschine "SU-4" leistete bei einem Reinigungsgrad von 98 % 4 t/h. Das Gerät kann auch zur Bereitung von Saatgut verwendet werden und hat in diesem Falle bei einer Reinheit von 100 % eine Leistung von 2-2,5 t/h. Die Leistungsaufnahme unter Belastung beträgt 3,04 kW. - Keiner der untersuchten Getreidereiniger entsprach in allen Punkten den Anforderungen. Hinsichtlich Arbeitsqualität ergibt sich die Reihenfolge: (3), (1), (2), hinsichtlich Betriebssicherheit , Erzeugnisqualität sowie der techn. und betrieblichen Kennwerte: (2), (3), (1). 5315c.

1-64/04-0311 A n o n y m. Suszarnie zbożowe dla rolnictwa. (Getreidetrockner für die Landwirtschaft.) - Przegląd zbożowo-młynarski 6 (1962) Nr.3. S. 33-84. 5315f.

1-64/04-0312 W a c h o w i a k, Edmund. Suszenie ziarna v CSRS. (Getreidetrocknung in der ČSSR.) - Przegląd zbożowo-młynarski 6 (1962) Nr.5. S.140 bis 142. - 2 Tab. 5315f.

1-64/04-0313 K l i m o v, S. und K a r a b a n o v, S. Rekonstrukcija i ėffektivnoe ispol'zovanie zernosušilok. (Rekonstruktion und Auslastung von Getreidetrocknungsanlagen.) - Mukomol'no-ėlevatornaja promyšlennost', Moskva 29 (1963) Nr.2. S.5-7. 5315f.

1-64/04-0314 O k u ň, G. S. K rasčetu prodolžitel'nosti suški zerna v sloe. (Zur Berechnung der Trocknungsdauer von Getreide.) - Mechanizacija i ėlektrifikacija socialističeskogo sel'skogo chozjajstva, Moskva 21 (1963) Nr.3. S.20-23. - 8 Diagr., 5 Lit.

Um das optimale Trocknungsverfahren für Getreide zu wählen, muß man den Verlauf der Trocknung und den spez. Wärmeverbrauch in Abhängigkeit der Trocknungsparameter kennen. Um die Trocknungszeit und den spez. Wärmeverbrauch in dicken Körnerschichten zu berechnen, wurden umfangreiche experimentelle Untersuchungen bei verschiedenen Kulturpflanzen durchgeführt. Die Versuchsmethodik ist beschrieben. Voraussetzungen zur Bestimmung der Trocknungsdauer und Berechnungsformeln werden angegeben. Mit Hilfe von 8 Diagr.

werden die Versuchsergebnisse erläutert. Sie stimmen annähernd mit den errechneten Resultaten überein. G.Reumschüssel. 5315f.

1-64/04-0315 R e u m s c h ü s s e l, G. Suška zerna pri pomošči sorbentov. (Trocknung von Getreide mit Hilfe von Sorbenten.) - Mechanizacija i ėlektrifikacija socialističeskogo sel'skogo chozjajstva, Moskva 21 (1963) Nr.3. S.23-25. - 5 Diagr., 1 Schema, 5 Lit.

Bei intensiver Trocknung bilden sich bei Bohnen, Mais u.a. infolge der geringen Wasserdurchlässigkeit der Oberflächenschicht Risse. Diese Defekte kann man verhindern, wenn man bei niedrigen Temp. trocknet. Vf. erklärt das Daltonsche Gesetz. Um bei der Belüftung von Getreide mit atmosphärischer Luft die Trocknungszeit herabzusetzen, können Sorbenten verwendet werden, die der Trocknungsluft Wasser entziehen. Silikagel eignet sich am besten. Die Eigenschaften und Anwendungsmöglichkeiten des Silikagels sind beschrieben. Die Trocknung mit Hilfe von Silikagel ist bes. für die Samentrocknung geeignet. G.Reumschüssel. 5315f.

1-64/04-0316 W a r s z a, Hubert. Suszarnie na paliwo płynne in gazowe. (Getreidetrockner für Gas und flüssige Brennstoffe.) - Przegląd zbożowo-młynarski 6 (1962) Nr.7. S.193-196. - 1 Abb., 4 Zeichn., 2 Lit. 5315f.

1-64/04-0317 L u n, L., K r ž e m i n s k i j, V., B l o c h i n, P., D u n d u k, I. und T u l e r, A. Šachtnaja recirkuljacionnaja zernosušilka na Kočenevskom chlebopriemnom punkte. (Rücklaufender Getreide-Schachttrockner bei der Getreideannahme in Kotschenew.) - Mukomol'no-ėlevatornaja promyšlennost', Moskva 29 (1963) Nr.3. S.6-8. - 1 Abb., 1 Schema, 2 Tab.

1962 wurde der Getreidetrockner "SOB-MK" in Kotschenew aufgestellt. Damit wurde eine Fließbandverarbeitung von 50 t/h Getreide unterschiedlicher Feuchtigkeit geschaffen. Vff. beschreiben die einzelnen Aggregate, geben techn. Daten und ihre Leistungen an. In diesem Getreidespeicher sind die Reinigungsanlagen mit den Trocknern und Förderern gut abgestimmt. In einer Tab. sind Trocknungs- und Getreidetemp., Kornfeuchtigkeitsgehalt, Trocknerleistungen, Verluste, Reinigungseffekte u.a. zusammengefaßt. Bei der Untersuchung des Trockners wurde der Feuchtigkeitsgehalt von 2500 t Getreide um durchschnittl. 4,6-6,0 % vermindert. Die Anlage kann auch ohne 2. Reinigung der Körner laufen. G.Reumschüssel. 5315f.

1-64/04-0318 A n o n y m. Beproeving kongskilde graansilo. (Kongskilde Getreidesilo. - ILR-Prüfbericht Wageningen.) - Inst. Landbouwtechn. Rationalisatie Wageningen, Bull.Nr.241. (1963) S.1-4. - 1 Abb., 1 Tab.

Hersteller: Kongskilde Maskinfabrik A/S, Sorö, Dänemark. - Beschreibung: Zentralrohrsilo zur Belüftung und Lagerung von Getreide. - Techn. Daten: Dmr. 2500 mm; Höhe 4000 mm; Masse 400 kg; Inhalt 20 m^3 (ca. 15 t Weizen); Zentralrohr: Dmr. 150 oder 300 mm; 3-PS-Elektromotor für den Antrieb des Lüfters. - Prüfungsergebnisse: Es wurden 2 Versuche mit Kaltbelüftung und ein Versuch mit Belüftung erwärmter Luft durchgeführt. Die Lufterwärmung erfolgte durch Propangas. Die Trocknungskosten für 100 kg Weizen betrugen für die Trocknung von 23,8 auf 18,2 % Feuchtigkeit bei Kaltbelüftung 37 gld., bei Belüftung mit erwärmter Luft von 23,2 % auf 16,5 % 57 gld.

L.Machler. 5315f.

1-64/04-0319 A n o n y m. Für's Getreide. - Techn. u. Landwirtsch. 15 (1963) Nr. 14. S.339. - 1 Abb.

Eine wirtschaftliche Lösung für den Getreidetransport und die Trocknung bie-

tet Draht-Bremer mit seinen vielseitigen Kornsiloanlagen. Der Getreidetransport vom Feld zum Hof wird durch den Einsatz des Transport-Silos wesentlich vereinfacht. Die Trocknung des Getreides (auch Raps und Mais) erfolgt im Trocknungssilo mit Elektro-, Koks- oder Öl-Lufterhitzer. Bei überfeuchtem Getreide und Mais hat sich der Draht-Bremer-Säulentrockner bewährt.
E.Nowatzky. 5315f.

1-64/04-0320 Ł y s a k, Jan. Pierwszy polski silos zbożowy (z. płyt pilśniowych) z urzadzeniem aktywnej wentylacji. (Der erste polnische Getreidesilo mit aktiver Belüftung.) - Przegląd zbożowo-młynarski 6 (1962) Nr.4. S.107-110. - 4 Tab., 5 Zeichn., 5 Lit. 5315f.

1-64/04-0321 A n o n y m. Tractor-mounted blower. (Traktoranbaulüfter.) - Farm Implement Machinery Rev. 89 (1963) Nr.1063. S.1535. - 1 Abb. Aus: Dok.-Dienst ILT 1963 Nr.11.
Kurzinformation über einen Lüfter mit Propangas-Heizaggregat der Fa. W. T. Teagle (Machinery) Ltd. zur Trocknung oder Belüftung von Getreidemengen bis zu 6 t. Trocknung von 2 t in 4 Std. von 30 % auf 14 % Feuchtigkeit. Anbau an Dreipunktaufhängung, Antrieb durch Keilriemen über Freilaufkupplung. Betriebskennziffern: Fördermenge 297 m^3/min; Drehzahl 1090 U/min (bei 540 U pro min an der Zapfwelle); Gasverbrauch 2,72 kg/h. 5315f.

1-64/04-0322 Z i h l m a n n, Franz. Trocknungsverfahren für Getreide unter besonderer Berücksichtigung des Maises. - Traktor u. Landmaschine /Brugg/ 25 (1963) Nr.8. S.475-480; Nr.9. S.523-528; Nr.10. S.575-584. - 1 Diagr., 7 Schemata, 13 Tab., 10 Lit.
Vf. teilt mit, daß in der Schweiz Brotgetreide bis zu einer Feuchtigkeit von 15,9 % ohne Feuchtigkeitsabzug angenommen wird. Saatgut darf max. 16 % aufweisen. Es sind Vor- und Nachteile der Trocknung auf dem Hofe oder einer gewerblich betriebenen Trocknungsanlage angegeben. Verschiedene Trocknungsverfahren sind beschrieben. Man unterteilt in Belüftungs- und Warmlufttrocknung. Bauarten, techn. Daten, Trocknungskennwerte, praktische Anwendung und Besonderheiten bei der Maistrocknung sind aufgezählt. Es wurden Trocknungskosten bei der Trocknung und Lagerung auf dem Hof sowohl bei der Belüftungs- als auch der Warmlufttrocknung errechnet. Die Belüftungstrocknung ist billiger. Für Mais ist sie ungeeignet. G.Reumschüssel. 5315f.

1-64/04-0323 U k o l o v, V. S.; Unions-Forsch.-Inst. für Getreide und Getreideprodukte. Optimal'nye režimy raboty kukuruzosušilok. (Optimale Arbeitsbedingungen für Maistrockner.) - Vestnik sel'skochozjajstvennoj nauki, Moskva 8 (1963) Nr.7. S.74-80. - 5 Diagr., 1 Tab. Zus. in Engl., Franz., Dtsch.
Jährlich erhöht sich der Maisanbau und damit auch die Menge der aufzubereitenden Körner. Vor allem gilt es, die Maistrockner besser auszulasten und ökonomischer zu gestalten. Vf. macht den Versuch, auf analytischem Wege ein optimales Arbeitsregime für Maistrockner aufzustellen. Diese vorgeschlagene Methode kann auch bei der Trocknung von anderen Materialien verwendet werden. Die zur Trocknung erforderliche Luftmenge kann entweder durch Drosselung oder durch Veränderung der Gebläsedrehzahl reguliert werden. Energiekosten, Löhne, Abschreibung usw. sind in der Rechnung berücksichtigt. Einige Arbeitsregime sind beschrieben und miteinander verglichen.
G.Reumschüssel. 5315f.

1-64/04-0324 A z i n, L. A.; Swerdlowsk, Ural-Forsch.-Inst. für Landwirtsch. Aktivnoe ventilirovanie semjan. (Die aktive Belüftung von Saatgut.) - Zemledelie, Moskva 25 (1963) Nr.8. S.70-73. - 1 Abb., 6 Tab., 10 Lit.

Versuche über die Temperaturregulierung bei Erbsen, die Verringerung des Feuchtigkeitsgehaltes bei Weizen sowie den Einfluß auf die Saatgutqualität (Keimfähigkeit, Triebkraft) bei Weizen durch die Belüftung mit Einrichtungen der Konstruktion "GI" des Promsernoprojekts (Schemaskizze mit Abmessungen). Verwendung fanden die Ventilatoren "SVM-5" und "Z9-55" Nr.4. Die Temp. des Saatguts steigt nicht höher als 10-13 °C. Selbst bei einem Feuchtigkeitsgehalt von 26,8 % wird bei einer Weizenpartie von 50 t im Herbst ohne Lufterwärmung innerhalb von 15 Tagen eine Reduzierung des Feuchtigkeitsgehaltes um 6,8 % erreicht. Für die Senkung der Feuchtigkeit von 1 t/% werden 1,26 kWh aufgewendet, Selbst bei längerer Belüftung wird die Saatgutqualität nicht beeinträchtigt. Gegenüber nichtbelüfteten Partien liegt die Keimfähigkeit mit 97 %, die Triebkraft mit 86,3 % und der Hektarertrag mit 36,5 dt (Sommerweizensorte "Diamant") wesentlich höher (analoge Angaben für Variation"nicht belüftet": 90,5 %, 49,3 % und 33,5 % dt.).

G.Jury. 5315f.

1-64/04-0325 K o s k u b a, Karel. Mezerovitost zrna. (Kornaufschüttdichte.) - Zemědělska Techn. 9 (1963) Nr.2. S.87-92. - 2 Abb., 2 Tab., 2 Lit.

Vf. definiert den Begriff "Schüttdichte" und erörtert die einflußnehmenden Faktoren: Form und Oberfläche der Körner, Menge und Art der Beimengungen, Form des Lagerraumes, Menge und Feuchtigkeit der Getreidekörner. Meßergebnisse von Weizen und Gerste werden angeführt. ČSSR/UVTI. 5315g.

1-64/04-0326 D r z e w i ń s k i, Henryk. Podstawowe kierunki rozwoju gospodarki magazynowej w ZSRR. (Haupttendenzen der Entwicklung der Lagerungswirtschaft in der UdSSR.) - Przegląd zbożowo-młynarski 6 (1962) Nr.3. S. 64-66. - 3 Lit. 5315g.

1-64/04-0327 L a s k o w s k i, Stanisław. Nieprawidłowości w składowaniu zbóż. (Mängel in der Getreidelagerung.) - Przegląd zbożowo-młynarski 6 (1962) Nr.6. S.176-178. 5315g.

1-64/04-0328 F r i e n d, I.J.C. Sealed grain storage. (Getreidelagerung mit Abdichtung.) - Farm Mechanizat. 15 (1963) Nr.170. S.35-36. - 2 Abb. Aus: Dok.-Dienst ILT 1963 Nr.10.

Anhand eines prakt. Beispiels Erläuterung einer z.Z. erprobten Methode: Lagerung von feuchtem Futtergetreide (in diesem Falle Gerste) in hermetisch abgedichteten Silos. Prinzip: Hermet. Abschluß verhindert Zutritt von Sauerstoff; nach Abschluß im Silo wird noch vorhandener Sauerstoff rasch verbraucht (beim Füllen werden die Körner mit einer Schicht natürlicher Hefe abgedeckt); das entstehende Kohlendioxyd konserviert die Körner und macht Schädlingen aller Art die Existenz unmöglich. Bei Körnerentnahme ist bes. Vorsicht geboten (Einsatz eines starken Stahlrohres horizontal bis zur Mitte des Silos und Entnahme mit Hilfe einer Schnecke; Rohr muß nach jeder Entnahme wieder einwandfrei abgedichtet werden). Kosten: bei herkömmlicher Warmlufttrocknung 4 je t und Jahr, bei neuer Methode max. 1 £ je t und Jahr. Die Vorteile der Feuchtlagerung für die Erntetechnologie werden angeführt. 5315g.

1-64/04-0329 A n o n y m. Moist grain in bags. (Feuchtes Getreide in Säkken.) - Dairy Farmer 10 (1963) Nr.10. S.86. - 4 Abb.

Versuche in den letzten 2 Jahren haben bewiesen, daß feuchtes Getreide in Säcken aus Kunststoffolien ohne Schaden gelagert werden kann. Vorbedingung ist nur ein absolut luftdichter Verschluß. Hierfür haben sich 2 Möglichkeiten als zuverlässig erwiesen. 1) Der Sack wird mit einer festgedrehten Drahtschlinge verschlossen und dieser Verschluß dann noch mit einer abdichtenden Farbe bestrichen. 2) Nach Anlegen des Drahtverschlusses wie bei (1) werden die überstehenden Folienzipfel durch kurzes Berühren mit einem heißen Eisen luftdicht verschweißt. Erfolg oder Mißerfolg dieser Art des Lagerns hängt allein von der Dichtheit des Verschlusses ab.

W.Bohrisch. 5315g.

1-64/04-0330 M a r z e c, Kazimierz. Odkurzacz spichrzowy. (Staubsauger für Getreidespeicher.) - Przegląd zbożowo-młynarski 6 (1962) Nr.4. S.111 bis 113. - 1 Zeichn. 5315g.

1-64/04-0331 - A n o n y m. Neu in Deutschland. - Landtechnik 18 (1963) Nr.19. S.654.

Die Fa. P. Schweitzer, Ludwigshafen vertreibt die schwedischen Förderschnekken "Svea". Diese Schnecken werden in 3 und 6 m Länge geliefert. Sie fördern bis zu 16,6 t/h Körner. Die Schnecken kann man beliebig verlängern, sie sind im Baukastenprinzip konstruiert, Antrieb und Einfülltrichter am Rohreinlauf, drehbarer Auslauf mit Spiralgummischlauch, doppelter Sackauslauf. H.Thömke. 5315h.

1-64/04-0332 Z e h e t n e r, H a m m e r s c h m i d und W a x e n e g g e r. Fördergebläse für Häckselgut "Kombigebläse Variant" - Prüfbericht Wieselburg, N.Ö. - Bundesversuchs- u. Prüf.-Anst. landwirtsch. Maschinen Geräte /Wieselburg, N.Ö./, Prüfber. Nr. 640. Gr. 10c. (1962) 2 S.

Hersteller: AG Alfa-Laval, Wien XII., Wienerbergstr. 31. 5315h.

1-64/04-0333 R o b e r t s, A.W. Influence of a circumferential discharge chute on the performance of a model grain auger. (Einfluß einer den Umfang des Förderrohres vollkommen umschließenden Abwurfrutsche auf die Leistungsfähigkeit eines Modells des Getreide-Schneckenförderers.) - J. agric. Engng. Res. 8 (1963) Nr.2. S.134-135. - 3 Abb., 1 Lit. Aus: Dok.-Dienst ILT 1963 Nr.9.

Vergleich zweier Arten von Körnerabwurf: 1) rechtwinklig an Förderrohr anschließender Abwurfstutzen; 2) schräg aufgesetzte und das ganze Rohr umfassende Rutsche. Aufgabe: Untersuchung des Verlaufes der Körnerabgabe bei beiden Konstruktionsformen; Einfluß der Schneckendrehzahl und des Anstellwinkels auf den Körnerabwurf. Maßstab für den Wirkungsgrad beider Typen; jeweilige Leistungsaufnahme bei Förderung von Hirse und Kleesamen. Ergebnisse: Bei rechtwinklig angesetztem Stutzen waren Stauung und Verdichtung der Körner am stärksten. Das Verhältnis von Drehzahl und Anstellwinkel war bei diesem Typ in der Auswirkung auf den Körnerabwurf umgekehrt proportional. Die Leistungseinsparung durch die verbesserte Abwurfrutsche betrug 35 % bei 200 U/min und ca. 66 % bei 800 U/min. 5315h.

1-64/04-0334 S c h m i t z, J.; Dethlingen, KTL-Versuchsstat. Arbeitsorganisation und Kosten in Sortieranlagen. - Kartoffelbau 14 (1963) Nr.8. S.199 bis 201. - 2 Tab.

Um Ansatzpunkte zum Senken des derzeitig hohen Arbeitsaufwandes beim Verlesen von Kartoffeln (0,3 AKh/dt) zu erhalten, wurde eine sehr genaue Analyse der reinen Arbeitszeit vorgenommen. Dabei wurde festgestellt, daß Schwerpunkte beim reinen Verlesen und beim Absacken auftreten und zwar als Folge einer ungleichmäßigen Arbeitsbelastung. Vf. schlägt deshalb eine Änderung der Arbeitsorganisation vor, wonach die Kartoffeln bereits der Größe nach sortiert eingelagert werden. Das Verlesen erfolgt dann nur nach einer Größenklasse und nicht nach allen Klassen gleichzeitig. Die dadurch erreichte gleichmäßigere Arbeitsbelastung und größere Möglichkeit des mechanisierten Absacken und Vernähens ergibt eine Senkung des ursprünglichen Arbeitsaufwandes um 50 %. Schließlich werden die Probleme der Sortierung und Lagerung behandelt und die Kosten bei verschiedener Verfahrensweise kalkuliert. W.Bohrisch. 5320d.

1-64/04-0335 Z u m b a c h, W. Die maschinelle Sortierung der Kartoffeln. Grüne /Zürich/ 91 (1963) Nr.4. S.1214-1219.

Vf. gibt Hinweise, was bei der Kartoffelsortierung mit Maschinen zu beachten ist. Es soll durch entsprechende Bestellungs-, Pflege- und Erntearbeiten möglichst gutes Sortiergut bereitgestellt werden. Die Maschine soll richtig aufgestellt sein (einloten). Die richtige Maschenweite der Siebe ist zu beachten, wobei die Abweichung 1 mm nicht überschreiten soll. Bei der Einstellung der Kurbelwelle ist ein Kompromiß zwischen Leistung und Qualität zu treffen. Die Fallhöhe der Kartoffeln soll 15 cm nicht übersteigen. Der Verlesetisch - am besten ein endloses Rollenverleseband - soll ein Wenden der Kartoffeln ermöglichen. Verlesefläche je AK 35 x 70 cm. Die Mengenleistung einer AK wird mit 500-700 kg/h angegeben. Auf den Vorteil einer Beleuchtung und Beheizung des Verlesetisches wird hingewiesen. Als weitere Vorteile werden Absackvorrichtung, lenkbare Räder und ein verstellbares Zubringerband bei der Ausrüstung der Sortiermaschinen erwähnt.
L.Kunath. 5320d.

1-64/04-0336 Z u m b a c h, W. Untersuchung über Kartoffelsortiermaschinen. 1. Teil. - Traktor u. Landmaschine /Brugg/ 25 (1963) Nr.12. S.713-720. - 8 Abb., 1 Tab. Aus: Dok.-Dienst ILT 1963 Nr.10.

Folgende fahrbare Flachsiebsortierer mit angebauten Zubringebändern und Verlesetischen wurden untersucht: 1) Kunz "60", 2) Diadem "Trumpf 2 S", 3) Jabelmann "JK S 140 Q". Gegenüberstellung sämtlicher techn. Daten. Mitteilung der Untersuchungsergebnisse über Mengenleistung, Arbeitsaufwand, Reinheit des Siebgutes und Sortiergenauigkeit. Die Mengenleistung ist umso günstiger je größer Hub, Drehzahl und Siebneigung sind; Sortiergenauigkeit ist umso besser je kleiner diese Faktoren sind. 5320d.

1-64/04-0337 Z u m b a c h, W. Untersuchung über Kartoffelsortiermaschinen. 2. Teil. - Traktor u. Landmaschine /Brugg/ 25 (1963) Nr.13. S.786-792. - 5 Abb., 1 Tab., 8 Lit. Aus: Dok.-Dienst ILT 1963 Nr.11. 1. Teil vgl. vorst. Ref.

Art und Umfang der Beschädigungen werden in Tab. gegenübergestellt. Bes. Konstruktionsmerkmale hinsichtlich Fahrgestell und Zubringeband, Siebkasten und Verlesetisch werden aufgeführt. Zusammenfassende Beurteilung: Arbeitsaufwand 75-105 AKh/ha; Sortiergenauigkeit, Knollenbeschädigungen und Mengenleistung stellen gegensätzliche Forderungen; Verlesen ist Handarbeit; das Wenden der Knollen erfolgt ungenügend (20-35 % bleiben ungewendet). 5320d.

1-64/04-0338 M e y e r. Maschinen und Geräte zur Kartoffelsortierung. - Dtsch. landtechn. Z. 14 (1963) Nr.8. S.370. 372. - 5 Abb. Aus: Dok.-Dienst ILT 1963 Nr.10.

Übersicht über die verschiedenen Sortierungsmethoden: Rundsortierung (nach Längsmaß der Kartoffeln) und Quadratsortierung (nach Quermaß). Angabe sämtlicher für die Beurteilung von Sortiermaschinen wichtigen Merkmale, wie Größe und Neigung der Siebe, Arbeitsqualität (Sortiergenauigkeit) und Leistung. Hinweis u.a. auf sog. "Rollensortierer" aus den USA, bei denen die Siebe durch Gummirollen ersetzt sind. 5320d.

1-64/04-0339 R i d, H. Rübenmieten mit Plastikfolie abgedeckt. - Techn. u. Landwirtsch. 15 (1963) Nr.1. S.10-11. - 5 Abb.

Die in mehreren Jahren gesammelten Erfahrungen beim Abdecken von Zuckerrüben und Futterrüben mit Plastikfolien in Feld- und Hofmieten werden mit einigen Untersuchungsergebnissen mitgeteilt. Als Folie wurde Polyäthylen-Material von 0,2 mm Stärke verwendet. Die Abmessungen der Feldrandmieten betrugen 2 m Breite, 1,30 m Höhe. Die Temp. in einer mit Folie abgedeckten Miete war um etwa 4 °C höher als in einer offenen und um etwa 2 °C höher als in einer mit Kartoffelkraut abgedeckten Miete. Für gute Entlüftung der Zuckerrübenmieten ist zu sorgen. Der Zuckergehalt der mit Folie geschützten Rüben war nach 6 Wochen Lagerung höher als der der anders behandelten Rüben. Futterrüben mit Blatt wurden an einer Wand aufgeschichtet und mit Folie, einer Lage Strohballen und nochmals Folie abgedeckt. Die Rüben konnten im Frühjahr in bestem Zustand der Miete entnommen werden. Verluste an Trockensubstanz traten nicht ein. D.Voigt. 5325d.

1-64/04-0340 A n o n y m. Qualitätsgerechte Trocknung von Hopfen. - Hopfenbau 1963 Nr.7. S.1-15. - 5 Abb. 5326.

1-64/04-0341 P a r m a k o v, D. Električeski akumulatoren kalorifer za sušene na selskostopanski produkti. (Elektrischer Speicherofen für das Trocknen landwirtschaftlicher Erzeugnisse.) - Izvestija na Naučnoizsledovatelskija institut po mechanizacija i elektrifikacija na selskoto stopanstvo, Sofija 3 (1962) S.153-165. - 10 Abb., 6 Tab., 4 Lit.

Es wurde ein elektrischer Speicherofen entwickelt, der den nächtlichen Strom ausnutzt und zur langandauernden Trocknung von Tabak und anderen pflanzlichen Rohstoffen dient. Der Ofen wurde aus billigem Material hergestellt: aus Stahlleitungen als Heizelemente und aus Ziegelstein als wärmeakkumulierende Masse. Durch Untersuchungen einer Versuchstrocknungsanlage mit einer Kapazität von 20 kW werden die akkumulierende Fähigkeit des Ziegelsteins und der ganzen Trocknungsanlage sowie der Wärmeausnutzung entsprechend den technologischen Anforderungen bei der Trocknung von Tabak bestimmt. Abschließend werden Berechnungen des Ofens und seiner Kapazität angeführt. Eingehend wird die Konstruktion der Ziegelsteinluftkanäle und der Heizelemente beschrieben. In einem Diagr. ist die Veränderung der Temp. in den Trocknungsanlagen während der Arbeit dargestellt. In der Zusammenfassung wird darauf hingewiesen, daß man Ziegelstein als akkumulierende Masse verwenden kann. Der Ofen kann zum Trocknen von Orienttabaken verwendet werden. Derartige Trocknungsanlagen sind billig und leicht zu bauen.

NRB/ZSNTI, übersetzt v. Ch.Eshkowa. 5327.

1-64/04-0342 K o ĉ e v, I.P., Unions-Inst. für Leinforsch. Suska l'njanogo vorocha podogretym vozduchom. (Trocknen von Leinsamenkapseln mit Warmluft.) - Len i konoplja, Moskva 8(25) (1963) Nr.8. S.22-25. - 1 Abb., 1 Skizze, 3 Tab.

Zur Untersuchung der Trocknung von Leinsamenkapseln mit Warmluft wurde der Luftheizofen "VP-300" verwendet, der mit einem Axialgebläse, einer Brennstoffpumpe, 2 Brennkammern mit Brenndüsen u.a. ausgerüstet ist. Der Antrieb erfolgte durch einen Elektromotor von 10 kW und als Brennstoff wurde Dieselkraftstoff verwendet. Die Anlage lieferte Warmluft von 45-60 °C bei einer Leistung von 20 000 m^3/h. Die verwendete Trocknungsanlage "UDS-300" bestand aus 2 Warmluft-Rohrsystemen von je 50 m^2 Nutzfläche, auf die mindestens je 10 t Trocknungsgut geschüttet wurden. Die Feuchtigkeit wurde in 30-32 Stdn. auf 13-15 % heruntergetrocknet. Keimfähigkeit und Triebkraft des Leinsamens stiegen merklich durch die Warmlufttrocknung. Auch der Parasiten- und Saprophytenbefall verringerte sich gegenüber dem Befall des Ausgangsmaterials und des auf Gestellen getrockneten Gutes. Je t feuchten Trocknungsgutes wurden 33,6-40,9 kg Dieselkraftstoff, 26-28,2 kWh und 2,92 AKh verbraucht.

W.Balkin. 5330.

1-64/04-0343 R j a b c e v, V.N. und P u c h o v, G.E. Universal'naja sušilka SSL-A. (Universal-Trocknungsanlage "SSL-A" für Flachs.) - Len i konoplja, Moskva 8(25) (1963) Nr.8. S.26-27. - 1 Schema, 1 Tab.

Vff. beschreiben eine Trocknungsanlage, die aus einer Feuerungsanlge für die Beheizung mit Holz, Torf, Kohle und Schäben, aus Heißluftkanälen, Trocknungskästen, einem Elektrozug zum Transport derselben und einem Gebläse besteht. Die Nutzfläche der Anlage beträgt 32 m^2, die Bedienung erfolgt durch 3 Personen. Bei der Trocknung von Rohflachs leistet die Anlage 2,5-3,0 t/Schicht (bezogen auf das trockene Produkt) mit einem Feuchteentzug von 147 kg/h und einem Arbeitsaufwand von 6,0 AKh/t. W.Balkin. 5330.

1-64/04-0344 K ö n e k a m p, Alfred Heinrich, Hrsg. Silowirtschaft im zukünftigen Futterbaubetrieb. München; Basel; Wien: BLG Verl. Ges. 1962. (204 S. m. 48 Abb.) 8°. (1963 A 1053)

1-64/04-0345 Predposevnoe oblučenie semjan sel'skochozjajstvennych kul'tur. Materialy naučnoj konferencii. Moskva, 20-23 fevralja 1961 g. (Bestrahlung des Saatgutes landwirtschaftlicher Kulturpflanzen vor der Saat.) Hrsg.: Akad. nauk SSSR, Inst. biofiziki. Moskva: Izd. Akad. nauk SSSR. 1963. (213 S.) 8°. (1963 A 1001)

1-64/04-0346 D i e m e l, Heinz. Einfluß der Getreideverwertung auf die Organisation von Trocknung und Lagerung. Diss. Landwirtsch. Fak. Bonn.1963. (116 S.) 8°. (Diss. 9209)

1-64/04-0347 V a j n a, Sándor. Zuckerrüben-Lagerung. Mit einem Überblick über die technischen Einrichtungen für Förderung und Transport von Clemens Heller. Berlin-Nikolassee: Bartens. 1962. (271 S. m. 63 Abb. u. 9 Tab.) 8°. (1963 A 1059)

VI. TIERISCHE PRODUKTION

B. TIERHALTUNG

1-64/04-0348 Lenschow, J. Gesichtspunkte beim Übergang zu industriemäßigen Produktionsmethoden in der Rinderhaltung. - Wiss.-techn. Fortschr. Landwirtsch. 4 (1963) Nr. 10. S. 436-438. 6110a.

1-64/04-0349 Hähnel, B. Ordnung der Rinderhaltung. - Tierzucht 17 (1963) Nr. 5. S. 213-217. 6110a.

1-64/04-0350 Šeriev, Ilija. Mechanizacija na rabotnite procesi v kravarnicite. (Mechanisierung der Arbeitsgänge in Kuhställen.) - Životnovŭdstvo, Sofija 17 (1963) Nr. 2. S. 2-8. - 3 Tab., 4 Zeichn.
In dem vorgeschlagenen technologischen Schema ist in der Mitte des Gebäudes ein 220 cm breiter Durchgang vorgesehen für das Transportieren der Futtermittel mit Transportmitteln (Karren, Anhängern, Elektrokarren usw.). Es wird eine Höhe der Futterkrippen bis zu 60 cm empfohlen. Die Futterkrippen wurden auf 30 cm verbreitert, und für die Materialeinsparung wird bei ihrer Anlage ein entsprechendes Profil vorgeschlagen. Beim Umbau vorhandener Kuhställe entsprechend der vorgeschlagenen Technologie verringert sich der Arbeitsaufwand von 33,30 AKmin je Tag und Tier auf 30 AKmin. Die Anzahl der Kühe, die ein Arbeiter im Kuhstall betreuen kann, erhöht sich. Auch das Problem der Mechanisierung der einzelnen Arbeitsprozesse nach einem technologischen Schema wird behandelt. Es werden die geeignetsten Maschinen, Vorrichtungen, Anlagen und eine rationelle Arbeitsorganisation beschrieben. NRB/ZSNTI. übersetzt v. Ch.Eshkowa. 6110a.

1-64/04-0351 Anonym. Arbeitsverfahren der Milchviehhaltung in Anbindeställen. - Mitt. dtsch. Landwirtsch.-Ges. 78 (1963) Nr. 40. S. 1249 bis 1250. 1252.
Die Neubaupreise je Kuhplatz betragen je nach Bauausführung einschließlich der Nebenräume 2000.- bis 3000.- DM. Der Gesamtarbeitsbedarf je Kuh und Tag hängt ab von der Stallform, der baulichen Ausbildung, der Mechanisierung und der Herdengröße. Der tägl. Arbeitszeitbedarf je Kuh beträgt (bei 10 bis 15 Kühen und zugehörigem Jungvieh) 15 - 17 AKmin bei Einsatz einer Melkmaschine, seilwindengezogenem Mistschieber und Futterwagen; er liegt nur etwa 2 AKmin darunter bei Einsatz einer Rohrmelkanlage, Frontlager und Schwemmentmistung. Die Mechanisierung der Arbeiten ist in der Reihenfolge Melken, Entmisten und Füttern vorzunehmen. In Tab. ist der Arbeitsbedarf unter Berücksichtigung unterschiedlicher Mechanisierungsverfahren zusammengestellt. W.Gratz. 6110a.

1-64/04-0352 Koll, Franz. Rinderställe - Anhängesysteme für Kurzstandaufstallungen. - Prakt. Landtechn. /Wien/ 16 (1963) Nr. 16. S. 305-308.- 6 Abb. Aus: Dok.-Dienst II/T 1963 Nr. 10.
ÖKL-Merkblatt Nr. 2. Anforderungen an Anhängevorrichtungen. Die gebräuchlichsten Anbindesysteme sind Halsrahmenanbindung, Hänge- oder Spannkettenanbindung (Grabnerkette) und Pfostenanbindung mit Halskette oder Halsbügel. Begriffsbezeichnungen und Maße für geeignete Anbindevorrichtungen werden anhand von Skizzen dargestellt. 6110a.

1-64/04-0353 A n o n y m . Arbeitsverfahren der Milchviehhaltung in Laufställen. - Mitt. dtsch. Landwirtsch.-Ges. 78 (1963) Nr. 41. S. 1284. 1286. 1288.

Laufställe sind bis zu 20 Kühen teurer (infolge Melkstandanteil), ab 20 Kühe kostengleich und können in größeren Herden billiger als Anbindeställe sein. Es folgen Angaben über die Formen (A) sowie den Arbeits- und Kapitalbedarf (B) der Laufstallhaltung. (A.1) Einraumlaufstall, bes. für Jungvieh geeignet (7-9 m^2 Fläche/Tier; 10-12 kg Einstreu/GV/Tag). (A.2) Zweiraumlaufstall, für Milchvieh (2 m^2 Freßplatz, 5 m^2 Liegeplatz/Tier; 5-6 kg Einstreu/GV/Tag, bei Spaltenboden 4 kg; 40 % des Kotes fallen am Freßplatz an). (A.3) Mehrraumlaufstall, für Milchvieh (4-5 m^2 Liegefläche, 8-10 m^2 Auslauf- und Freßplatzfläche/Tier; 4 kg Einstreu/GV/Tag). (A.4) Boxenlaufstall (Boxengröße 200 x 120 cm; Stroh-, Torf- oder Sägemehlmatratze; Einstreubedarf 0.5-1.0 kg/GV/Tag). (A.5) Spaltenbodenlaufstall (ohne Einstreu, muß wärmegedämmt, d.h. darf kein Offenstall sein). (B.1) Milchgewinnung, Arbeitszeitbedarf (AKmin/Kuh und Tag) bei 80 Kühen und Kapitalbedarf (DM) bei einreihigem Tandemmelkstand, 3 Buchten, Kannenbatterie: 9.0 bzw. 6500,-; bei zweireihigem Gruppenmelkstand, 6 Buchten, Milchtank: 6,3 bzw. 7200,-; bei 4/4 Fischgrätenmelkstand, Milchtank, Kraftfutterzuteilung: 5,4 bzw. 14750,-. Es sind bei Melkstand mit Einzelwechsel je 10 Kühe, bei Gruppenwechsel je 10-15 Kühe 1 Melkbucht erforderlich. Bei mehr als 3 Melkbuchtpaaren ist der Fischgrätenmelkstand günstiger. (B.2) Für das Auslaufreinigen und Entmisten werden Front- und Hecklader sowie das Heckplanierschild empfohlen. (B.3) Der Arbeitszeitbedarf (AKmin/Tier/Tag) und der Kapitalbedarf (DM/GV) für das Füttern schwanken bei einer 40er Herde von 3,3 - 0.9 bzw. von 2,50 (Schubkarre) - 240 (Obenentnahmefräse, Verteilerschnecke). Eine Mechanisierung ist daher nur in größeren Herden wirtschaftlich. - Ab 30 Kühen ist Laufstallhaltung günstiger. Kraftfutterfüttern im Melkstand, Abkalbestand und Stand für rindernde Kühe sind zu fordern.

E.Kulpe. 6110a.

1/64/04-0354 K e i c h e r , W. Laufstallhaltung mit Liegeboxen in der LPG Görke. - Wiss.-techn. Fortschr. Landwirtsch. 4 (1963) Nr. 10. S. 452 bis 455. - 1 Tab. 6110a.

1-64/04-0355 W e l l e r , John. It's throughput that counts. I. (Zweckmäßige Gestaltung von Schweinemastställen. 1. Mitt.) - Pig Farming 11 (1963) Nr. 4. S. 50-51. - 1 Abb., 2 Zeichn.

Wesentlicher als die Investitionen eines Schweinestalles sind der Ertrag und die Kosten für die Schweineproduktion. Erst diese Angaben zeigen auf, ob der Stall ökonomisch ist. Als zweckmäßige Einheit für einen Schweinepfleger hat sich eine Kapazität von 800 Schweinen herausgestellt. Dafür werden 400 bis 450 Mastplätze benötigt. Zum Mastanfang soll die Stalltemperatur 75 °F (24 °C), in der Endmast 60 °F (16 °C) betragen. Ein Läufer benötigt 2 1/2 - 3 1/2 sq.ft. (0,23-0,33 m^2) Liegefläche sowie 1 sq.ft. (0,1 m^2) Dunggang mit Rostboden, ein Mastschwein 5 sq.ft. (0,5 m^2) plus 1 1/2 sq.ft. (0,14 m^2).

W.Heinig. 6110a.

1-64/04-0356 W e l l e r , John. Labour will cost 15s an hour. II. (Arbeitsorganisation im Schweinemastbetrieb. 2. Mitt.) - Pig Farming 11 (1963) Nr. 5. S. 44-45. - 1 Abb., 2 Zeichn. 1. Mitt. vgl. vorst. Ref.

Vf. beschreibt verschiedene Möglichkeiten der Arbeitskräfteplanung. Für über 800 Schweine ist es wirtschaftlich, das Futtergetreide im Betrieb zu mahlen und zu mischen. Im Maststall soll der Vorrat von einer Woche eingelagert werden. Wenn sich die Futteraufbereitung neben den Ställen befindet, ist das Futter durch Fördereinrichtungen direkt in die Ställe zu transportieren. W.Heinig. 6110a.

1-64/04-0357 W e l l e r , John. Getting your money's worth. III. (Einsparung an Futterkosten durch rationelle Grundrißlösungen. 3. Mitt.) - Pig Farming 11 (1963) Nr. 6. S. 60-61.-2. Mitt. vgl. vorst. Ref.

80 % der Kosten in der Schweinemast entfallen auf das Futter. Nach amerikan. Untersuchungen hat die Temp. bei Schweinen Einfluß auf die Futterverwertung. Vf. vergleicht in diesem Zusammenhang den zusätzlichen Kapitalaufwand für eine bessere Dämmung des Stalles mit der Einsparung an Futterkosten. Durch rationelle Grundrißlösungen kann der umbaute Raum je Tierplatz verringert werden. Dadurch wird der Stall wärmer. Legt man die Dunggänge außerhalb des Stalles, so verringert sich der Stallraum von 90 (2,5 m^3) auf 64 cu.ft. (1,8 m^3) je Tier. Durch den Einbau von Kotrosten ist eine weitere Verringerung auf 45 bis 50 cu.ft. (1,3-1,4 m^3) möglich. Zum Abschluß verweist Vf. auf die Arbeitskosten bei einer Leistung von 800 Mastschweinen je AK. W.Heinig. 6110a.

1-64/04-0358 P a p p r i t z , C.-L.v. Klimaregelung in Mast-Schweineställen. - Tierzüchter 15 (1963) Nr. 4 S. 135-138.

Bei Stallhaltung ist ein bestmögliches Stallklima Voraussetzung für Höchstleistungen der Tiere. Für Mastschweine gelten 10-15 °C und für Ferkel ca. 25 °C als Optemaltemperatur. Die rel. Luftfeuchtigkeit soll zwischen 65 und 80 % liegen, der CO_2-Gehalt nicht mehr als 3,5 % betragen. Der Wärmehaushalt eines Stalles gilt als gesichert, wenn die k-Zahl (kcal/m^2h °C) für Wände und Decke 0,6 beträgt. Für Fundamente kann man mit k=1, für Stallfenster mit k=3 und für Stalltüren mit k=1,5 rechnen. Die Lüfterleistung läßt sich auf Grund verschiedener Maßstäbe (CO_2-, Wasserdampfmaßstab) errechnen. Eine zusätzliche Heizung ist erforderlich, um die gewünschten Temp. zu halten. Eine Kühlung kann im Sommer sehr vorteilhaft sein. Vf. führt Formeln zur Errechnung der Luftwechselrate an und rechnet ein Beispiel durch. Gleiches gilt für die Heizung. 2 Darst. für die Luftführung im Stall sowie Abb. über Lüfteranordnung, Raumheizgeräte, Verdampfer einer elektrischen Kühlanlage und Ozongerät ergänzen die Ausführungen. B.Schenk. 6110a.

1-64/04-0359 P l j a š č e n k o , S.I., D u d a r e v , M.A., P e t r a š k e v i č , V.P. und C h u d o š č e v s k i j , V.Ja.; Gebiet Minsk, Beloruss. Forsch.-Inst. für Tierzucht. Prinuditel'naja ėlektroventiljacija v svinarnikach. (Elektrische Zwangsbelüftung von Schweineställen.) - Svinovodstvo, Moskva 17 (1963) Nr. 3. S. 40-43. - 1 Tab., 4 Zeichn.

Der Bau einer elektrischen Zwangsbelüftungsanlage in einem Schweinestall wird beschrieben. Die Anlage ist mit einer automatischen Temperaturregulierungsstation ausgerüstet. Die Anlage verbesserte die Zusammensetzung der Luft, verringerte die Luftfeuchtigkeit und hielt eine bestimmte Temp. beständig aufrecht. Dies wirkte sich günstig auf das Befinden der Tiere und auf ihre Produktivität aus. K.Witt. 6110a.

1-64/04-0360 C o m b e r g , G. Bedeutung des Stallklimas für Leistung und Gesundheit. - Mitt. dtsch. Landwirtsch.-Ges. 78 (1963) Nr. 36. S. 1134 bis 1136.

Viele Stallungen weisen ein für die Leistungen der Tiere ungünstiges Stallklima auf. So erfordern zu niedrige Schweinestalltemp. z.B. 10,-DM Futterkosten je Mastschwein mehr; bei 12 aufgezogenen Ferkeln je Sau und Jahr kostet das Ferkel 56,- DM bei 16 nur 44,- DM und bei 20 aufgezogenen Ferkeln 40,- DM. Die rel. Luftfeuchtigkeit sollt zwischen 60 und 80 % gehalten werden. Der Einfluß des Lichtes ist umstritten, für die Zuchttierhaltung aber unerläßlich. Die Gaskonzentration (Toleranzwerte für CO_2 - 0,3 %; NH_3 - 0,05 %; H_2S - 0,05 %) bewegt sich, wenn bei Berechnung für den erforderlichen Luftumtrieb eines Stalles die Luftfeuchte zugrunde gelegt wird, im ungefährlichen Bereich. - Europäische Rinder haben eine Thermoneutralität von 0-20 °C. Stärkere Leistungseinbußen sind unterhalb -3 bis -5 °C zu erwarten. In dieser Hinsicht haben sich Laufställe als günstig erwiesen. Abferkelställe müssen Temp. von 15-20 °C aufweisen zuzüglich Infrarot-Lampen über den Ferkelnestern. Ältere Zuchtferkel und -läufer wie auch leer- und niedertragende Sauen stellen geringere Anforderungen an das Stallklima. Mastschweine verlangen dagegen 60-80 % Luftfeuchte, leichte Mastschweine 18-22 °C, schwere Mastschweine 15-18 °C. Da diese Forderung in der Praxis schwer zu erfüllen ist, sollte die Temp. für Mastschweine bis 110 kg Endgewicht bei 15-18 °C liegen. B.Schenk. 6110a.

1-64/04-0361 H o l i t s c h e k , H. Verbesserung der stallklimatischen Verhältnisse in Abferkelställen unter Beachtung wirtschaftlicher Energieanwendung. - Tierzucht 17 (1963) Nr. 5. S. 232-236.

In der LPG Mosigkau bei Dessau wurden in einem 30er Abferkelstall Versuche zur Verbesserung des Stallklimas durch die Anwendung einer Warmluftanlage auf der Basis fester Brennstoffe durchgeführt. Die Warmluftanlage besteht aus 1 eingebauten Einsatzofen "Tanne 150", 1 Niederdruck-Fliehkraftlüfter, 1 Verbrennungsluftregler, 1 Warmluftkanal und 1 automatischen Steuerung zur Verhütung der Stallunterkühlung bei versäumter Brennstoffzugabe. Die Betriebskosten liegen bei den bisher genutzten elektrischen Warmlüftern für 90 Tage im Jahr bei 2772 DM Stromkosten, bei der untersuchten Warmluftanlage auf der Basis fester Brennstoffe für die gleiche Zeit nur bei insgesamt 603 DM. G.Koch. 6110a.

1-64/04-0362 K u p a t z , B. Der Einsatz des Elektrozaunes in der Schafhaltung. - Dtsch. Landwirtsch. 14 (1963) Nr. 12. S. 604-605. - 8 Lit. 6110b.

1-64/04-0363 B r o w n , A.L. Sheep yards. (Umzäunungen für Schafe.)- J. Dep. Agric. South Australia 66 (1963) Nr. 12. S. 436-447. - 12 Abb., 6 Zeichn.

Eine zweckmäßige Umzäunung erleichtert die Arbeit mit den Schafen. Vf. beschreibt Umzäunungen für die verschiedenen Zwecke. Die Umzäunungen sind aus Holz, Stahlrohr oder Maschendraht gefertigt. Holz ist billig, aber sehr arbeitsaufwendig und erfordert hohe Unterhaltungskosten. In der Regel gewährt man innerhalb der Umzäunung je Tier 3 1/2 - 4 sq.ft. (0,33-0,37 m^2) für Merinos und 4 - 4 1/2 sq.ft. (0,37-0,42 m^2) für Kreuzungstiere.

W.Heinig. 6110b.

1-64/04-0364 B e e n g a a r d , H. Asbestbetonrohre für Koppelzäune. - Tierzucht 17 (1963) Nr. 11. Grünland/Feldfutter 4 S. 53-54. - 2 Abb.

6110b.

1-64/04-0365 S c h o l t y s s e k , S. Die Technik in der Hühnerhaltung. - Tierzüchter 15 (1963) Nr. 4. S. 143-145.

Vf. weist auf den Einsatz von Maschinen und Geräten in der Zucht- und Legehennenhaltung hin. Die Zuchtverbände verfügen über eigene Rechenzentren, in denen sie ihre Leistungserfassung hollorithmäßig auswerten lassen. Selbst im einzelnen Zuchtbetrieb sind Lochkarten als Karteikarten vorhanden. In der Legehennenhaltung sind bes. die Fortschritte im Stallbau und in der Klimatisierung erwähnenswert. Zur Verbesserung des Stallklimas ist zu beachten, daß die optimale Temp. für Hühner bei 12-18 °C liegt, der Stall die Regelung des Luftsauerstoffs, der Feuchtigkeit und Wärme ermöglicht. Die Luftfeuchtigkeit soll möglichst bei 70 % gehalten werden können. In dieser Hinsicht ist die Isolation der Bauteile bedeutungsvoll. Die höchste Form der Automatisierung in der Legehennenhaltung ist die Haltung in Käfigen.

B.Schenk. 6111a.

1-64/04-0366 S c h m i d t , L. Klimatisierung - praktisch. Lüftung-Heizung-Kühlung. - Dtsch. Geflügelwirtsch. 15 (1963) Nr. 32. S. 439-444.

Vf. weist einleitend auf die mögliche Einführung von waagerecht unter der Decke angebrachten, 2flügeligen Propellern hin, die für eine Luftbewegung bei gleichzeitiger Kühlung sorgen. Bei der bisher üblichen Ventilation mit Außenluft sollte der Minimumbedarf mit festgelegt werden (ca. 0,7-0,9 m^3/h und kg Lgw. bzw. 1,4-1,7 m^3/h und Henne). Wird im Winter nicht geheizt, so kann es zu einer Unterkühlung des Stalles kommen, wenn bei niedrigen Außentemperaturen 70 % rel. Luftfeuchte gehalten werden sollen. Zur Regulierung der Luftförderleistung werden verschiedene Möglichkeiten besprochen (Drehzahlverringerung mittels Drehwiderstand oder Regeltrafo, Zeit- und Thermostatschaltung, Polumschalter, Anschluß aller Ventilatoren an zentrales Abluft-Kanalsystem). Für wünschenswert hält Vf. die Verwendung von Hygrostaten zur Regulierung der Luftzuführung. Jalousien und Windabweiser verhindern das Eindringen von Wind durch die Ventilatoröffnungen (Windabweiser nur bei Dauerlauf sinnvoll). Zur Kühlung sollte die Luft im Sommer möglichst von der Schattenseite geholt werden. Von den Heizungen ist die Ölheizung die billigste; 4-5 WE je Std. und kg Lgw. bzw. 8-10 WE je Henne sind zur Luftentfeuchtung ausreichend. B.Schenk. 6111a.

1-64/04-0367 P a p p r i t z , C.-L.v. Beleuchtungsprogramm in der Hühnerhaltung. - Tierzüchter 15 (1963) Nr. 3. S. 90. 92.

Genügend Licht kann die Leistungsfähigkeit der Legehennen günstig beeinflussen. In fensterlosen Intensivställen soll von der 1. Lebenswoche mit 15 Std./Tag die Beleuchtungsdauer wöchentl. um 20 Min. bis auf 8 Std./Tag in der 22. Woche reduziert werden. Danach steigt die Beleuchtungsdauer wöchentlich wieder um 20 Min. bis auf 20 Std., die bis zum Legeende beibehalten werden. Aber auch in Betrieben, die noch keine Intensivhaltung haben, sollte der 14- bis 16-Std.-Lichttag garantiert sein, weil sonst von etwa Mitte Sept. bis Mitte März das Tageslicht für eine genügende Futteraufnahme und Legetätigkeit nicht ausreicht. Deshalb empfiehlt sich, die zusätzliche morgendliche Stallbeleuchtung über eine elektrische Zeitschaltuhr vorzunehmen: im Sept. und März ab 4^{00}, im Okt. und Febr. ab 3^{00}, im Nov. und Jan. ab 2^{00}. Als Lichtquellen sind Leuchtstofflampen den normalen Glühlampen vorzuziehen, obwohl sie in der Anschaffung teurer sind. Während die Brenndauer einer Glühlampe bei 1000 Brennstunden liegt, beträgt sie bei der Leuchtstofflampe ca. 7500 Brennstunden. Auch ist die Leuchtkraft einer Leuchtstofflampe mindestens 3mal größer als die einer Glühlampe.

B.Schenk. 6111a.

1-64/04-0368 H e w i t t , A.C.T. Artificial lighting for laying hens. (Künstliche Beleuchtung für Legehennen.) - J. Agric. /Melbourne/ 61 (1963) Nr. 3. S. 109-111.- 3 Abb., 1 Tab.

Für die künstlihce Beleuchtung in Hühnerställen werden Hinweise über die erforderliche Lichtintensität, Lichtverteilung, Dauer der Beleuchtung und Pflegemaßnahmen der Beleuchtungseinrichtung gegeben. Je 6 sq.ft. Stallbodenfläche wird 1 Watt Glühlampenlicht als ausreichend angesehen. Bei Verwendung von Leuchtstofflampen kann die Wattzahl auf 1/3 reduziert werden. Bei Käfighaltung wird alle 12 ft. eine 40-Watt-Glühlampe empfohlen. Eine gute Lichtverteilung wird erreicht, wenn der Beleuchtungsradius das 1,25 fache der Lampenhöhe beträgt. Tränken, Futterplätze und Sitzstangen müssen ebenfalls beleuchtet sein. Schatten sollen auf ein Mindestmaß reduziert werden. Sie sind bei Verwendung von Leuchtstofflampen geringer. 14 Std. Licht täglich haben sich als geeignet erwiesen, wobei die künstliche Beleuchtung zweckmäßigerweise morgens erfolgt und mit einer Schaltuhr reguliert wird. Diese ist am 1. und 15. jeden Monats neu einzustellen. Für den australischen Staat Victoria gültige Einstellwerte sind in einer Tab. aufgeführt. Die Pflegearbeiten der Anlage beschränken sich auf die Reinigung der Lampen und Reflektoren sowie auf Überprüfungen der Gesamtanlage. Im Vergleich zur Mehrproduktion sind die Installationskosten einer Beleuchtungseinrichtung gering. Die Lichtwirkung beruht auf einer Anregung der Hypophyse, die über ein Hormon die Eierproduktion günstig beeinflußt.

I.Strecke. 6111a.

1-64/04-0369 Z e r i c h , F. Automatische Funktionsüberwachung in Brutapparaten. - Int. Z. Landwirtsch. /Sofia/Berlin/ 1963 Nr. 2. S. 97-101. - 4 Abb.

Die vom Vf. auf der Grundlage von PTS-Meßwertgebern entwickelte automatische Regel- und Fernkontrollanlage wird ausführlich beschrieben. Die Anlage wurde in einer Leningrader Brüterei geprüft. Die angezeigten Temp.- und Luftfeuchtigkeitswerte der Meßgeräte wurden mit den in üblicher Weise ermittelten Meßwerten verglichen. Es ergab sich, daß die Anlage die Fernkontrolle und ein automatisches Regeln der 4 physik. Faktoren ermöglicht. Die Temp. konnte im Bereich von 42 bis 32 °C mit einer Genauigkeit bis zu $\pm 0{,}1$ °C, die Luftfeuchtigkeit mit einer solchen von ± 2 % im Bereich von 30 bis 80 %, die Luftgeschwindigkeit im Bereich von 0,2 bis 2,5 m/s mit einer Genauigkeit von ± 5 % und die Häufigkeit des Luftwechsels von 0 bis 12 h^{-1} mit einer Genauigkeit bis zu ± 5 % kontrolliert und geregelt werden. Das Schlupfergebnis konnte um 2 % erhöht werden. Die Kosten der Anlage belaufen sich auf etwa 150 Rubel, die Leistungsaufnahme beträgt 100 W. Im Verlauf eines Brutzyklus verbraucht die beschriebene Anlage 52,4 kWh.

U.Hofmann. 6111a.

1-64/04-0370 O ' C a l l a g h a n , J.R., O ' H a g a n , M.E. und R i c e , B.G.; Dublin, Univ. Coll. Performance of hammer mills. (Die Leistung von Hammermühlen.) - J. agric. Engng. Res. 8 (1963) Nr. 1. S. 92-104. - 6 Abb., 10 Lit.

Da bislang einschlägige Veröffentlichungen, die dem Konstrukteur neuer Maschinen als Unterlage und Hinweise dienen können, fehlen, haben Vff. die wichtigsten Einflußfaktoren experimentell untersucht und ihre wechselseitigen Abhängigkeiten deutlich aufgezeigt. Folgende Faktoren werden behandelt: Stärke des Getreidestromes, Höhe des Luftstromes, Drehzahl, Größe der Siebe und deren Perforation, Anzahl der Hämmer und Feinheitsgrad des Endproduktes. Die Ergebnisse der Untersuchungen sind in zahlreichen Diagr. dargestellt und werden ausführlich besprochen. Dem Konstrukteur werden somit wichtige Erkenntnisse vermittelt und Hinweise gegeben.

W.Bohrisch. 6115d.

1-64/04-0371 B r y z g a l i n , L. Pereoborudovannyj IKG-30 - universalnaja mašina dlja podgotovki kormov. (Der umgebaute Futterreißer "IGK-30" - eine Universalmaschine für die Futterbereitung.) - Moločnoe i mjasnoe skotovodstvo, Moskva 8 (1963) Nr. 3. S. 30-32. - 1 Schema, 1 Skizze.

Vf. beschreibt einige am Futterreißer "IGK-30" vorgenommenen Änderungen, durch die diese Maschine für die Verarbeitung von Saft-und Kraftfutter, für die Heumehlbereitung, das Futtermusen, das Schroten von Futtergetreide sowie für das Mischen von Rauhfutter, Silage, Wurzelfrüchten und Kraftfutter verwendbar wurde. Die Änderungen wurden von verschiedenen Stellen in verschiedener Weise durchgeführt. Mit der im Sowchos Krimitschanski des Nikolajewer Gebietes ausgeführten Abänderung können z. B. 4-5 t/h Futtergetreide geschrotet oder 1,5 t/h Heumehl bereitet werden.

W.Balkin. 6115d.

1-64/04-0372 S t e i n m e t z , H. Kartoffeldämpfanlagen für Groß- und Kleinbetriebe. - Dtsch. landtechn. Z. 14 (1963) Nr. 8. S. 374-379. - 11 Abb., 3 Tab. Aus: Dok.-Dienst ILT 1963 Nr. 10.

Übersicht über die auf dem westdeutschen Markt angebotenen Dämpfanlagen, getrennt nach Kippdämpfern, größeren stationären Dämpfanlagen und fahrbaren Dämpfkononnen. Kurze Kennzeichnung der einzelnen Maschinen mit Angabe der wichtigsten techn. Daten. Herstellerverzeichnis. Die Vorteile der Dämpfanlagen zur Bereitung von eingesäuerten Kartoffeln werden herausgestellt.

6115g.

1-64/04-0373 B e r e z a , A.I. Vodosnabženie životnovodčeskich ferm. (Wasserversorgung auf Viehfarmen.) - Sel'skoe chozjajstvo Povolž'ja, Saratov 8 (1962) Nr. 3. S. 76. 6120b.

1-64/04-0374 Z a b e l i n , V.D. Vodopojnyj punkt s solnečnoj opresnitel'noj ustanovkoj. (Tränkanlagen mit Einsalzung des Trinkwassers durch die Sonne.) - Ovcevodstvo, Moskva 9 (1963) Nr. 8. S. 36-37. - 2 Zeichn. 6120b.

1-64/04-0375 A n o n y m . An auger injector for pipeline feeding. (Injektor mit Förderschnecke für Pipeline-Fütterung.) - Agric. Res. 11 (1963) Nr. 8. S. 4-5.

Ein neuentwickelter Injektor für die Verwendung von Trockenfutter in einer automatischen Fütterungsanlage wird beschrieben. Aus einem Vorratsbehälter wird das Futter mit einer Förderschnecke in einen bogenförmigen Injektor gebracht und von hier mit einer Druckleitung abgesaugt. Gegenüber der bisherigen Ausführung der Dosieranlage mit Zellenrad wurden geringerer Verschleiß und bedeutend weniger Kosten ermittelt. G.Thiede. 6120c.

1-64/04-0376 C h l o b y s t o v , N. Vakuumnaja razdača polužidkich kormov. (Vakuumanlage für die Verteilung von Futterbrei.) - Technika v sel'skom chozjajstve, Moskva 23 (1963) Nr. 6. S. 24-27. - 2 Abb., 1 Schema. Aus: Dok.-Dienst ILT 1963 Nr. 8.

Konstruktion und Funktionsweise eines 25 m langen, durch Metallrohre und Gummischläuche miteinander verbundenen Systems aus 5 Vakuumbehältern mit darunterliegenden Futtertrögen, in die das Futter durch Ventile gelangt. Beschickung der Bunker aus Futterküche, die aus Verteilertrog, Futterdämpfer und -mischer besteht. Leistungsmerkmale: Fütterung von 1000 bis 1300 Schweinen, tägl. Gewichtszunahme 121 - 310 g; Fülldauer bei 5 Futtertrögen 7 - 10 Min. Für das gesamte System ist ein Vakuum von 250-270 mm WS erforderlich. 6120c.

1-64/04-0377 G r i n b e r g , V. und T u ř j a n , D. Kormorazdatčik KUT-3,0. (Futterverteiler Typ "KUT-3,0".) - Technika v sel'skom chozjajstve, Moskva 23 (1963) Nr. 7. S. 56-57. - 2 Abb., 1 Schemaskizze. Aus: Dok.-Dienst ILT 1963 Nr. 9.

Ein zapfwellengetriebener fahrbarer Futterverteiler für Laufstall- und Gruppenhaltung von Schweinen mit 2 Funktionsmöglichkeiten: Futterverteilung in selbsttätige und einfache Futtertröge und bei Bedarf Futtermischung. Einsetzbar in Ställen mit 1800 mm breitem Futtergang und Torabmessungen 2000 x 2000 mm. Hauptarbeitsteile : Leistenförderer mit Kratzern, Verteilerschnecke. Techn. Daten: Fassungsvermögen des Bunkers 3 m^3; Fahrgeschwindigkeit bei Futtertransport und -ausgabe 0,79-1,37 km/h; Ökon. Kennziffern: 5%ige Arbeitsproduktivitätssteigerung gegenüber manueller Arbeit; Amortisationszeit 1,4 Jahre. Preis 855 Rubel. 6120c.

1-64/04-0378 G a r a n i č e v a , K. Remarke za razdavane na grubi i sočni furaži. (Ein Anhänger für das Verteilen von Rauh- und Saftfutter.) - Mechanizacija i elektrifikacija na selskoto stopanstvo, Sofija 12 (1962) Nr. 12. S. 24-25. - 1 Abb.

Es wird eine Beschreibung des im Inst. für Mechanisier. und Elektrifizier. der Landwirtsch. konstruierten Anhängers gegeben, der für das mechanische Verteilen von Silage direkt in die Stände in Anbindeställen bestimmt ist. Der Anhänger hat eine Achse, seine Tragfähigkeit beträgt 1,5 t. Der Antrieb der Arbeitsorgane des Längs- und des Querförderers, des Beaters und der Getriebemechanismen erfolgt durch die Zapfwelle des Traktors "DT-20". Die Prüfungen eines Versuchsmusters zeigten befriedigende Ergebnisse. Während beim

Verteilen von Hand mit Hilfe zweier Karren die Futterverteilung für 107 Kühe vom zentralen Futtergang aus mit 4 Arbeitern ungefähr in 10 Min. erfolgt, dauert diese Arbeit mit dem Silageverteilungsanhänger ungefähr 12 Min., es ist dazu nur ein Traktorist erforderlich. Der wesentliche Vorteil des Anhängers besteht darin, daß er die kraft- und zeitraubenden Prozesse bei der Förderung der Silage aus den Silos bis zum Stall, das Entladen auf dem Platz und das zweite Verladen in die Handkarren ausführt, danach wird das Futter in die Krippen gegeben. Die mechanisierte Futterverteilung schließt nur einen Ladeprozeß ein - aus dem Silograben in den Anhängerkasten, danach geschieht die Arbeit mechanisch. Durch eine entsprechende Auswahl der Geschwindigkeiten der Förderer und Beater kann man die Menge der in die Krippen zu transportierenden Futtermengen verändern, d.h. sie dosieren. Im Inst. wird eine neue Konstruktion entwickelt, bei der die Regulierung der Geschwindigkeiten des Verteilens verbessert wird, wodurch auch die Verteilung anderer Futtermittel, wie Heu, Futterpflanzen, Rübenschnitzel u.a., möglich wird.

NRB/ZSNTI, übersetzt v. Ch.Eshkowa. 6120c.

1-64/04-0379 R ü p r i c h , W. Die Technik der Stallentmistung und Stallmistausfuhr. - Mitt. dtsch. Landwirtsch.-Ges. 78 (1963) Nr. 32. S. 1011 bis 1013. - 5 Abb., 4 Tab.

Ein exakter Vergleich der verschiedenen Verfahren der Stroh-Stallmistkette ist infolge des Einflusses von Bau, Technik, Arbeit, Tier und Boden schwierig. Wichtig ist zu entscheiden, ob der Stallmist für den einzelnen Betrieb einen wertvollen Humusdünger oder ein Abfallprodukt darstellt. Um die damit zusammenhängenden Transportarbeiten so gering als möglich zu halten, sollte mit wenig Einstreu gearbeitet werden. Die Transportmengen (und der Arbeitsbedarf) der Stroh-Stallmistkette (jeweils bei 25 GV, ganzjähr. Aufstallung) schwanken von 4110 dt (680 AKh) beim Einraumlaufstall über 2550 dt (607 AKh) beim Mittellangstand-Anbindestall bis zu 1830 dt (128 AKh) beim Spaltenbodenlaufstall. Das Angebot an entsprechenden Maschinen und Geräten ist vielseitig. Bei der Auswahl sind folgende Gesichtspunkte zu beachten: Mehrzweck- oder Spezialgerät, Arbeitszeitbedarf, Reparaturanfälligkeit, Anschaffungs- und voraussichtliche Jahreskosten sowie eintretende Arbeitserleichterung. Wenn in Zukunft auch die estmistverfahren (Geringere Kosten, Einsatz von Mehrzweckgeräten) vorherrschen werden, wird das Schwemmistverfahren im Zusammenhang mit der strohlosen Rostaufstallung und wegen seiner besseren Düngerwirkung an Bedeutung zunehmen. E.Kulpe. 6130b.

1-64/04-0380 A n o n y m . Neuheiten für die Schwemmentmistung. - Landtechnik 18 (1963) Nr. 19. S. 653. - Aus: Dok.-Dienst ILT 1963 Nr. 11.

Die "Raaba"-Aufstallung gewährleistet, daß verschieden große Tiere stets gleichmäßig an der Schwemmrinne stehen können: Mit der Schwenkarmanhängung kann man die Standlänge der jeweiligen Tierlänge anpassen, eine Korrektur der Standlänge ist um ca. 12 cm möglich. Für die strohlose Aufstallung wird die von der Fa. Bauer hergestellte Gummimatte, die im Standboden einbetoniert wird und warm und dauerhaft ist, empfohlen. 6130b.

1-64/04-0381 L e i d l , E. Schwemmentmistung, fahrbarer Futtertisch und Heuturm. - Prakt. Landtechn./Wien/ 16 (1963) Nr. 20. S. 398. - 2 Abb.
6130b.

1-64/04-0382 W a c k e r , Ekkehard. Stallentmistungsanlage Schauer. - Prakt. Landtechn. /Wien/ 16 (1963) Nr. 17. S. 332-333. - 4 Abb. Aus: Dok.-Dienst ILT 1963 Nr. 10.

ESDA-Test über eine Entmistungsanlage nach dem Schubstangensystem (Schrittförderer) auf Grund der Erfahrungen in 42 Betrieben. Breite des Kotkanals 48 cm, Tiefe 16-18 cm. Stapelung des Mistes außerhalb des Stalles durch Steilhochförderer, der starr oder bis zu 90 % seitlich schwenkbar ausgeführt werden kann. Arbeit des Hochförderers ebenfalls schrittweise. Rückstauzacken verhindern das Zurückgleiten des Mistes. Anlage kann auf Grund der Umfrage empfohlen werden. 6130b.

1-64/04-0383 A n o n y m . Hydraulisch gesteuert. - Landtechnik 18 (1963) Nr. 12. S. 411. - Aus: Dok.-Dienst ILT 1963 Nr. 9.

Schubstangen-Entmistungsanlage mit hydraulischem Antrieb der Fa. Mengerle & Söhne. Die U-förmige Schubstange in der Kotrinne wird mit einem Hydraulik-Zylinder von 1,90 m Hub vor- und rückwärts bewegt. Antrieb der Hydraulik-Pumpe durch 3,7-PS-E-Motor. Beschleunigung des Entmistungsvorganges ist mit dieser Anlage möglich. Bei 2reihiger Aufstallung wird nur ein Antriebsaggregat benötigt. 6130b.

1-64/04-0384 V a l e e v , A.V.; Rjasan, Landwirtschaft. Kostytschew-Inst. Issledovanie rotornogo mechanizma dlja uborki navoza.(Untersuchung einer rotierenden Entmistungsvorrichtung.) - Mechanizacija i ėlektrifikacija socialističeskogo sel'skogo chozjajstva, Moskva 21 (1963) Nr. 3 S. 54. - 1 Diagr., 1 Schema, 3 Lit.

Im o.a. Inst. wurde zum Entmisten von Laufställen ein rotierender Anbau-Mistlader entwickelt, dessen Hauptarbeitswerkzeug eine Stiftentrommel ist. Für die Arbeit des Geräts ist es entscheidend, daß das Verhältnis λ zwischen Umfangsgeschwindigkeit der Trommel und Fahrgeschwindigkeit richtig gewählt wird. Vf. untersucht die Kinematik des Gerätes mathematisch, stellt Gleichungen für die anzuwendenden Winkelgeschwindigkeiten auf und bringt ein Diagr. zu ihrer Ermittlung. Er findet eine optimale Winkelgeschwindigkeit von $\omega = 53\ s^{-1}$ oder eine optimale Umfangsgeschwindigkeit von $v = 16$ m/s. Daraus ergibt sich unter Berücksichtigung der Schleppergeschwindigkeit von $v_s = 0{,}6$ m/s für das eingangs erwähnte Verhältnis ein Wert von $\lambda = 27$.
W.Balkin. 6130b.

1-64/04-0385 R o e g e r , Walter. Neuzeitliche Broilermast. Praktische Winke, Mast von Junggeflügel rentabel zu betreiben. - Berlin-Lichterfelde: Pfenningstorff. 1962. (88 S.) 8°. (1963 A 1058)

1-64/04-0386 W e g n e r , Rose-Marie. Der Einfluß verschiedener Haltungs- und Fütterungsformen während der Junghennen-Aufzucht auf die Entwicklung und nachfolgende Leistung von Hennen im Legetypus. - Landwirtsch.-Habil-schr. Bonn. 1961. 8°. (Diss. 9230)

1-64/04-0387 Pig feeding and management. - London: H.M.S.O. 1963. (IV, 66 S.) 8°. = Ministry of agriculture, fisheries and food. Bulletin. No. 193. (SR 51, 193)

1-64/04-0388 Q u e r n e r , Hartmut. Neuzeitliche Hühnerfütterung. Futteranweisungen und Fütterungstechnik. - Frankfurt/M.: DLG-Verl. 1962. (80 S.) 8°. (1963 A 1048)

C. GEWINNUNG UND AUFBEREITUNG TIERISCHER PRODUKTE

1-64/04-0389 H e s s e l b a c h , Josef. Arbeitstechnik und Arbeitsverfahren der Milchgewinnung im landwirtschaftlichen Betrieb. - Schriftenr. "Landarb. u. Techn." Max-Planck-Inst. 1963 Nr. 30. S. 1-98.

Immer mehr Betriebe verwenden Melkmaschinen, aber oft werden diese unrationell und ohne den erwarteten Erfolg betrieben. Vf. legt deshalb die arbeitstechnischen und arbeitswirtschaftlichen Besonderheiten der Milchgewinnung dar; die verschiedenen Arbeitsverfahren des Maschinenmelkens werden genau beschrieben und klar abgegrenzt. Vf. gibt den Arbeitszeitbedarf an sowie Richtzahlen für die Investitionskosten verschiedener Melkanlagen, er geht auf Fehler beim Maschinenmelken ein und zeigt, wie sich die häufigsten Störungen beseitigen lassen. Abschließend behandelt Vf. die Arbeitsverfahren der Milchkühlung, die Kühlmittel, die Kühlgeräte für Milchkannen, die Milchtank-Kühlung und schließlich die Besonderheiten der Gewinnung, der Verpakkung und des Vertriebs von Vorzugsmilch. A.Bail. 6210a.

1-64/04- 0390 J o h n s , C.K. Sanitary milk production in Scandinavia and Britain. (Hygienische Milchproduktion in Skandinavien und England.) - J. Milk Food Technol. 26 (1963) Nr. 6. S. 188-192.

Vf. vergleicht die hygienischen Bedingungen der Milchproduktion in Kanada mit denen in den skandinavischen Ländern und England. Er kommt zu der allg. Feststellung, daß die von ihm in Skandinavien und England besuchten landwirtsch. Betriebe einen günstigeren und freundlicheren Eindruck machten als die Betriebe in Nordamerika. In diesen Ländern fallen bes. die hellen freundlichen Kuhställe, die gut gepflasterten Höfe, die sorgfältig eingerichteten Milchhäuser und die Sauberkeit der Kühe auf. Bes. Beachtung fand eine Farm in Simontorp in Schweden, die über lange Zeiträume hinweg Milch mit einem Keimgehalt unter 1000 Keime/ml produziert. Der Keimgehalt der in Rohrmelkanlagen gewonnenen Milch ist höher als der mit Kannenmelkanlagen ermolkenen Milch. In England wird vorwiegend die chem. Desinfektion der Melkanlagen mit chlorhaltigen Desinfektionsmitteln durchgeführt, als Ergänzung dazu wird aber auch noch eine gelegentliche Dampfsterilisation empfohlen. In Finnland und Norwegen wird hauptsächlich für die Desinfektion der Gummiteile der Melkanlagen heißes Wasser oder Dampf verwendet. In England wurden die Gummiteile regelmäßig in einer 5%igen Alkalilösung entfettet. Rückschauend wird festgestellt, daß in Nordamerika mehr Wert auf die bakteriologische Milchqualität gelegt wird , währenddessen in England und den skandinavischen Ländern bes. die hygienischen Bedingungen beim Melken , insbes. die Gebäude und Melkutensilien, Beachtung finden.

H.Hauke. 6210a.

1-64/04-0391 O k o ł o - K u ł a k , S. Opłacalność produkcji mleka. (Die Rentabilität der Milchproduktion.) - Nowe Rolnictwo 12 (1963) Nr. 12. S. 19-20. - 3 Tab. 6210a.

1-64/04-0392 M i e l k e , H. und T r ö g e r , F. Laktationsphysiologie und maschinelles Melken. - Tierzucht 17 (1963) Nr. 5. S. 210-213. - 1 Abb., 2 Lit. 6210b.

1-64/04-0393 G a r b e n , R. Empfehlungen zur Planung von Melkstandanlagen. - Tierzüchter 15 (1963) Nr. 4. S. 123-125. - 3 Abb., 1 Schema.
Vf. gibt einen kurzen Überblick über den Energiebedarf, die Raumausführung und Raumgestaltung von Melkhäusern. Da Fenster nur für die Monate Mai bis August genügend Licht einlassen, wird zur Senkung der Heizungskosten empfohlen, den Melkstandraum ohne Fenster zu bauen. Da von einem Melker eine entsprechende Leistung nur in einem 4/4-plätzigen Fischgrätenmelkstand zu erwarten ist, wird der Bau eines solchen gegenüber einem 3/3-plätzigen Tandemmelkstand empfohlen, zumal er außerdem noch 27 m^3 weniger umbauten Raum erfordert. Der Fischgrätenmelkstand ist zur Ausnutzung sämtlicher Arbeitserleichterungen allen anderen Melkständen überlegen. H.Senger. 6210b.

1-64/04-0394 T e s l e n k o , I.I. und K i t a š e v a , V.F. O parametrach konvejernych doil'nych ustanovok. (Daten von Fließband-Melkständen.) - Mechanizacija i ėlektrifikacija socialističeskogo sel'skogo chozjajstva, Moskva 21 (1963) Nr. 3. S. 30—34. - 3 Diagr., 1 Schema, 1 Tab., 3 Zeichn.
Nach einer Bewertung der verschiedenen Melkstände (Melkkarussels, auf denen die Kühe Kopf an Schwanz stehen, Melkkarussels mit schräger Aufstellung der Kühe, Melkkarussels mit radialer Aufstellung der Kühe, Melkbänder, fächerförmige Melkstände), wobei in einer Tafel ausführliche Daten gebracht werden, geben Vff. ein Verfahren zur wiss. Entwicklung von Melkständen an. Zur Bestimmung der optimalen Melkstandleistung stellen sie ein auf Grund von 2000 Untersuchungen entwickeltes Diagr. mit Melkzeitkurven auf, werten das Diagr. mathematisch aus, ermitteln aus den erhaltenen Gleichungen einen Ausnützungskoeffizienten für die Melkmaschinen und finden darauf einen Ausdruck für die Stundenleistung der Melkstände. Anschließend besprechen sie ein Diagr. für die Wahl des Melkstandes nach der optimalen Leistung in Abhängigkeit von der Boxenzahl. Abschließend behandeln sie den Aufwand an Handarbeit und bringen ein Diagr. dieses Aufwandes je Kuh in Abhängigkeit von der Melkmaschinenanzahl. W.Balkin. 6210b.

1-64/04-0395 I v a n o v , A.A. Konvejerno-kol'cevaja doil'naja ustanovka "KDUE-16-Omička". (Karusselmelkstand Typ "KDUE-16 Omička".) - Traktory i sel'chozmašiny, Moskva 33 (1963) Nr. 7. S. 32-33.- 1 Schemaskizze. Aus: Dok.-Dienst ILT 1963 Nr. 9.
Beschreibung einer Melkanlage für Anbinde- und Laufstallhaltung, vorgesehen für 300-450 Kühe. Konstruktion: Plattform (6170 mm Außen- und 5000 mm Innendurchmesser, 1585 mm Breite) mit 16 fischgrätenartig angebrachten, mit Freßtrögen versehenen Melkständen, die voneinander abgetrennt sind. Funktionsweise und Beschreibung der wichtigsten Baugruppen (Umlaufspülung, Futterausgabevorrichtung usw.). Techn. Daten: Gesamtmasse 10.600kg; Plattformumlaufzeit 6-8 Min; Leistungsfähigkeit 145 Kühe/h. 6210b.

1-64/04-0396 A n o n y m . Doil'nyj zal "Omička". (Melkkarussel "Omička".) - Sel'skoe stroitel'stvo, Moskva 18 (1963) Nr. 9. S. 21. - 1 Abb., 1 Schema.
Es wird kurz die bauliche Ausführung eines dampfbeheizten Melkhauses mit einem Melkkarussel für 16 Kühe beschrieben. Nutzfläche des Gebäudes 137,3 m^2, Durchmesser der Plattform 8 m, Drehzahl 1 Umdrehung in 6 Min., Melkleistung 160 Kühe je Stunde. W.Balkin. 6210b.

1-64/04-0397 R a t u š , N. und V y d r i n , A. Novaja doil'naja ustanovka "veer". (Ein neuer fächerförmiger Melkstand.) - Moločnoe i mjasnoe skotovodstvo, Moskva 8 (1963) Nr. 3. S. 28-30. - 1 Abb., 1 Schema.

Der neue halbautomatische fächerförmige Melkstand besteht aus einer drehbaren Plattform, auf der sich der Arbeitsplatz der Melkerin mit dem Schaltpult für die Bedienung der Anlage befindet, und 12 fächerförmig angeordneten Einzelständen, an die die Melkerin heranfährt. Der Melkvorgang beginnt damit, daß die Melkerin an den 12 Einzelständen entlang fährt und die Türen öffnet. Darauf werden die Kühe über die stillstehende Plattform in die Stände getrieben. Anschließend fährt die Melkerin die Stände entlang, schließt die Türen, wäscht die Euter, legt die Melkbecher an und schaltet die Kraftfutterabgabe ein. Die Beendigung des Melkvorganges bei den einzelnen Kühen wird der Melkerin durch Lichtsignale angezeigt, worauf sie an die Kuh heranfährt und die erforderlichen Handgriffe durchführt. In 1 Std. können in diesem Melkstand 80 - 100 Kühe gemolken werden. W.Balkin. 6210b.

1-64/04-0398 P h e l p s , Anthony. Cow comfort counts in a herringbone. (Bessere Standmaße im Fischgrätenmelkstand.) - Dairy Farmer 10 (1963) Nr. 10. S. 58-59. 63. - 6 Abb., 4 Schemata.

Auf Grund einer Untersuchung in 80 Fischgrätenmelkständen (FGM) und einer Analysierung von 20 vollen Zeitmessungen wird eine Änderung der Anbringung der Kraftfuttertröge empfohlen, weil dadurch eine schnellere Futteraufnahme während der Melkzeit gewährleistet wird. Erwägungen unter Beachtung der natürlichen Kopfhaltung der Kühe beim Fressen führten dazu, die Tröge nicht mehr in Brusthöhe, sondern 7 in. über der Standfläche der Kuh anzubringen. Auch eckige Kästen sind ungeeignet, besser runde Böden. Die Brustwehr erhält entsprechende Einknickungen. Die Höhe und die Form der Einknickung ist entscheidend dafür, daß die Kuh nicht zum Trog der Nachbarin gelangen kann. - Der Kuhplatz im Vorwartehof soll nicht mehr als 14 $ft.^2$ betragen. Elektrische Treibstöcke haben sich bewährt. H.Senger. 6210b.

1-64/04-0399 V r i e s , H.A. de. Geeft de melkleiding arbeidsbesparing? (Bringt die Rohrmelkanlage eine Arbeitseinsparung?) - Landbouwmechanisatie 14 (1963) Nr. 9. S. 783-786.

Bei der arbeitsökonomischen Untersuchung der gestellten Frage wurde ein Stall mit 30 Kühen untersucht und die Rohrmelkanlage (R) mit einer üblichen Kannenmelkanlage (K) verglichen. Ergebnis: Melkarbeit 120 AKh/Jahr zugunsten R; Vorbereitungs- und Abschlußarbeit 180 AKh/Jahr zuungunsten R; Arbeitserleichterung bei R bemerkenswert; Kosten 900 f/Jahr zuungunsten R. Allg. Nachteile: keine Einschätzung der tägl. Milchleistung möglich, Melken im Stall während der Weidezeit und Kannenmelken anläßlich der Milchkontrolle notwendig. Insgesamt fällt die Antwort negativ aus. A.Arlitt. 6210b.

1-64/04-0400 H e s s e l b a c h , J. Die Bedeutung der Melkdauer für den Arbeitsablauf beim Maschinenmelken. - Tierzüchter 15 (1963) Nr. 12. S. 432-433.

Vom Max-Planck-Inst. für Landtechnik und Landarbeit, Bad Kreuznach, wurden Studien über den Arbeitsablauf beim Maschinenmelken in einer Stallmelkanlage und in Melkständen durchgeführt. Die erforderliche Melkdauer einer Kuh gliedert sich in 3 Arbeitsphasen: 1. Phase: Euterreinigen, Anrüsten,

Melkmaschine anschließen, Melkzeug ansetzen. 2. Phase: Maschinenmelken. 3. Phase: Ausmelkhilfe mit der Maschine, Melkzeug abnehmen, Melkeimer wechseln, Euterkontrolle, Milch umleeren bzw. wegbringen. Vf. kommt zu dem Schluß, daß bei einer Melkdauer von 3,5-4 Min. ein optimaler Arbeitsablauf dann zu erreichen ist, wenn ein Melker nur ein Melkzeug bedient. Eine Absauganlage bringt in Verbindung mit einer Kannenbatterie jedoch eher eine Erhöhung des Zeitbedarfs für das Melken und die notwendigen Rüstzeiten vor und nach dem eigentlichen Melken selbst. Für die Vorausbestimmung und Gestaltung eines optimalen Arbeitsablaufes sind 2 variable Größen in Betracht zu ziehen: Melkdauer und notwendige Ausmelkhilfe. Tierzüchter und Melkmaschinenkonstrukteure haben die Aufgabe, die heute noch große Streuung einzuengen.

H.Senger. 6210b.

1-64/04-0401 B o e r s m a , H.Y.; Beekbergen, Inst. voor Pluimveeteelt. De conservering van consumptieeieren en eiprodukten. (Die Konservierung von Konsumeiern und Eiprodukten.) - Landbouwkund. Tijdschr. 75 (1963) Nr. 12. S. 717-725. - 2 Abb., 2 Schemata, 9 Lit.

Um die Abgabe von Wasserdampf und CO_2 durch die poröse Eischale zu unterbinden, wurden folgende Verfahren entwickelt: Hitzekoagulation einer dünnen Eiweißschicht unter der Schale durch Tauchen in 55 - 60 °C warme Flüssigkeit; Ölen der Eischale; Umhüllen des Eies mit einer Kunststoffhaut; Umhüllen von Kleinpackungen mit Zellophan bzw. Polythen-Folie. Alle genannten Verfahren müssen bereits innerhalb von 24 Std. nach dem Legen angewendet werden. - Eiprodukte: Die Konservierung des Volleies, des Eiklares und des Eidotters kann durch Pasteurisieren, Trocknen, Gefrieren und durch Zufügen von Konservierungsmitteln (Benzoesäure, Borsäure) erfolgen. L.Machler. 6220.

1-64/04-0402 L a n t z s c h , M. Die Ausbildung an Kannenmelkanlagen im Bezirk Leipzig. - Dtsch. Landwirtsch. 14 (1963) Nr. 11. S. 552-555. 6210b.

1-64/04-0403 A v t o m o n o v , I.Ja. und Ž u r b a , Z.F. Novoe v mašinnom doenii korov. (Neues über das maschinelle Melken.) - Mechanizacija i élektrifikacija socialističeskogo sel'skogo chozjajstva, Moskva 21 (1963) Nr. 3. S. 55-59. - 1 Abb., 10 Diagr., 5 Schemata.

Vff. berichten über Untersuchungen folgender Melkmaschinen und bringen Oszillogramme für ihre Melkbecher-Unterdrücke: "Sputnik" (3-Takt-Anhängemaschine, wird in 2-Takt-Maschine umgebaut), "Wolga" (3-Takt-Anhängemaschine, wird in 2-Takt-Maschine umgebaut), "Stimul" (2-Takt-M.), "Temp" (dauerndes Saugen bei gleichzeitiger vibrierender Zitzenmassage), "Impuls" M-59 (DDR-2-Takt-M.), "DPR-2" (mit ständigem Unterdruck im Melkbecher, der mittels eines Schwimmers verringert wird, wenn der Milchfluß nachläßt), "Dojarka" (2-Takt-M. mit mechanischem Ausdrücken der Milch aus den Zitzen). Vff. bringen eine Tab. mit den wichtigsten Daten der Maschinen, besprechen an Hand von Skizzen wichtige Einzelteile, die Oszillogramme sowie Diagr. der Abhängigkeit der Melkdauer vom Gemelk. Bei einem Gemelk von 3,5-4 l beträgt die Melkleistung bei allen Maschinen 0,7-0,9 l/min. Am besten arbeiten die Maschinen "Wolga", "Temp", "DA-2" und "Stimul". W.Balkin. 6210b.

1-64/04-0404 G l a d w i n , T.J. On-the-farm tests of milking machines. (Prüfung der Melkmaschinen im Landwirtschaftsbetrieb.) - Farm Mechanizat. 15 (1963) Nr. 170. S. 42-43. - 2 Abb. Aus: Dok.-Dienst ILT 1963 Nr. 10.

Bei Betriebsbegehung wurde festgestellt, daß 10 von 100 Melkmaschinen nicht in einwandfreiem Zustand waren. Art der Schäden und Mängel werden in ihrer prozentualen Verteilung aufgeführt. Zur Besserung der Situation wurden regelmäßige Überprüfungen im Turnus von 12 Monaten geplant. - Kurze Beschreibung zweier Meßgeräte aus Neuseeland: Luftströmungsmesser (neben Messung der Luftströmung auch Bestimmung der sog. "Strömungsreserve" durch das Melksystem) und Vakuum-Meßgerät (Prüfung des Pulsatorsystems und der Ursachen für Druckunterschiede). 6210b.

1-64/04-0405 A n o n y m . Für das Weidemelken. - Landtechnik 18 (1963) Nr. 12. S. 409. - Aus: Dok.-Dienst ILT 1963 Nr. 9.

Neue Zapfwellen-Vakuumpumpe für das Weidemelken der Fa. Dieteg. Durch Anwendung von Plastikkolben wird der Schmierbedarf wesentlich gesenkt. Die Pumpe zeichnet sich durch hohe Saugleistung und Verschleißfestigkeit aus und kann an alle Traktortypen angebaut werden. 6210b.

1-64/04-0406 W a l s e r , K. Zur Frage des Nachmelkens mit der Hand beim Maschinenmelken. - Bayer. landwirtsch. Jb. 40 (1963) Nr. 2. S. 177-187. - 7 Abb., 1 Tab., 21 Lit.

An 27 Fleckviehkühen, die bisher nach dem Maschinenmelken mit der Hand nachgemolken wurden, sollte der Einfluß der Umstellung auf maschinelles Ausmelken untersucht werden. Die Reaktionen der Euter wurden während 13 Wochen durch Untersuchung der Viertelgemelke mit dem Schalm-Mastitis-Test, Sedimentbeurteilung und Zellzählung studiert. Bei Erstlingskühen waren keine veränderten Verhältnisse zu verzeichnen, während bei älteren Kühen häufig geringe bis mittelgradige Sekretionsstörungen in Form stark erhöhten Zellgehaltes der Milch auftraten. Ein Nachmelken von Hand kann bei gewissenhafter Euterkontrolle, die bes. bei älteren Tieren notwendig ist, unterbleiben. Die Umstellung älterer Tiere auf diese Melkmethode während der Laktation erfordert mehrere Wochen lang bes. Sorgfalt. Kühe mit Euterstörungen und hohen oder schwandenden Nachgemelken müssen mit der Hand nachgemolken werden. H.Fiedler. 6210b.

1-64/04-0407 W i e s e n d a n g e r , Heinrich. Ist beim Maschinenmelken ein Nachmelken von Hand notwendig? - Grüne /Zürich/ 91 (1963) Nr. 44. S. 1348-1351. 6210b.

1-64/04-0408 B e y e r , H. Aufgaben und Probleme der Milchkühlung. - Wiss. Z. Techn. Univ. Dresden 12 (1963) Nr. 2. S. 417-423. - 13 Abb., 7 Diagr., 2 Schemata, 3 Tab.

Die Errichtung von Milchviehkombinaten von 150 bis 300 Kühen macht Milchsammelstellen für 2000 - 6000 bzw. 10 000 l tägl. notwendig. Hierbei wird zwischen solchen am Melkhaus mit Fischgrätenmelkstand und solchen am Stall mit Rohrmelkanlage mit kontinuierlichen bzw. zusätzlichen diskontinuierlichen Milchmengen unterschieden. Die bisherigen Kühlanlagen (indirekt mit Eiswasser im Durchfluß arbeitende) befriedigten nicht. Es stehen Durchfluß- und Stapelkühlung mit direkter Verdampfung oder indirekter Kühlung zur Verfügung. Allg. und bei längeren Melkzeiten wird die direkte Verdampfung bevorzugt. Bei Stapelkühlung sind im Gegensatz zur Durchlaufkühlung eine Nachkühlung sowie Rührwerke erforderlich. Die Aufgaben in der Molkerei bestehen in der Kühlung der Produkte bei der Verarbeitung, in der Eiserzeugung sowie der Klimatisierung. Hierzu sind Schuppeneisanlagen sowie automatisch arbeitende Kleinkältemaschinen mit direkter Verdampfung vorteilhaft. Für den Handel sind ausreichend Kühlräume, Kühlschränke bzw. Kühltruhen (bei loser Milch) notwendig. E.Kulpe. 6210c.

1-64/04-0409 H e i n z e , Kurt. Die Milchkühlung in der Landwirtschaft, ein wichtiger Faktor der Kühlkette Milch. - Wiss. Z. Techn. Univ. Dresden 12 (1963) Nr. 2. S. 426-434. - 6 Abb., 7 Diagr., 8 Schemata.

Vf. gibt eine Erläuterung der einzelnen Kühlverfahren für Kannenbetrieb. 1) Durchfluß-Wasserbad ohne Kältemaschine (Abkühlungsdauer [AKD] von +35 auf +12 °C bei 10 °C Wassertemp. ~ 75 Min.), mit Kältemaschine (AKD auf +8 °C ~ 45 Min.); 2) Rieselringkühler (AKD auf +10 °C ~ 35 Min.); 3) Milchkühlschrank (AKD von 6 Kannen = 120 l auf +5 °C ~ 60 Min.); 4) Flächenkühler (AKD von 300 und 500 l auf 3 °C über Wassertemp. ~ 60 Min. bzw. mit Wasservorkühlabteil 500 sowie 1000 l auf 5 °C ~ 60 Min.; seit 1958 aus hygienischen Gründen abgelehnt); 5) Kühlplatten mit 150-200 l fassenden isolierten Behältern. Der Kühlprozeß dieser Verfahren ist hygienisch ungenügend, unwirtschaftlich (0,6-0,8 Pfg./l Milch) und erfordert hohen Arbeitsaufwand. Eine rationelle Milchgewinnung mit modernen Kühlverfahren bietet sich bei Offenstallanlagen mit dem Fischgrätenmelkstand (Typenprojekt "La 51-60"; Milchfluß 200-600 l/h bei 200 gemolkenen Kühen) bzw. bei Anbindeställen mit der Rohrmelkanlage (Milchfluß 120 l/h) an. Als Forderungen an Milchkühlanlagen sind leichte Reinigungsmöglichkeit, geringe Wartung, hohe Betriebssicherheit, geringe Kosten und optimale Belüftung der Milch zu nennen. Dies ist mittels Durchlaufkühlern mit Kältespeicherung möglich (Anlage "MKA 500 l" für tägl. 2 x 420 l/h bzw. Anlage "MKA 300 l" für tägl. 2 x 300 l/h) oder Vakuumtank (10 m³ Inhalt) bzw. Wannenkühlung (1000 und 2000 l Inhalt). Die Zusammenhänge zwischen Milchgewinnung- sowie Transporttechnologie und Kühlverfahren sind zu beachten. In Zukunft sind die Milchkühler mit zur Aufheizung des Reinigungswassers auszunutzen. E.Kulpe. 6210c.

1-64/04-0410 G u r a , I.A. Analiz raboty cholodil'nych ustanovok na živótnovodčeskich fermach. (Untersuchung der Arbeit von Kühlgeräten für Viehzuchtfarmen.) - Mechanizacija i elektrifikacija socialističeskogo sel'skogo chozjajstva, Moskva 21 (1963) Nr. 3. S. 35-38. - 3 Diagr., 2 Schemata, 2 Tab.

Es wurden folgende Kühlgeräte untersucht: Kühlanlage "OOM-1000", Kühlanlage mit Plattenkühler und 2000-l-Tank, Kühlwanne "VO-1000", Kühlanlage "ISB-1000" (ČSSR). Vf. bringt für die genannten Anlagen 2 Tabellen mit technischen Daten und Untersuchungsergebnissen. Danach stellt er Betrachtungen an über die Kühlung im Gleich- und Gegenstrom und den dabei auftretenden Temperaturverlauf, und bringt Gleichungen für die Wärmedurchgangszahl. Danach betrachtet er die Kühlvorgänge in den Geräten "ISB-1000" und "VO-1000" und stellt die Temperaturabnahmen grafisch dar, wobei er auch die Möglichkeit des Mischens von gekühlter und ungekühlter Milch und des Vorschaltens einer Kühlung mit Leitungswasser in Betracht zieht. Abschließend stellt er die 2 Grundtypen der Milchkühlung einander gegenüber: die unmittelbare Kühlung und die Kühlung mit Kälteakkumulator, wobei die letztgenannte mehr Vorteile aufweist. W.Balkin. 6210c.

1-64/04-0411 S c h w e n d i n g e r , Wolfgang. Tiefkühlung und verbesserte Pflege und Kontrolle der Rohmilch. - Österr. Milchwirtsch. 18 (1963) Nr. 15. S. 261-262. - 1 Diagr., 1 Tab.

Vf. gibt eine Auswertung amer. Erfahrungen bei der Tanktiefkühlung der zur Abholung bereitgehaltenen Milch im Hinblick auf die österreichische landwirtsch. Strukturverhältnisse. Die Erfahrungswerte und Angaben hinsichtlich der verwendeten Aggregate sind tabellarisch zusammengestellt. Die nur 2-tägige Abholung der Milch wird aus Gründen der Ökonomik unbedingt die Zukunft haben. Die Verantwortlichkeit für die Milchqualität verschiebt sich dabei vermehrt auf den einzelnen Lieferanten, wodurch sich grundsätzlich die Notwendigkeit einer Bezahlung der Rohmilch nach Qualität ergibt.

H.Senger. 6210c.

1-64/04-0412 S o b e c k , Evelyn und B i n d e r , Wilhelm. Über den Einfluß von Temperatur und Zeit auf den Keimgehalt bei Anlieferung von nicht tiefgekühlter Rohmilch. - Milchwiss. Ber. /Wien/ 11 (1961) Nr. 3. S. 123 bis 133. - 4 Diagr., 4 Tab.

Im Modellversuch und an einer Sammelstelle wurden die Einflüsse von Temp. und Zeit auf Keimzahl und Keimgruppen untersucht. Das Verhältnis der Keimarten sowie ihre Vermehrungsintensität bei hand- bzw. maschinenermolkener Milch war sehr unterschiedlich. Selbst bei keimarm ermolkener Milch konnte auf Grund der unzureichenden Kühlverhältnisse eine starke Keimvermehrung bis zum Eintreffen in der Molkerei festgestellt werden.

J.Bossmann. 6210c.

1-64/04-0413 D a m e r o w , Günter und H o l z h ä u s e r , Uwe. Erprobung der ALFA-LAVAL-Tankreinigungsschleuder zur Reinigung und Desinfektion von Milchtanks. - Molkerei-Ztg.,Welt d. Milch 16 (1962) Nr. 20. S. 612-618. - 5 Abb., 1 Tab., 4 Lit.

Die Alfa-Laval-Tankreinigungsschleuder Typ "b" wurde zusammen mit einem fahrbaren Tankreinigungsgerät erprobt. Bei Anwendung eines kombinierten Reinigungs- und Desinfektionsmittels (Calgonit Combi T 1%ig, Fa. I.A. Benckiser) mit folgendem Reinigungsprogramm: 2-3 Min. Wasserspülung,kalt, 6 Min. Laugenspülung bei 70 °C., Wassernachspülung, blieb die Milch nach eintägiger Tanklagerung einwandfrei. Die Reinigungsschleuder Typ "b" kann in den Tanks fest eingebaut werden. Abb. zeigen das Schema der Tankreinigung mit fahrbarem Reinigungsgerät sowie einer stationären programmgesteuerten chem. Reinigungsanlage für ein Tanklager. Beide Anlagen werden in techn.Hinsicht eingehend beschrieben. Arbeitsvorgänge werden angegeben.

J.Bossmann. 6210e.

1-64/04-0414 H o y l e , J.B. Which bulk tank? (Welches Tankvolumen?) - Dairy Farmer 10 (1963) Nr. 10. S. 37. 41. 103. - 8 Abb.

Auf dem englischen Markt stehen über 40 Milchtanks unterschiedlicher Größe und Ausstattung zur Auswahl zur Verfügung. Um eine Auswahl aus diesem Angebot zu erleichtern, hat der Vf. 10 grundsätzlich zu beachtende Fragen aufgeführt. Sie enthalten neben Angaben über die Höhe des tägl. und jährl. Milchaufkommens auch solche über die baulichen Gegebenheiten oder eventuell erforderlich werdende Veränderungen, über das System Tankfüllung und -entleerung, über die Art der Finanzierung und schließlich über die Höhe des künftigen Milchaufkommens. Weiterhin üben Kühlung und Reinigung von Tank und Anschlußleitungen sowie die elektrische Installation einen Einfluß aus.

W.Bohrisch. 6210f.

VII. H A U S W I R T S C H A F T

8. VERSORGUNGSEINRICHTUNGEN

1-64/04-0418 S a n d e r, Heinz. Warmwasserbereitung in Wohnbauten. - Haustechn. Rdsch. 62 (1963) Nr. 10. S. 241-244.

Die Wahl der Anlage richtet sich nach dem Warmwasserbedarf. Für Wohnblocks oder -siedlungen werden zentrale Anlagen empfohlen, die neben vielen Vorteilen hohe Investitionen erfordern, infolge des langen Rohrnetzes korrosionsgefährdet sind und zu Kesselsteinansatz führen. Für Haushalte mit stark schwankendem Wasserbedarf ist ein Gasheizer mittlerer Leistung (10 bis 13 l/min von 10 auf 35 °C) die günstigste Lösung trotz vorhandener Nachteile (Abgasabführung, Instandhaltung, Nacherwärmung, Steinansatz). Daneben werden die Anwendungsmöglichkeiten von Kohle- und Ölbadeöfen und Elektrowarmwasserspeichern unter Hinweis auf die Vor- und Nachteile diskutiert. Für jede Anlage ist es wichtig, durch überlegte Grundrißgestaltung von Küche und Bad und durch Verwendung von werkstattgefertigten Installationswänden die Installationskosten und -zeiten niedrig zu halten.

W.Stein. 7111.

1-64/04-0419 A n o n y m. Heet water. (Heißwasser.) - Landbouwmechanisatie 14 (1963) Nr. 10. S. 897-900. - 4 Abb.

Für die Bereitung kleiner Mengen Heißwassers eignen sich Schnellkocher (Aufnahme 1200-1800 W), Wasserkessel mit 1-2 l Inhalt (500-800 W) und Tauchsieder (bis 2500 W). Dem Einsatz von Heißwasserbereitern für größere Mengen sollte eine Bedarfsermittlung vorausgehen. Einige Faustzahlen über den Verbrauch: in der Küche eines 4-Personen-Haushaltes tgl. 30 l, eine Dusche 15 l, ein Bad 60 l Wasser mit 85 °C. Als bes. wirtschaftlich haben sich Boiler mit Nachtstrombetrieb, die bei Bedarf auch am Tage eingeschaltet werden können, erwiesen. Kochendwasserbereiter mit 5 l Wasser benötigen 15-20 Min., um 100 °C zu erreichen. Durchlauferhitzer benötigen infolge ihres hohen Anschlußwertes zumeist einen eigenen Stromkreis.

L.Machler. 7111.

1-64/04-0420 A n o n y m. Space and water heating, air conditioning and electric blankets. (Raum- und Wasserheizgeräte, Luftreiniger und elektrische Heizkissen.) - Electr. Rev. 173 (1963) Nr. 15. Suppl. S. 26-31. - 31 Abb.

Die elektrischen Raumheizgeräte tendieren immer mehr in Richtung der Wärmespeicherungsgeräte. Es werden einige derartige Neuentwicklungen mit hoher Leistungsaufnahme und ölgefüllten Heizkörpern vorgestellt. Weiterhin werden formschöne Raumheizgeräte in Leisten- und Wandbrettform beschrieben. Diese Geräte sind unaufdringlich und passen sich jedem Raum an. Ihre Leistungsaufnahme liegt meistens bei 750 W. Neben 2 elektrischen Kaminen werden freistehende oder wandmontierte Ventilatorheizgeräte empfohlen. Als Wasserheizgeräte werden ein 3-kW-Erhitzer mit 2 1/4 gal. (10 l) Inhalt und ein Durchlauferhitzer mit 3-3,5 kW Aufnahme (0,9 l, 83 °C warmes Wasser/min) beschrieben. Elektrische Luftreiniger, die die Luft geruchlos machen, filtern, trocknen, heizen oder kühlen sind ebenfalls verzeichnet. Abschließend werden verschiedene automatische Temperaturregler, neuentwickelte Heizkissen mit nichtbrennbarer Zwischenschicht und Fußbodenheizungen mit Heizkabel und hitzeverteilender Metallfolie vorgestellt. U.Bergner. 7130.

1-64/04-0421 A n o n y m. Für ländliche Hauswirtschaft. - Landtechnik 18 (1963) Nr. 19. S. 655.

Die Fa. Siemen & Hinsch, Itzehoe liefert eine selbstansaugende einstufige Seitenkanal-Heizölpumpe "AOWE 0701".-Techn. Daten: Nenndruck = 6 atü; Drehzahl 2900 U/min; verzinkter Kessel von 75 oder 150 l; geeignet für Wasserverbrauch bis 2000 l/h. H.Thömke. 7130.

1-64/04-0422 K r ä m e r, Kurt und S c h m i d b a u r, Alois. Elektrische Bodenheizung im Freien. - Haustechn. Rdsch. 62 (1963) Nr. 10. S. 253-254. - 1 Abb., 2 Schemata.

Die elektrische Siemens-Heizleitung mit einem Widerstand von 0,64 Ω/m hat eine Protodur-Umhüllung und einen Polyamidmantel mit einem Außendmr. von 3,8 mm. Sie wird in Rohren verlegt (25 W/m) oder direkt in Beton eingebettet.(20 W/m). Eine Leistung von 200-300 W/m² reicht aus, den Boden in annehmbarer Zeit so weit zu erwärmen, daß sich die Schneedecke löst und bei Belastung durch Fahrzeuge oder Personen platzt. Dadurch sind solche Anlagen für Garageneinfahrten, Fußgängerüberwege, Kreuzungen, Laderampen usw. bei Schneefall oder Glatteis zur Vermeidung von Störungen und Unfällen sehr geeignet. W.Stein. 7130.

1-64/04-0423 R ü b, Friedmund. Automatische Regelung in der Heizungstechnik. - Elektro-Techn. 45 (1963) Nr. 33. S. 655-657. - 7 Abb. 7130.

C. VORBEREITUNG UND ZUBEREITUNG DER NAHRUNG EINSCHLIESSLICH REINIGUNG DER KÜCHENGERÄTE

1-64/04-0424 A n o n y m. Beproeving hobart aardappelschrapmachine model E 6114. (Hobart Kartoffelschabmaschine "E 6114" - ILR-Prüfbericht Wageningen.) - Inst. Landbouwtechn. Rationalisatie Wageningen, Bull. Nr.232. (1963) S. 1-10. - 4 Abb., 8 Diagr., 2 Tab.

Hersteller: Hobart N.V., Rotterdam. - Beschreibung: Die Kartoffeln werden durch die rotierende, gewellte Bodenscheibe und die Seitenwand des Behälters geschabt. Bodenscheibe und Seitenwand sind mit einer Schicht Carborund belegt. Während des Schabens werden die Kartoffeln mit Wasser besprüht.-Techn. Daten: Inhalt 6 kg; Antrieb der Bodenscheibe durch einen 0,33-PS-Elektromotor; Dmr.der Bodenscheibe 355 mm. - Prüfungsergebnisse: Bei der Füllung mit 6 kg wurde eine Leistung von 160 kg/h erreicht. Die Gesamtverluste und die Nachputzzeit waren gering. L.Machler. 7205.

1-64/04-0425 A n o n y m. Beproeving duurland aardappelschilmachine type 2 S. (Duurland Kartoffelschälmaschine "2 S". - ILR-Prüfbericht Wageningen.) - Inst. Landbouwtechn. Rationalisatie Wageningen, Bull. Nr.233. (1963) S. 1-10. - 2 Abb., 8 Diagr., 2 Tab.

Hersteller: Duurland, Machinefabriek, Amsterdam. - Beschreibung: Im Schälbehälter befindet sich eine rotierende Scheibe mit 14 Messern aus rostfreiem Stahl. Die Wand des Behälters ist mit einer 3 mm starken Gummischicht belegt, um Beschädigungen der Kartoffeln zu vermeiden. Während des Schälens werden die Kartoffeln mit Wasser besprüht. - Techn. Daten: Fassungsvermögen 10 kg; Antrieb der Schälscheibe durch einen 0,25-PS-Elektromotor; Dmr. der

Schälscheibe 380 mm; Gesamtlänge der Messer 1610 mm. - Prüfungsergebnisse: Bei einer Füllung mit 10 kg wurde eine Schälleistung von 140 kg/h erreicht. Die Gesamtverluste sind sehr gering. L.Machler. 7205.

1-64/04-0426 A n o n y m. Beproeving juweel aardappelschilmachine type No. 12. (Juweel Kartoffelschälmaschine "Nr. 12" - ILR-Prüfbericht Wageningen.) - Inst. Landbouwtechn. Rationalisatie Wageningen, Bull. Nr.234. (1963) S. 1-10. - 3 Abb., 8 Diagr., 2 Tab.
Hersteller: N.V. Techn. Bureau en Machinefabriek H. Glastra, Heemstede. - Beschreibung: Die rotierende Bodenscheibe im Schälbehälter ist mit 15 Messern aus rostfreiem Stahl ausgerüstet, die Wand mit einer Gummischicht mit Gewebeeinlage belegt. Während des Schälens werden die Kartoffeln mit Wasser besprüht. - Techn. Daten: Fassungsvermögen 12 kg; Antrieb der Bodenscheibe durch einen 0,75-PS-Elektromotor; Gesamtlänge der Messer 1695 mm. - Prüfungsergebnisse: Bei einer Füllung mit 5 kg wurde eine Schälleistung von ca. 140 kg/h erreicht. Die Schälverluste sind normal.
L.Machler. 7205.

1-64/04-0427 A n o n y m. Beproeving eillert aardappelschilmachine type B 10. (Eillert Kartoffelschälmaschine "B 10" - ILR-Prüfbericht Wageningen.) - Inst. Landbouwtechn. Rationalisatie Wageningen, Bull. Nr.235. (1963) S. 1-10. - 1 Abb., 8 Diagr., 2 Tab.
Hersteller: Eillert Machinefabriek, N.V., Den Haag. - Beschreibung: Im Schälbehälter befindet sich eine rotierende Bodenscheibe mit 18 Messern. Die Wand des Behälters ist mit einer 6 mm starken Gummischicht belegt, um Beschädigungen der Kartoffeln zu vermeiden. Während des Schälens werden die Kartoffeln mit Wasser besprüht. - Techn. Daten: Fassungsvermögen 10 kg; Antrieb der Schälscheibe durch einen 0,5-PS-Elektromotor; Gesamtlänge der Messer 1554 mm. - Prüfungsergebnisse: Bei einer Füllung mit 10 kg wurde eine Schälleistung von 125 kg/h erreicht. Die Gesamtverluste sind normal.
L.Machler. 7205.

1-64/04-0428 A n o n y m. Beproeving eillert aardappelschilmachine type patent 5. (Eillert Kartoffelschälmaschine "Patent 5" - ILR-Prüfbericht Wageningen.) - Inst. Landbouwtechn. Rationalisatie Wageningen, Bull. Nr.236. (1963) S. 1-10. - 1 Abb., 8 Diagr., 2 Tab.
Hersteller: Eillert Machinefabriek N.V., Den Haag. - Beschreibung: Im Schälbehälter der Schrankmaschine befinden sich eine rotierende Bodenscheibe mit 14 Messern und darüber an der Wand befestigt 5 Schälkegel mit je 9 Messern. Während des Schälens werden die Kartoffeln mit Wasser besprüht. - Techn. Daten: Fassungsvermögen 5 kg; Antrieb der Schälelemente durch einen 0,33-PS-Elektromotor; Gesamtlänge der Messer 2615 mm. - Prüfungsergebnisse: Bei einer Füllung mit 5 kg wurde eine Leistung von 100 kg/h erreicht. Die Gesamtverluste sind höher als normal. L.Machler. 7205.

1-64/04-0429 A n o n y m. Beproeving solia-tempo aardappelschilmachine type K 5. (Kartoffelschälmaschine "Solia-Tempo K 5" - ILR-Prüfbericht Wageningen.) - Inst. Landbouwtechn. Rationalisatie Wageningen, Bull. Nr.237. (1963) S. 1-10. - 1 Abb., 8 Diagr., 2 Tab.
Hersteller: Maschinenfabrik Paul Palmer, Ludwigsburg, Württ. - Beschreibung: Die Innenwand des Schälbehälters besteht aus gelochtem, verzinktem Stahlblech. Auf dem Boden des Behälters befindet sich eine gewellte und gelochte Schälscheibe aus Federstahl. Die Ränder der Löcher wirken wie eine

Vielzahl von Messern. Während des Schälens befinden sich die Kartoffeln unter Wasser. - Techn. Daten: Fassungsvermögen 5 kg; Antrieb der Bodenscheibe durch einen 0,33-PS-Elektromotor; Dmr. der Bodenscheibe 290 mm. Prüfungsergebnisse: Bei einer Füllung mit 5 kg wurde eine Schälleistung von ca. 105 kg/h erreicht. Die Gesamtverluste lagen hoch, die Oberfläche der Kartoffeln war uneben. L.Machler. 7205.

1-64/04-0430 A n o n y m. Beproeving finis aardappelschilmachines type 5 en Sch. 5. (Finis Kartoffelschälmaschine "Sch 5" - ILR-Prüfbericht Wageningen.) - Inst. Landbouwtechn. Rationalisatie Wageningen, Bull. Nr.238. (1963) S. 1-13. - 2 Abb., 16 Diagr., 4 Tab.

Hersteller: N.V. Machinefabriek Finis, Ulft. - Beschreibung: Schrankmaschine mit rotierender Bodenscheibe mit Gummirippen und 4 rotierenden Schälscheiben an der Seitenwand des Schälbehälters. Jede Schälscheibe ist mit 7 Messern aus rostfreiem Stahl besetzt. Während des Schälens werden die Kartoffeln mit Wasser besprüht. - Techn. Daten: Inhalt 5 kg; Antrieb der Bodenscheibe durch einen 0,33-PS-Elektromotor; Antrieb der 4 Schälscheiben durch je einen 0,25-PS-Elektromotor; Gesamtlänge der Messer 1596 mm. - Prüfungsergebnisse: Bei einer Füllung mit 5 kg wurde eine Schälleistung von ca. 133 kg/h erreicht. Die Gesamtverluste sind normal.

L.Machler. 7205.

1-64/04-0431 A n o n y m. De elektrische handklutser. (Das elektrische Handrührgerät.) - Landbouwmechanisatie 14 (1963) Nr. 11. S. 997-999.

Es werden Arbeitsweise und Einsatzbereich elektrischer Handrührgeräte beschrieben. Für den Gebrauchswert sind u.a. folgende Eigenschaften ausschlaggebend: Masse des Gerätes (900-1200 g); Form des Handgriffes, Anzahl, Form und Art des Auswechselns der Einsteckteile (Schneebesen, Knethaken u.ä.); Drehzahl der Einsteckteile; Möglichkeit der Ergänzung des Handrührgerätes mit Ständer, Mixbecher, Zitruspresse, Reinigungs- und Polierbürste.

L.Machler. 7205.

1-64/04-0432 A n o n y m. Cooking, reffigeration and kitchen equipment. (Kochherde, Kühlschränke und Küchengeräte.) - Electr. Rev. 173 Nr. 15. Suppl. S. 22-25. - 18 Abb.

Infolge der zunehmenden Technisierung des Haushaltes rücken immer stärker platzsparende Einbaugeräte in den Vordergrund. Im Rahmen der vorliegenden Gerätebeschreibung werden mehrere 4-Plattenkochherde (als Anbaueinheiten) in moderner Form und Ausrüstung vorgestellt. So sind u.a. aufgesetztes Schaltbrett mit schattenfreiem Oberlicht, sichtbarer Heizanzeiger, durchsichtige Bratröhrentür oder eine eingebaute Ventilatorheizung (als Heizung für die Küche) zu erwähnen. Die Neuentwicklung der Kühlschränke geht dahin, daß der Innenraum vergrößert wird, ohne die Außenmaße zu erweitern. Neues Isoliermaterial und Verkleinerung des Kompressors ermöglichen dieses Bestreben. Folgende weitere Geräte werden kurz beschrieben: Elektrischer Konservendosenöffner, Mixgeräte, Mehrzweckgeräte (zum Schlagen, Schneiden oder auch zum Messerschärfen), elektrischer Heizkessel (3 kW, 1 pt. [0,57 l] Wasser kocht in 85 Sek.) und Geschirrwaschmaschinen (z.T. mit eigener Heizung und Preßluftwaschvorrichtung). U.Bergner. 7205.

1-64/04-0433 L i n n e r t, Alfred. Geschirrspülen jetzt leicht gemacht. - Techn. u. Landwirtsch. 15 (1963) Nr. 16. S. 383. - 2 Abb.
Beim Geschirrspül-Automat dauert die Spülzeit 11 Min., bei Anschluß an Warmwasser nur 7 Min. Das benutzte Geschirr wird in den Automaten gestellt und dem Wasser Vor- und Nachspülmittel hinzugegeben. Spülung und Trocknung erfolgen vollautomatisch. E.Nowatzky. 7205.

D. KONSERVIERUNG UND LAGERUNG DER NAHRUNGSMITTEL

1-64/04-0434 R a n g, Willi. Brauchen wir einen Kühlraum? - Techn. u. Landwirtsch. 15 (1963) Nr. 15. S. 350-351.
Seit vielen Jahren ist die Kältetechnik in der Lage, durch Kühlräume oder Einzelgefriertruhen Voraussetzungen zu schaffen, die es dem Landwirt ermöglichen, jederzeit seine Fleischprodukte zu konservieren, ohne dabei an bestimmte Jahreszeiten gebunden zu sein. Das Tiefgefrieren schafft die Voraussetzungen, die Schlachtung ohne Risiko und Verlust selbst im Hochsommer durchzuführen. Die Schlachtwaren werden im Kühlraum auf eine Temp. von +4 bis 6 °C heruntergekühlt. Beim Bau von Kühlräumen ist zu beachten, daß in 2 Schichten isoliert wird, die Fugen verdeckt werden, um Wärmebrücken zu vermeiden. Für die Wandverkleidung haben sich Fliesen als zweckmäßig erwiesen.
E.Nowatzky. 7305.

1-64/04-0435 A n o n y m. Einfrieren? Ja - aber richtig! - Techn. u. Landwirtsch. 15 (1963) Nr. 15. S. 352-353.
Einfrieren ist die beste Konservierungsart für Lebensmittel. Fleisch wird in Kunststoff- oder Al-Folie verpackt eingefroren. Obst und Gemüse friert man in Kunststoffbeuteln, Kunststoffschläuchen, gewachsten Kästchen oder Klarsichtdosen ein. Die Gefriertruhe ist alle 5 Mon. zu reinigen. In Abb. werden Hinweise für das richtige Einfrieren gegeben. E.Nowatzky. 7305.

1-64/04-0436 B e h r e n d t, Annelise. Gefrierfächer in der Statistik. - Landtechnik 18 (1963) Nr. 17. S. 524. - 2 Tab.
Eine landwirtsch. Betriebszählung in der BRD zeigte am 31. 5. 1960 1761114 landwirtsch. Betriebe. Davon hatten 111368 Betriebe = 6,3 % die Möglichkeit, im eigenen Haushalt Lebensmittel für die Vorratshaltung einzufrieren (Gefriertruhe oder Gefrierschrank). Kleinbetriebe benutzen vorwiegend Gemeinschaftsanlagen. Eine Tab. zeigt die Verwendung von Gefrierfächern nach Betriebsgrößenklassen und eine die Verwendung von Gefrierfächern nach Ländern der BRD. H.Thömke. 7305.

1-64/04-0437 M o r a g n e, Lenora, L o n g r é e, Karla und W h i t e, James C.; Ithaca, N.Y., Cornell-Univ. Effect of a scraper-lifter agitator on cooling time of food. (Der Einfluß eines Schneckenförderers auf die Kühlzeit von Nahrungsmitteln.) - J. Milk Food Technol. 26 (1963) Nr. 6. S. 182 bis 184.
In vorliegender Untersuchung werden techn. Messungen über die Kühlungszeiten von Eierrahm und Pudding in einem Spezialapparat beschrieben. Der Apparat ist mit einem U-Rohr ausgestattet, durch das ein Kühlmittel geleitet wird. Ein mit Motorkraft angetriebener konischer Schneckenförderer sorgt für ständige Bewegung des zu kühlenden Mediums. Ziel der Versuche war, verläßliche Informationen über Kühlzeiten und Konsistenzveränderungen der Mixturen in

Abhängigkeit von der Rotationsgeschwindigkeit des Schneckenförderers und der Mischungskomponenten zu erhalten. Kürzere Kühlzeiten ließen sich bei Verwendung von weniger Getreidestärke und höherer Rotationsgeschwindigkeit der Schnecke erzielen. Unterschiedliche Eier- und Zuckermengen übten keinen Einfluß auf die Kühlzeit aus. Die Anwendung der Förderschnecke ermöglichte gegenüber anderen Versuchsanordnungen ein sehr schnelles Abkühlen der Nahrungsmittel bei verhältnismäßig schonender Behandlung. W.Gimmler. 7305.

1-64/04-0438 M o s l é, Hüter-Georg. Werkstoffprobleme unter besonderer Berücksichtigung der Kunststoffe und des Korrosionsschutzes an Haushaltsgeräten am Beispiel der Kühl- und Waschgeräte. - VDI-Z. 105 (1963) Nr. 36. S. 1735. 7305.

1-64/04-0439 H e r r m a n n, Josef. Lehrbuch der Vorratspflege. Haltbarmachen, Frischhalten und Lagern von Lebens- und Futtermitteln. Berlin: VEB Deutscher Landwirtschaftsverlag. 1963. (XVIII, 988 S. m. 156 Abb., 32 S. Sachregister u. 112 Tab.) 25 x 18 cm. DM 48,--.

Das Lehrbuch enthält eine ausführliche Darstellung der gesamten Vorratspflege für die Produktionsbereiche der Lebensmittelindustrie und der Landwirtschaft. Es berücksichtigt den neuesten Stand der wissenschaftlichen Forschung und der Technologie der Vorratswirtschaft. Das Lehrbuch ist gegliedert in eine allgemeine und eine spezielle Vorratspflege. Im ersten Teil werden Entwicklung der Vorratspflege, Zusammensetzung der Lebens- und Futtermittel, Veränderungen der Lebens- und Futtermittel während der Lagerung und Verfahren der Vorratspflege behandelt. Der zweite Teil des Lehrbuches gibt einen Überblick über die spezielle Vorratspflege der einzelnen pflanzlichen und tierischen Produkte. Ein Literaturnachweis und ein ausführliches Sachregister ergänzen das Lehrbuch. L.Machler.

E. WASCHEN UND KLEIDERPFLEGE

1-64/04-0440 A n o n y m. Welche Waschmaschine? - Techn. u. Landwirtsch. 15 (1963) Nr. 16. S. 383-384.

Waschmaschinen erleichtern der Hausfrau die schwere körperliche Arbeit beim Waschen. Folgende Bauarten stehen zur Verfügung: Die beheizten Trommelwaschmaschinen als Vorläufer aller Waschautomaten, die beheizten oder unbeheizten Rührwerk-Waschmaschinen und die beheizten Wellradmaschinen. Die größte Arbeitsentlastung bringen Waschautomaten, bei denen der gesamte Arbeitsgang beim Waschen und Spülen einschl. Wasserzu- und -ablauf automatisch abläuft. Die nasse Wäsche muß nach Beendigung des Arbeitsablaufes aus dem Gerät genommen und gesondert geschleudert werden. Bei Waschkombinationen befinden sich Wäschetrommel und Schleuder im gleichen Gehäuse.

E.Nowatzky. 7405.

1-64/04-0441 A n o n y m. Home laundry equipment and vacuum cleaners. (Waschmaschinen und Staubsauger.) - Electr. Rev. 173 (1963) Nr. 15. Suppl. S. 32-34. - 12 Abb.

Neue Waschmaschinen verschiedener Firmen werden kurz beschrieben und ihre Preise diskutiert. Die Doppelbottichwaschmaschinen sind hierbei bes. erwähnenswert. Stromaufnahmen und Waschqualität der Waschmaschinen werden mitgeteilt. Weiterhin werden Wäschetrockner als Trommeltrockner oder mit elektrischer Heizung angeführt. Nach einer kurzen Betrachtung des neuesten Stan-

des der Entwicklung elektrischer Bügeleisen (Dampfbügeleisen gewinnen an Popularität) werden noch Bohnerbesen und Staubsauger vorgestellt.
U.Bergner. 7405.

G. HYGIENEEINRICHTUNGEN

1-64/04-0442 R e i n s c h, H. Die Installation von Duschbädern in Landhaushalten. - Haustechn. Rdsch. 62 (1963) Nr. 10. S. 255.

In Landhaushalten mit Raummangel ersetzt das billige Duschbad das Wannenbad. Das stets betriebsbereite Duschbad besteht aus einer Duschwanne von 80 x 80 x 20 cm, einem Heißwasserbereiter sowie einer verstellbaren Handbrause mit Führungsstange. Es kann in irgendeiner Ecke eingerichtet werden, z.B. in der Futterküche, der Kannenspüle, in einem Abstellraum oder in der Toilette. Voraussetzung für die Installation ist das Vorhandensein von fließendem Wasser. W.Stein. 7605.

H. HAUSWIRTSCHAFT/AUSSTELLUNGEN, TAGUNGEN, VORFÜHRUNGEN, REISEN, ÜBERSICHTEN

1-64/04-0443 A n o n y m. Köln - eine internationale Messe. Zweiter Bericht von der Kölner Hausrat- und Eisenwarenmesse vom 5. bis 8. September 1963. - Elektro-Techn. 45 (1963) Nr. 30. S. 599-606.

Die wichtigsten techn. Daten der ausgestellten Maschinen - Waschmaschinen und Schleudern, Geschirrspüler, Kühl- und Gefrierschränke, Küchenmaschinen und Mixgeräte, Toast-, Grill-, Koch- und Warmhaltegeräte, Raumpflegegeräte, Bügelgeräte, Warmluft- und Klimageräte, Heißwassergeräte, Kaffeemühlen, Heizdecken, elektr. Wecker, Entsafter, elektr. Zahnbürsten, Gesichtssauna, Dosenöffner, Messerschärfer, Flaschenöffner, Bohrmaschinen, Sägen, Rasenmäher, Miniaturlötkolben, elektr. Heckenscheren, Elektroschlackenhammer, Elektrogeschirr - werden angegeben und z. T. die Funktionsweise kurz beschrieben. Dabei wird auf die Verbesserungen gegenüber vorhandenen älteren Modellen der Herstellerfirma aufmerksam gemacht. W. Stein. 7705.

1-64/04-0444 A n o n y m. Electricity's contribution to industrial building. (Elektrobeitrag zu Industriebauten.) - Electr. Rev. 173 (1963) Nr. 21. S. 812-813. - 11 Abb.

Auf einer Ausstellung in London zeigten 22 Firmen neue Konstruktionsmethoden, Materialien und Ausrüstungen. Es werden u.a. hervorgehoben: Eine automatische Wasserheizung für Küche und Bad; eine Küche-Bad-Einheit; Leuchtstoffröhren; Entlüftungsgebläse; elektrischer Rotationshammer; neue Heizkörper und eine automatische Waschmaschine. G.Reumschüssel. 7705.

IX. G A R T E N B A U E I N S C H L I E S S L I C H O B S T - U N D W E I N B A U

D. GARTENBAUTECHNISCHE BETRIEBSANGELEGENHEITEN

1-64/04-0445 G r o c h o w s k i, J. Udział pracy ludzkiej siły pociągowej w produkcji sadowniczej. (Der Anteil an menschlicher Arbeit und Zugkraft im Obstbau.) - Zagadnienia Ekon. rolnej 1963 Nr. 2. S. 134-141. - 6 Tab.

Handarbeits- und Zugkraftaufwand sind an den Produktionskosten des Obstbaues maßgeblich beteiligt. Vf. zeigt den Arbeits- und Zugkraftaufwand je ha und je dt Obst auf und vergleicht die Werte mit denen ähnlicher Obstpflanzungen. Der Aufwand ist in den einzelnen Jahren und Betrieben sehr unterschiedlich; dies zeugt davon, daß es eine einheitliche Produktionstechnologie nicht gibt. PRL/CBR, übersetzt v. O.Kasperl. 9170.

F. GARTENBAU/ENERGIE, KRAFTMASCHINEN UND SCHLEPPER

1-64/04-0446 A n o n y m. AGRIA bringt kleines 4-Rad-Motorgerät! - Dtsch. Baumschule 15 (1963) Nr. 10. S. 302-303. - 1 Abb.

Von den Agria-Werken, Möckmühl, wurde ein 8-PS-Radschlepper auf den Markt gebracht, der auf Grund seiner Abmessungen für den Einsatz in bestimmten gartenbaulichen Kulturen bes. geeignet erscheint. Die Maschine ist 1950 mm lang, 1000 mm hoch; die engste Spurweite beträgt nur 570 mm. Sie ist mit einem luftgekühlten 4-Takt-Dieselmotor (3000 U/min) und einem Schaltgetriebe ausgerüstet, das in 12 Abstufungen Geschwindigkeiten von <1,0 bis 15 km/h ermöglicht. Reifengröße: 600-16 AS (hinten) und 400-12 MM (vorn). Bodenfreiheit 270 mm, Masse 480 kg. Der Schwerpunkt liegt verhältnismäßig tief, der Anhängepunkt für die Geräte vor der Hinterachse. Für diese Maschine, die 4-Rad-Merkmale mit Einachser-Vorzügen verbindet, besteht eine eigene Gerätereihe. H.Erfurth. 9270.

G. GARTENBAU/TRANSPORT UND FÖRDERUNG

1-64/04-0447 K r u s z e, N. Środki transportu i łączności w indywidualnych gospodarstwach warzywniczych. (Die Transportmittelfrage in individuellen Gemüsebaubetrieben.) - Roczniki Nauk rolniczych, Ser. G 77 (1963) Nr. 1. S. 19-40. - 3 Abb., 3 Tab., 8 Lit.

Zur Erfassung des Transportmittelbesatzes im Gemüsebau wurden in 11 Gemüseproduktionszentren (Warschau, Zakroczym, Dwikozy, Gdańsk u.a.) 180 Betriebe untersucht, davon 125 mit Freilandanbau, 55 mit Anbau unter Glas. Ferner wurden Beziehungen zwischen der Anzahl und Qualität der Fahrzeuge und der Lage des Betriebes, seiner Größe, Produktionsrichtung und Intensität ermittelt. Vf. unterschied Transportmittel für Personen und Güter: LKW, Schlepper, PKW, Motorräder; Pferdegespanne, Wagen verschiedener Beschaffenheit. PRL/CBR, übersetzt von O.Kasperl. 9305.

1-64/04-0448 K r i j g s m a n, H.K. und L o o k e r e n C a m p a g n e, P. van; Wageningen, Inst. voor Tuinbouwtechn. Stapelborden op fruitteeltbedrijven. (Paletten für Obstbaubetriebe.) - Fruitteelt 53 (1963) Nr. 22. S. 676-679. - 7 Abb.

Ergebnisse über den Einsatz von Paletten in niederländischen Obstbaubetrieben werden mitgeteilt. In den Obstanlagen bringt die Verwendung von Paletten wenig Vorteile, da die Laufzeit zu den mit Kisten besetzten Paletten bis zu 20 % beträgt. Vorteile des Palettenverkehrs bestehen hauptsächlich beim Beladen mit Leergut und Entladen im Obstlager. Die Raumausnutzung im Obstlagerraum ist bei der Palettenverwendung günstiger, außerdem kann 1 AK sämtliche Transportarbeiten verrichten. Außerhalb der Erntezeit kann die Hubstapelvorrichtung am Schlepper auch für andere Transportarbeiten eingesetzt werden. Neben den meßbaren Vorteilen des Palettenverkehrs ist die wesentliche Arbeitsbeschleunigung und Arbeitserleichterung zu vermerken. Auch wird das Kistenmaterial geschont und der Anteil an Druckstellen vermindert. Der Bericht geht außerdem auf die techn. Ausrüstungen für den Paletteneinsatz, unterschiedliche Palettentypen, deren Abmessungen und Qualität sowie auf die Preise ein. Eine Palette in guter Qualität wird mit 15-25 f veranschlagt, in geringer Qualität mit 10-16 f. Handpalettenstapler liegen in ihren Kosten bei 800-1200 f. W.Blasse. 9310h.

1-64/04-0449 L a u e n s t e i n, A. und W a a g e, K.: Potsdam-Bornim, Inst. für Landtechn. der Dtsch. Akad. der Landwirtsch.-Wiss. zu Berlin. Spezialisierung auf Großflächen. Die Wirtschaftlichkeit des Maschineneinsatzes im Feldgemüsebau. - Dtsch. Gärtnerpost 15 (1963) Nr. 13. S. 3. - 4 Diagr., 2 Tab.

In 26 gemüseanbauenden Betrieben wurde die Wirtschaftlichkeit des Maschineneinsatzes im Feldgemüsebau und bei den wichtigsten Maschinen die Kosten ermittelt sowie die Einsparung an AKh der Gespann- und Handarbeit gegenübergestellt. Vff. verweisen auf die Struktur der Betriebe, da diese auf die Kosten des Maschineneinsatzes wesentlichen Einfluß haben. Viele Gemüseflächen sind durch Zersplitterung oder durch zu kleine Flächen je Gemüseart nicht mechanisierungswürdig. Das ist bei der betrieblichen Planung unbedingt zu berücksichtigen. R.Höhn. 9405b.

H. GARTENARBEITEN - AUSSCHLIESSLICH ERNTE

1-64/04-0450 A n o n y m. Water geven tegen droogte en nachtvorst. (Wasser gegen Trockenheit und Nachtfrost.) - Fruitteelt 53 (1963) Nr. 19. S. 560 bis 562. - 5 Abb.

Wenn die Wasserzusammensetzung es zuläßt, ist das Beregnen in Obstanlagen über den Kronen gegenüber dem Berieseln wirksamer; der Fe-Gehalt sollte max. 3 mg/l nicht übersteigen. Zu Beginn der Vegetationsperiode ist die Empfindlichkeit gegenüber Eisen geringer. Während der Blüte ist z.B. auch bei Fe-haltigem Wasser durch die Frostschutzberegnung kein Schaden aufgetreten, während bei Nachtfrösten nach der Blütezeit Vorsicht geboten ist. Bei stark Fe-haltigem Wasser kann nach der Blütezeit nicht mehr über den Kronen geregnet werden, es kann nur eine Beregnung mit flach werfenden Regnern unterhalb der Kronen erfolgen. Auf trockenen Böden ist das Beregnen eine sehr rentable Kulturmaßnahme, wobei transportable Anlagen mit stationärer Hauptleitung am vorteilhaftesten sind. Das Verregnen von Pflanzenschutzmitteln scheint bei der Schorfbekämpfung erfolgreich zu sein, über die Wirksamkeit bei anderen Krankheiten und Schädlingen kann noch nicht abschließend berichtet werden. Die Berieselung hat unter niederländischen Verhältnissen nur in ganz trokkenen Jahren als Zusatzbewässerung Bedeutung. A.Lauenstein. 9410db.

1-64/04-0451 A n o n y m. Dutsch band spreader. (Holländischer Streifendüngerstreuer.) - Farm Implement Machinery Rev. 89 (1963) Nr. 1062. S. 1405. - 1 Abb. Aus: Dok.-Dienst ILT 1963 Nr. 10.

Der Schleuderstreuer der Fa. C. van der Lely besitzt in Blechgehäuse gefaßte Schleuderscheiben, nach beiden Seiten tangential anschließende Abwurfstutzen mit Abwurfhauben zur Regelung der Streubreite. Die Zusatzgehäuse sind demontierbar. Der Streuer ist vor allem für den Einsatz in Obstanlagen geeignet.

9420c.

1-64/04-0452 M i e r s w a, D. Erdaufbereitungsmaschine RAPIDO. - Dtsch. Gartenbauwirtsch. 11 (1963) Nr. 8. S. 156. - 1 Abb.

Von der Fa. W. Teuwen, Überlingen/Bodensee, wurde ein Erdaufbereiter entwickelt. Bei dieser Maschine gelangt das von Hand einzuwerfende Material über eine exzentrisch schwingende Rüttelplatte zu den Arbeitswerkzeugen. Diese bestehen aus 24 beweglich gelagerten Schlegeln (davon 6 T-Schlegel). Die Geschwindigkeit der Arbeitswelle kann mittels Keilriemen auf 1100 oder 1400 U/min eingestellt werden. Je nach Struktur läßt sich dadurch das Material mehr oder weniger stark zerkleinern. Der Antrieb der Maschine erfolgt mit einem 5,5-kW-Motor. Um Steine von der Erde zu trennen, befindet sich vor dem Schlegelwerk ein Kettengehänge. Die Auswurfhöhe kann durch ein verstellbares Deckblech reguliert werden. Der Einfülltrichter ist so groß bemessen, daß ihn 3-4 Personen beschicken können. Dadurch sind Leistungen von 10-12 m^3/h möglich. Die Qualität aufbereiteter Substrate ist gut. Von der DLG ist die Maschine bisher noch nicht geprüft worden. H.Erfurth. 9425c.

1-64/04-0453 F r i e d r i c h, A.; Quedlinburg-Ditfurt, Fachschule für Gartenbau. Der Einsatz der vorhandenen Technik bei den Pflanzarbeiten. - Dtsch. Gartenbau 10 (1963) Nr. 6. S. 150-152.

Vf. gibt Hinweise, wie die Pflanzmaschine "Pfl 5" (Manhardt) und der Gemüseerntewagen "GEW/S" (RTS Spezialwerkstatt Cottbus) zu den Pflanzarbeiten im Gemüsebau und zum Legen vorgekeimter Frühkartoffeln verwendet werden können. Es wird gezeigt, wie durch geringfügige Veränderungen die Leistungen einer Maschine erhöht bzw. völlig neue Einsatzmöglichkeiten erschlossen werden können. Der Gemüseerntewagen dient dazu, die getopften Jungpflanzen in vormarkierte Pflanzstellen auszulegen, so daß dem Pflanzer nur der direkte Pflanzvorgang bleibt. Durch Anwendung von Paletten zum Pflanzentransport kann zusätzlich Pflanzenmaterial vom Schlepper mitgeführt werden.

E.Krusekopf. 9435e.

1-64/04-0454 G o l t z, Horst; Potsdam, Pflanzenschutzamt. Chemische Unkrautbekämpfung im Zierpflanzenbau. - Dtsch. Gärtnerpost 15 (1963) Nr. 17. S. 10.

Die Herbizidanwendung gestaltet sich bei Zwiebel- und Knollengewächsen rel. günstig, da diese eine gewisse Widerstandsfähigkeit gegenüber Herbiziden aufweisen. Im Vorauflaufverfahren eignen sich "Hedolit-Konzentrat", "Elbanil", "W 6658" und "Vorauflaufherbizid EP 30". Bei Gladiolen wird vor dem Anwenden von Wuchsstoffmitteln gewarnt. Aufgezählt werden die für Dahlien, Maiblumen und Eriken-Topfkulturen geeigneten Mittel. Bei der Ziergehölzanzucht ist "Simazin" geeignet. Lediglich einige Steinbrech- und Ölbaumgewächse sind empfindlich. Rosen und Koniferen vertragen das Präparat. R.Höhn. 9440k.

1-64/04-0455 K l i n g e r, G.: Leipzig, VEB Bodenbearbeitungsgeräte. Neue Spezialmaschinen zur Mechanisierung des Gemüse- und Obstbaues. - Wiss.-techn. Fortschr. Landwirtsch. 4 (1963) Nr. 9. S. 416-421. - 9 Abb., 1 Schema, 9 Lit.

Die volkseigene Landmaschinen- und Traktorenindustrie hat Spezialmaschinen und Geräte für den Obst- und Gemüsebau entwickelt, die erfolgreich geprüft und auch im Ausland mit positivem Ergebnis eingesetzt wurden. Mit techn. Daten, Einsatzmöglichkeiten, Vorteilen, AK-Bedarf und Einsparung gegenüber älteren Verfahren und Handarbeit werden die Pflanzmaschine "A 821", das motorisierte Erdsieb "B 904", das Gemüseförderband "T 010", die Zwiebelputz- und-sortieranlage "B 902", die Reisighackmaschine "B 900" und der Tiefladeanhänger "T 015" ausführlich beschrieben. R.Höhn. 9445a.

1-64/04-0456 S c h w a r z, G. Fruchtbeladene Äste stützen oder hochhängen? - Obstbau /Stuttgart/ 82 (1963) Nr. 8. S. 164. - 3 Abb.

Ein längerer Schnitt der Obstgehölze führt zu verminderter Stabilität des Astgerüstes. Herabhängende, fruchttragende Äste behindern beim Mulchen oder bei der Gründüngungseinsaat, häufig kommt es zu Astbruch. Zum Anheben abgesenkter Äste empfiehlt Vf. statt Stützen Asthalter aus billigem 7 mm Rundstahl (Betonarmiereisen, II. Wahl), die im Eigenbau hergestellt werden können. Die Vorteile dieser Haken sind: keine Behinderung der Bodenpflege, rasches Anbringen und Abnehmen, Eignung zum Formieren, hohe Tragkraft, lange Lebensdauer und geringer Platzbedarf am Lager und beim Transport.
H.Erfurth. 9445d.

1-64/04-0457 K r a u s, R. Wirtschaftliche Maschinenverwendung im Weinbau. Flurbereinigung ist die Grundlage. - Techn. u. Landwirtsch. 15 (1963) Nr. 16. S. 367-370. 372. 373. - 11 Abb.

Der Maschineneinsatz in den Winzerbetrieben ist davon abhängig, ob der Weinbau als Hauptbetrieb oder als Nebenbetrieb der Landwirtsch. geführt wird. Nach den bisherigen Erfahrungen über den Arbeitsaufwand entfallen in gut mechanisierten Betrieben auf: Transporte 20 %, Bodenbearbeitung 20 %, Pflanzenschutz 10 % (insgesamt davon 50 % mechanisierbare Arbeiten); Erntearbeiten 20 %, Rebpflege, Schnitt u.a. 30 % (schwer oder nicht mechanisierbare Arbeiten). Der Maschinenpark im Weinbaubetrieb umfaßt Traktoren, einschl. Motorhacken und Anbaugeräte, Seilwinden und Pflanzenschutzgeräte. Über die Maschinen und Geräte, deren Zusatzeinrichtungen und Einsatz bei unterschiedlicher Betriebsgröße wird berichtet. E.Nowatzky. 9445e.

1-64/04-0458 S k o č i k, M. Rozbor vlastních nákladů výroby na výsadbu a ošetrování 1 ha vinic na terasách. (Analyse der Selbstkosten bei der Pflanzung und Pflege von 1 ha Weinbergsfläche auf Terrassen.) - Vinohrad /Praha/ 1 (1963) Nr. 5. S. 67-69. - 1 Abb., 4 Tab.

Vf. berichtet über die Nutzbarmachung steiler Hänge durch Terrassierung. Bis zu einem Neigungswinkel von 45° wurde aufgerebt. Die Selbstkosten je ha Weinbergsfläche wurden auf Terrassen mit normaler Hochkultur und mittelhoher Erziehungsart verglichen. Die Terrassenkultur erwies sich als die kostspieligste. Im 4. Jahr nach dem Aufreben konnten noch keine vollen Ernten erzielt werden. Dennoch wird die Terrassierung befürwortet, da durch den Weinbau stark hängiges Gelände optimal genutzt wird.
ČSSR/ÚVTI. 9445e.

1-64/04-0459 M a t h e s, Klaus; Bad Kreuznach, Landes-Lehr- und Versuchsanst. für Weinbau, Gartenbau und Landwirtsch. Plastikmaterial zum Anbinden der Stämme und Tragruten im Weinbau. - Dtsch. Weinbau 18 (1963) Nr. 10. S. 363-364. 366-367.

Zur geraden Stammerziehung werden Reben gepfählt. Beim Maschineneinsatz - Bodenbearbeitung, vollautomatische Stockräumer u.a. - werden krumme Stämme oftmals beschädigt. Als Bindematerial dienten bisher Weiden, Roggenstroh und Drahtkordel. In den letzten Jahren wurden verschiedene Plastikbänder erprobt: Plastikschnur, Plastikband und gezahntes Plastikband. Am günstigsten wurde das gezahnte Plastikband beurteilt. Auch beim Gerten der Tragruten wurden mehrere Plastikbänder geprüft. Es handelt sich um: "Allplastik", "Elmü", "Schumm", "Zeller-Plastik", "Eins-Zwei-Befestiger", Ringbefestiger und Heftklammern. Nach den vorliegenden Versuchen ist die Papierkordel von 12 cm Länge mit 1,3 mm Drahteinlage immer noch das beste Gertmaterial, da Preis und Arbeitsaufwand geringer sind. R.Höhn. 9445e.

1-64/04-0460 M a n o v, L. und P e t r a k i e v, A. Ustanovjavane na podchodjašta kinematika pri obrabotvaneto na tesnoredovi lozja vŭrchu terasirani plošti sŭs sŭštestvuvaštite kŭm traktor TL-30 Bolgar počvoobrabotvašti mašini. (Die Ermittlung der günstigsten Kinematik bei der Bearbeitung von engezeilten, terrassierten Weinbergsflächen mit den zum Traktor "TL-30 Bolgar" vorhandenen Bodenbearbeitungsmaschinen.) - Izvestija an Naučnoizsledovatelskija institut po mechanizacija i elektrifikacija na selskoto stopanstvo, Sofija 3 (1962) S. 127-151. - 14 Abb., 11 Tab., 4 Lit.

Zum Einsatz kam der Spezialschlepper "Bolgar" mit je einem Pflug zum An- und Abhäufeln, mit einem Kultivator und einem Teleskopkultivator. Die Widerstände der einzelnen Aggregate wurden bei unterschiedlichem Terrassengefälle gemessen. Bis zu 12 % Gefälle war ein sicheres Arbeiten möglich. Verschiedene Einsatzverfahren wurden verglichen; dabei war der Anteil der Leerläufe unterschiedlich. Die geeignetsten Arbeitsweisen bei der Bearbeitung von Hängen und Terrassen mit 2, 3 und 4 Rebzeilen je Terrasse werden empfohlen. Die Breite der Wendestreifen sollte mindestens 6-7 m betragen. Der Einfluß des Gefälles auf die Arbeitsqualität der verschiedenen Aggregate, die Größe der Schutzzone, Schlupf des Schleppers und Fahrgeschwindigkeit wurden erfaßt, entspr. Kennziffern erarbeitet. Bei 9 % Gefälle war die Arbeit auf den Terrassen erheblich erschwert. NRB/ZENTI, übersetzt v. Ch.Eshkowa. 9445e.

I. FRÜHBEETE UND GEWÄCHSHÄUSER

1-64/04-0461 S p a s o v, S., G j u r o v, S. und P e t k o v a, T. Proučvane vlijanieto na njakoi zamestiteli na dŭrvenite kasi vŭrchu temperaturnija režim i dobiva pri parnikovoto proizvodstvo na krastavici. (Ersatzstoffe statt Holzrahmen bei Frühbeeten, ihr Einfluß auf Temperaturgestaltung und Ertrag bei Kastengurken.) - Trideset godini Naučnoizsledovatelski institut za zelenčukovi kulturi "Marica". Jubileen sbornik-Plovdiv, Sofija 1962 S. 283-297. - 6 Abb., 5 Tab., 11 Lit.

Die Versuche wurden 1957-60 in Frühbeeten durchgeführt, die aus folgenden Materialien gefertigt waren: Nadelholz (=Kontrolle), Schaumbeton, Ziegel, Schlackenbeton (alles Dauerkästen) und Hohlziegel (provisorischer Kasten). Der Anbau erfolgte im Febr./März, nachdem 50 cm Bioheizstoff gepackt wurden. 3 Pflanzen/Fenster wurden so gepflanzt, daß zur Wand eine Entfernung von 30 cm eingehalten wurde. Als bester Holzersatz bei Dauerkästen erwies sich Schlackenbeton; gegenüber Holzkästen waren Temperaturverlauf und Gesamternte gleich, der Frühertrag um 8-15 % erhöht. Frühbeetwände aus Schlackenbeton befriedigten auch in qualitativer und wirtsch. Sicht. Die schlechtesten Ergebnisse wurden mit dem Baustoff Ziegel erreicht; Früh- und Gesamterträge lagen 17 bzw. 14 % unter dem Wert der Kontrolle, der Temperaturverlauf war stark abweichend. Mit Hohlziegeln konnte zwar der gleiche Frühreifeindex erzielt werden, aber der Gesamtertrag war gegenüber der Kontrolle um 7 % vermindert. In den Kästen aus "Peno"-Beton wurde die Entwicklung der Pflanzen durch häufige Reparaturen gestört.

NRB/ZSNTI, übersetzt v. Ch.Eshkowa. 9510b.

1-64/04-0462 G a l a n t i, M.; Charleroi, Inst. Nat. du Verre. Propriétés des verres et constructions horticoles. (Besonderheiten der Verglasung und Bauweisen im Gartenbau.) - Ann. Gembloux 69 (1963) Nr. 2. S. 587-600. - 4 Abb.
9510bf.

1-64/04-0463 S p e k, J.C. Kunststof in de kassenbouw. (Kunststoffe im Gewächshausbau.) - Vakbl. Bloemisterij 18 (1963) Nr. 15. S. 298-299. - 8 Abb.
Im Gewächshausbau gibt es eine Reihe von Übergängen von der traditionellen Bauweise bis zur reinen Kunststoffkonstruktion aus zusammensetzbaren Polyester-Segmenten; so werden Kunststoffe zur Verkleidung von Gewächshäusern mit herkömmlichen Hauptkonstruktionsteilen auf verschiedene Weise verwendet. Vf. beschreibt ein 2schiffiges Gewächshaus mit 600 m^2 Grundfläche (8 m Schiffbreite), bei dem die Hauptkonstruktionsteile der herkömmlichen Bauweise entsprechen und eine Verkleidung mit 0,2 mm PVC-Folie vorgenommen wird. Das Haus ist sehr dicht und hell. Die Baukosten für ein solches Gewächshaus betragen 7,5-8,5 Gulden je m^2 Grundfläche (ohne Lüftungsanlage). Die Lebensdauer der Folie wird auf 2 Jahre geschätzt. A.Lauenstein. 9510bg.

1-64/04-0464 H e i s s n e r, A.; Großbeeren, Inst. für Gemüsebau der Dtsch. Akad. der Landwirtsch.-Wiss. zu Berlin. Zur Abnahme der Lichtdurchlässigkeit von Polyäthylenfolie durch Alterung und Verschmutzung. - Dtsch. Gartenbau 10 (1963) Nr. 9. S. 241-242. - 1 Abb.
Vf. berichtet über Lichtdurchlässigkeitsmessungen bei Folien der Folienzeltanlage des Kraftwerkes Zschornewitz. Im Umkreis dieses Kraftwerkes geht täglich ca. 15-20 g Flugasche je m^2 nieder. Bei dieser hohen Verschmutzung wurde bei einem Alterungszeitraum der Folie von 6,5 Monaten eine prozentuale Lichtdurchlässigkeit von 61 % gemessen, bei 2 Monaten 74 % und bei 20 Tagen 84 %. Gegenüber wenig gealterter Folie ist eine Minderung der Durchlässigkeit von 12 bzw. 27 % zu verzeichnen gewesen. Das Licht erfuhr im blauen Bereich eine größere Schwächung als im roten. Dieses ist um so ausgeprägter, je länger eine Folie zur Bedeckung verwendet wurde. Der Lichtgenuß wird auch durch die Kondensation von Wasser an der Folieninnenfläche beeinflußt.

Ch.Förtsch. 9510bg.

1-64/04-0465 G o r i n i, F.; Milano, Staz. Sperimentale di Ortifrutticoltura. I requisiti costruttivi delle serre rispetto alla necessità di illuminazione, aereazione e di riscaldamento. (Gewächshausbau unter Berücksichtigung der Licht-, Luft- und Heizungsverhältnisse.) - Riv. Ortoflorofrutticolt. ital. 46(87) (1962) Nr. 3. S. 272-288. - 7 Abb.
Es wird von in Leichtbauweise errichteten Gewächshäusern berichtet, die auf Grund konstruktiver Fertigung günstige Licht-, Lüftungs- und Beheizungsverhältnisse zeigen. Die asymetrische Dachkonstruktion erhöht bes. in lichtar-

men Wachstumsperioden den Lichteinfall. Zur Zusatzbelichtung wurden sowohl normale Lampen, als auch weiß emaillierte Quecksilberdampflampen in einer Stärke von 250 lx (für 10 m^2) eingesetzt. Die Lüftung wurde über ein Zahnradgetriebe so geregelt, daß eine durchgängige Dachlüftung erfolgte; unterstützt wurde der Luftaustausch mit in bestimmten Abständen angebrachten Gebläsen. Die Beheizung erfolgte in der Regel mit Ölfeuerungsautomaten, deren Steuerung allg. durch Thermostaten vorgenommen wurde. Als weitere Maßnahmen bei der Gewächshausbewirtschaftung sind die zur Schattierung benutzten Kupferkalklösungen sowie die Innenauskleidung mit Polyäthylen-Folie (0,07-0,18 mm Stärke und einer Lichtdurchlässigkeit von 80-90 %) zu erwähnen.

G.Müller/Leipzig. 9520.

1-64/04-0466 S c h r ö d e r, H. Axialventilatoren zur Luftumwälzung. - Gartenwelt 63 (1963) Nr. 20. S. 431-432. 9530

1-64/04-0467 D e i c k e, H.; Kleinwanzleben bei Magdeburg, GPG. Biegsame Heizrohre im Gartenbau. - Dtsch. Gartenbau 10 (1963) Nr. 10. S. 265-266. - 5 Abb.

Vf. berichtet über den erfolgreichen Einsatz von biegsamen Elektroheizrohren mit Al -Mantel in einem Tulpenzwiebellagerhaus (Experimentalbau). Eine Klimazelle (80 m^2 Grundfläche, 300 m^3 Rauminhalt) wurde mit 16 biegsamen, 10 m langen Heizröhren von je 1200 W bestückt, die in Kopplung mit der Frischluftzufuhr in einem Heizkanal installiert waren. Mit dieser Anlage können die Temp. bei geringsten Wartungskosten schnell reguliert und ausreichend konstant gehalten werden. Der Bau wird für die Lagerung von Tulpen und Gladiolen, für die Champignonkultur und die Kunstlichttreiberei von Tulpen genutzt. Die rel. hohen Energiekosten spielen bei der vielseitigen Nutzung des Baues und im Verhältnis zu den hohen Einnahmen bei der Champignonkultur eine untergeordnete Rolle.

H.Erfurth. 9545b.

1-64/04-0468 A n o n y m. Plastic bij kaverwarming. (Die Verwendung von Plaststoffen zur Gewächshauserwärmung.) - Vakbl. Boemisterij 18 (1963) Nr. 12. S. 220. - 4 Abb.

Um zu einer besseren Warmluftverteilung im Gewächshaus zu kommen, wurden Plastikschläuche aus Polyvenylchlorid (PVC) mit 0,30 mm Wandstärke verwendet. Der lichte Dmr. beträgt 30 cm. Diese leichten Kunststoffschläuche werden an der Gewächshauskonstruktion befestigt. Das Einblasen der Warmluft erfolgt durch Gebläse, die über den Heizöfen montiert sind, und von denen die Warmluftschläuche abzweigen. Durch Perforation der Schläuche tritt Warmluft auf der gesamten Länge der Schläuche aus. Schlauchlänge in den vorgegebenen Beispielen ca. 20 m. Neben Warmluft kann auch CO_2 eingeblasen werden. Als Vorteile dieses Systems werden genannt: Günstigere Warmluftverteilung, billige Herstellung des Leitungssystems und geringes Gewicht. Nach der Anzahl der aufgestellten Öfen richtet sich die Zahl der Schlauchleitungen. Gebläse: Leistung 3000 m^3/h, 2800 U/min.

W.Blasse. 9545d.

1-64/04-0469 W a l l, H. de ; Frankfurt/M., Land- und Forstwirtschaftskammer. Erfahrungen mit Sprühnebeleinrichtungen in der Gehölzvermehrung. - Rhein. Mschr. Gemüse-, Obst- u. Gartenbau 51 (1963) Nr. 4. S. 114-116. - 5 Abb., 1 Tab.

Zur Steuerung des Sprühnebels bei der Gehölzvermehrung wurden in 2 Baumschulen unter Praxisbedingungen 4 Geräte geprüft. Es handelt sich um 3 Geräte, die die Wasserzufuhr über Düsenrohrstränge durch ein Elektroventil steuern - das Elektronische Blatt (Aquamat), das Hanffadengerät nach Seemann und das Steuergerät "System Helfert" - und das Aerosolgerät "Defensor", das das Wasser aus einer 6-l-Wanne ansaugt und mit einem Propeller fein verstäubt. Am zuverlässigsten arbeitete das Elektronische Blatt. Bei dem Hanffadengerät wird zuviel Wasser gesprüht, außerdem reißen die Hanffäden bei zu feuchter Gewächshausluft. Das Steuergerät "System Helfert" reagiert sehr empfindlich und arbeitet gut und genau. Bei diesen 3 Geräten soll der Wasserdruck nicht zu stark schwanken und mindestens 2,5 at betragen. Der Defensor-Luftbefeuchter arbeitet vom Wasserdruck unabhängig. Der Wasserstaub ist sehr fein, der Boden muß zusätzlich gegossen werden. Bei allen 4 Geräten war der Bewurzelungserfolg bei Ziersträuchern und Koniferen befriedigend. Die Bewurzelung lag bei 80-95 % und erfolgte 4-6 Wochen vor der Wurzelbildung in von Hand gegossenen Vermehrungskästen. R.Höhn. 9550.

K. GARTENBAU/ERNTE

1-64/04-0470 K l i n g e r, G. Gemüseernteförderband "T 010". - Dtsch. Gärtnerpost 15 (1963) Nr. 24. S. 9.

Hersteller: VEB Bodenbearbeitungsgeräte Leipzig. Das Gemüseernteförderband "T 010" ist eine zapfwellenangetriebene Einachsmaschine. Über den in Schwingen gelagerten Rädern befindet sich der Rahmen mit einem Drehkranz. Auf diesem ist um 360° drehbar der Sortiertisch mit dem Gegengewicht und einseitig ausladend ein etwa 17 m langer freitragender Förderer gelagert. Durch die gelenkige Anbringung des Förderers am Sortiertisch und ein weiteres Gelenk an dessen Mitte läßt sich durch Spindeln und Handräder der gesamte Förderer in der Höhe verstellen und damit dem Erdboden anpassen. Die Arbeitsproduktivität kann mit diesem Gerät um etwa 100 % gesteigert werden. Effektive Arbeitsbreite etwa 18 m; Arbeitsgeschwindigkeit 0,2-1,2 km/h; Masse etwa 5000 kg; Zugkraft etwa 400 kp. Je nach abzuerntender Kultur und den Verhältnissen läßt sich das "T 010" in 3 Varianten aufrüsten: Zum Ernten von Gemüse, welches größenmäßig sortiert und in Kisten abgepackt werden soll; zum Ernten von Feingemüse, welches sofort in Kisten abgefüllt werden soll; zum Ernten und zur Direktverladung auf nebenherfahrende Transportmittel. E.Kirmse. 9560.

1-64/04-0471 A n o n y m. Fahrbare Erbsendreschmaschine in England. - Ind. Obst- u. Gemüseverwert. 48 (1963) Nr. 17. S. 533-535. - 2 Abb.

Zur rationelleren Grünerbsenernte werden in England fahrbare Dreschmaschinen eingesetzt. Zuvor wird das Kraut von Schwadmähern (Arbeitsbreite 2,25 m) in einem lockeren Schwad abgelegt. Nach meist sehr kurzem Abwelken überfahren Schlepper und Maschine den Schwad und das Kraut wird mit einer Pick-up-Walze aufgenommen. Über einen Einzugselevator gelangt es in die übliche konische Trommel. Der Schlägerwinkel kann bei laufender Maschine verändert und die Umdrehungsgeschwindigkeit der Schlägertrommel mittels Ketten eingestellt werden. Bei Geländeunebenheiten bis zu 10 % wird die Trommel automatisch in der optimalen Lage gehalten. Die Siebtrommelrahmen sind mit Nylon-Netzen versehen. Über Bänder gelangt das Druschgut zu den Reinigungsvorrichtungen (Gebläse, Schrägroulette). Die Körner werden in 250 oder 500 kg fassenden Großbehältern aufgefangen, die hydraulisch bewegt werden. Der Abtransport erfolgt ohne zusätzliche Frontlader. Das Kraut wird meist als Gründung verwendet. Die Maschine ist mit einem 45-PS-Dieselmotor ausgestattet und besitzt eigene Hydraulik. Die Ausführung als Sattelmaschine verteilt die hohe Masse (7 t) auf Schlepper und 2 Großräder so, daß der Bodendruck < 2 kg/cm^2 ist. Als Zugkraft wird ein 35-PS-Schlepper benötigt, der eine Fahrgeschwindigkeit von minimal 800 m/h zuläßt. Trotz 8,2 m Gesamtlänge ist die Maschine sehr manövrierfähig. Die durchschnittliche Flächenleistung beträgt 0,16 bis 0,32 ha/h. Für Bedienung und Überwachung wird außer dem Traktoristen nur 1 Person benötigt. H.Erfurth. 9560e.

1-64/04-0472 A n o n y m. Bohnenpflückmaschine "Altena". - Ind. Obst- u. Gemüseverwert. 48 (1963) Nr. 7. S. 205. - 3 Abb.

Die einreihig arbeitende Bohnenpflückmaschine ist einachsig, hat Zapfwellenantrieb und wird von einem 30-PS-Traktor mit Dreipunkthydraulik gezogen. Die Pflücktrommel ist beweglich und pendelnd am Hauptgestell angebracht, sie arbeitet selbsttastend. Durch die Vorreinigung und Hauptreinigung mittels Gebläse wird ein einwandfreies Pflückgut erreicht. Alle fremden Bestandteile (Blätter, Steine u. a.) werden auf das abgeerntete Feld geblasen. 2 AK ernten in 8 Std. etwa 1 ha Bohnenfläche ab, die Reihenentfernung der Bohnen beträgt mehr als 40 cm. R.Höhn. 9560e.

1-64/04-0473 S i m o n, H. Entblättern und Roden von Rosen in einem Arbeitsgang. - Dtsch. Gärtnerpost 15 (1963) Nr. 44. Neue dtsch. Obstbau 9 Nr. 11. S. 162.

In der volkseigenen Baumschule Wilsdruff wurde ein Verfahren entwickelt, um das Roden und Entblättern von Rosen in einem Arbeitsgang zu vereinigen. Dazu wird der Pflegeschlepper "RS 09" verwendet, für den eine frontseitig zu montierende, mit Lederriemen versehene Entblätterungswelle (550 U/min) und ein leichter Anbaurodepflug entwickelt wurden. Beide Geräte sind in der Höhe hydraulisch verstellbar. Diese neue Technologie wirkt sich für die Baumschule arbeitsorganisatorisch und pflanzenbaulich vorteilhaft aus. W.Schuricht. 9565m.

1-64/04-0474 G e n t e t, C. Organisation des chantiers de récolte des fruits. (Einrichtung des Gerätesystems für die Obsternte.) - Arboricult. fruitière /N.S./ 10 (1963) Nr. 116. S. 19-23. - 14 Abb.

Es wird von der 1. Tagung berichtet, die über dieses Thema in Frankreich stattgefunden hat. In einem Obstbaubetrieb wurden Ernte- und Transportgeräte vorgeführt. Die Einrichtung des Gerätesystems wird bestimmt durch die Lage der Vermarktungsstation in bezug auf die Obstanlage, den Zustand des Geländes und der Zufahrtswege während der Ernte, die Dauer der Ernte, die Erntemenge und die Empfindlichkeit der Früchte. Im Vorführungsbetrieb ernteten die Pflücker beim Einsatz von Großkisten im Vergleich zu Kisten und Paletten etwa 30 % mehr. Für folgende Geräte werden gebräuchliche Ausführungen und Eigenschaften beschrieben und die wichtigsten Anforderungen genannt: Pflückkorb, Kiste, Großkiste, Hubgabel, Gabelstapler, Anhänger (Tieflader), Pflückleiter und Pflückbühne. D.Neumann. 9570a.

1-64/04-0475 P e t r i. Erntemaschinen für schwarze Johannisbeeren. - Flüssiges Obst 30 (1963) Nr. 10. S. X/27-X/28. - 2 Abb.

Die Fa. B.S.A. Power Unit, Birmingham hat dem Inst. für Landarbeit und Landtechnik, Bad Kreuznach den Beerenobstrüttler "MI-DOX-Berrymaster" vorgeführt. Die Maschine arbeitet mit Preßluft; der Antrieb erfolgt durch einen Otto-Motor. An 4 revolverartigen Schüttelaggregaten befinden sich starre Schüttelklammern, die durch Preßluft in Bewegung gesetzt und von Hand an den einzelnen Zweigen des Strauches entlang geführt werden. Die Beeren fallen in Auffangbehälter, die in Flachsteigen entleert werden. Zum Ausblasen der Blätter aus dem Erntegut dient ein Gebläse. Ein Teil der Beeren ist verletzt, 5 % gehen verloren. Zur Bedienung sind 5 Personen notwendig, dabei können in 8 Std. 500 kg abgeerntet werden. Der Preis der Maschine (DM 4000,-- ab Werk) könnte gesenkt werden, wenn die Maschine als Schlepperzusatzgerät konstruiert wäre. H.Erfurth. 9570c.

1-64/04-0476 G ö h l i c h, Horst. Zur maschinellen Ernte von Obst. - Techn. im Gartenbau 15 (1963) Nr. 3. S. 1-2. - 3 Abb., 3 Lit.

In den USA werden Kirschen, Pflaumen, Aprikosen und Pfirsiche maschinell nach dem Schüttelprinzip für die Weiterverwertung geerntet. Das Druckluftverfahren, bei dem ein pulsierender Gebläseluftstrahl auf die Früchte gerichtet wird, bewährt sich nicht. Bei Pflaumen konnten nur ca. 50 % durch dieses Verfahren geerntet werden. Bei der maschinellen Ernte (Schüttelprinzip) werden für den Arbeitsprozeß bis zur Kistenabfüllung 3-8 AK benötigt. 65-75 % der zur Handaberntung erforderlichen AK konnten bei Anwendung des maschinellen Verfahrens eingespart werden. Ein Rüttlerkollektiv von 3-4 AK erntete 30-40 Pflaumenbäume/h ab. 5-10 % der Früchte verblieben am Baum. Bei Sauerkirschen konnten durch ein Rüttlerkollektiv von 7 AK 11 Bäume/h abgeerntet werden. Wenn 12 ha/Jahr maschinell abgeerntet werden können, sind in 5 Jahren die Anschaffungskosten und die Verzinsung für das Aberntungs-Aggregat gedeckt. - In der DBR wurde ein Massenkräfteschüttler entwickelt und versuchsweise eingesetzt. Das Gerät war auf einem "Unimog"-Schlepper montiert. 17 Pflaumenbäume konnten von 4 AK/h abgeerntet werden. 5-10 % der Früchte verblieben auch hier am Baum.

W.Blasse. 9570d.

L. GARTENBAU/ERNTE-AUFBEREITUNG UND -LAGERUNG

1-64/04-0477 U p t m o o r, J.; Langförden, Obstbauversuchsanst. Maschinelle Herstellung von Vorverpackungen (Fruchtschalen). - Techn. im Gartenbau 15 (1963) Nr. 3. S. 2-3. - 5 Abb.

Neben Beuteln und Netzen setzen sich Fruchtschalen im Obsteinzelhandel immer mehr durch. Es werden "Foodtainer", "Fruit-shels" und Schotenpackungen unterschieden. Als Material findet wasserabstoßendes Faserpreßgut Verwendung. Die Schotenpackung wird von 2 Gummiringen zusammengehalten. Bei "Foodtainern" wird durch einen Folienüberzug die Verpackung stabilisiert. Das Auflegen der Früchte auf "Foodtainer" erfolgte bisher vorwiegend von Hand, alle weiteren Arbeitsgänge werden automatisch vorgenommen. Das Handversiegeln ist gegenüber dem Schrumpftunnel-Verfahren arbeitsaufwendiger. Für die halbautomatische Verpackung bewährten sich das "Zeva"- und das "Omni-Pac"

Als Folienüberzug kommt PVC-Weichfolie in Betracht. Die Leistung des "Zeva"-Gerätes liegt bei 700 Verpackungseinheiten/h bei 5 AK Besatz. Neu sind die vollautomatisch arbeitende Banderoliermaschine "Versa-Pak" und das Olsberger Gerät. Die Leistungen liegen bei 1200 bzw. 2000 Verpackungseinheiten/h, 5 AK als Maschinenbesatzung. W.Blasse. 9620.

1-64/04-0478 A n o n y m. Een verbeterde verpakkingsmachine. (Eine verbesserte Verpackungsmaschine.) - Fruitteelt 53 (1963) Nr. 19. S. 559. - 2 Abb.
Auf einer Veiling wurde eine Verpackungsmaschine für Kleinpackungen vorgeführt, die als die erste wirklich vollautomatisch arbeitende Maschine bezeichnet wird. Zur Bedienung ist 1 AK erforderlich, die die Äpfel an den Aufnahmebehälter heranführt und die gefüllten Beutel wieder in Kisten legt. Von der Maschine werden auch die Beutel hergestellt und verschlossen. Die Beutel werden aus 0,03 mm Polyäthylenfolie hergestellt und perforiert. Die Früchtezahl ist an der Maschine einstellbar (von 1-20 Stck). Während des Verschließens mit einem Bindfaden können Datum und Preis aufgestempelt werden. Die Beutelmaße sind von 175 x 60 bis 450 x 250 mm einstellbar. Die Leistung beträgt 1000 Beutel/h. Fruchtbeschädigungen wurden nicht beobachtet. A.Lauenstein. 9620.

1-64/04-0479 P e t e r m a n n, H.; Knauthain, VEG, Inst. für Landwirtsch. Leipzig. Erfahrungen bei der Lagerung von Spätkohl auf Kaltbelüftungsanlagen. - Dtsch. Gartenbau 10 (1963) Nr. 10. S. 263-265. - 5 Tab.
In einem Produktionsbetrieb erfolgte 1962/63 die Kohllagerung versuchsweise auf einer Kaltbelüftungsanlage (Prinzip der Heubelüftung). Auf 60 m^2 Grundfläche einer massiven Hofscheune lagerten 629 dt Weiß- und Rotkohl. Zur Zwangsbelüftung diente das Axialgebläse "SK 8", es wurde der übliche Luftkanal verwendet. Beschickung des Lagers, Frostschutzmaßnahmen, Frischluftzufuhr usw. werden erläutert. Die zusätzlichen Kosten für jährliche Amortisationen der Anlage und für Energie betrugen DM 0,33/dt Bruttogewicht. Gegenüber der gleichzeitig durchgeführten üblichen Erdmietenlagerung waren die Lagerverluste um 41,4 % niedriger. Der Arbeitsaufwand für das Ein- und Auslagern betrug bei der Kaltbelüftung 0,91, bei der Erdmiete 1,69 AKh/dt Bruttogewicht. Die Kaltbelüftung ergab gegenüber der Mietenlagerung eine Kosteneinsparung von 3,48 DM/dt Nettogewicht. Der größte Vorteil gegenüber der Mietenlagerung besteht darin, daß - abgesehen von Frosttagen - kontinuierlich ausgelagert werden kann. H.Erfurth. 9625c.

1-64/04-0480 V r i e, A. van de ; Goes, Rijkstuinbouwconsulentschap. De samlgebouwde wagen inmisbaar in het fruitteeltbedrijf. (Der schmalgebaute Wagen - unentbehrlich im Obstbaubetrieb.) - Fruitteelt 53 (1963) Nr. 4. S. 1172-1173. 1177. - 4 Abb.
Für Obstanlagen mit engen Reihenabständen von ca. 3,50 m ist der schmalgebaute einachsige Tieflader ein geeignetes Transportfahrzeug. Die Ladepritsche ist 57-65 cm breit und 4,30 m lang, so daß 8-12 Kisten quer in einer Lage gesetzt werden können. 40-50 Kisten sind auf einmal zu transportieren. Die Ladepritsche befindet sich 30-32 cm über dem Boden und ruht auf einer Spezialachse. Breite Ballonreifen vermeiden das Einsinken bei feuchtem Untergrund. Auch Paletten sind zu transportieren, sie werden seitlich überstehend vor und hinter den Rädern abgesetzt. Zum Entladen der Einzelkisten

bewährten sich Klemmkarren (Breite 60 cm, Höhe 2,25 m) bes. dann, wenn zum Entladen die Räder in vorgesehene Versenkungen einrangiert wurden, so daß die Ladepritsche mit der Erdoberfläche fast abschließt. An der Stirnseite des schmalgebauten Transportwagens befindet sich eine Rohrhalterung, um das Umkippen der Kistenstapel bei plötzlichem Anhalten zu vermeiden.

W.Blasse. 9645.

1-64/04-0481 V r i e, A. van de.; Goes, Rijkstuinbouwconsulentschap. Het transport in de bedrijfsgebouwen en naar de veiling. (Der Transport in den Betriebsgebäuden und nach der Veiling.) - Fruitteelt 53 (1963) Nr. 42. S. 1194-1196. - 4 Abb.

Es wird auf die Notwendigkeit der Technisierung in den Lagerhäusern und den Transport zur Veiling hingewiesen. Die Obstkisten können mit verschiedenen techn. Hilfsmitteln bewegt werden. Erwähnt werden Gabelstapler, Rollbahn, schmaler Tieflader, Ladebrücke u.a. Welche Hilfsmittel dabei zu bevorzugen sind, kommt auf die Betriebslage und die Entfernung zur Veiling an. Anbauer und Veiling sollten sich aber über das Transportproblem einig sein, um durch ein einheitliches System einen hohen Nutzeffekt zu erzielen.

K.Kluge. 9645.

M. GARTENBAU/PFLANZENSCHUTZ

1-64/04-0482 A n o n y m. Mechanisch uitsnijden van kankerwonden. (Das maschinelle Ausschneiden von Krebswunden an Obstbäumen.) - Fruitteelt 53 (1963) Nr. 19. S. 556-557. - 3 Abb.

Es wird der Prototyp einer kleinen pneumatischen Holzfräse beschrieben. Sie wird durch den Motor einer Rückenspritze angetrieben. Der Motor, ein Kompressor und ein Druckkessel sind auf einem 2rädrigen, kleinen Anhänger montiert. Das Gerät ist hinsichtlich Arbeitsqualität und Arbeitsleistung gut beurteilt worden und bereits industriell weiterentwickelt. Die Anschaffung ist betriebsökonomisch zu verantworten, wenn der Preis unter 800 Gulden bleibt und der Kompressor auch für andere Arbeiten verwendet werden kann. Die Fräse hat 22000 U/min. Masse: 0,68 kg. A.Lauenstein. 9705c.

N. GARTENBAU/BAUWESEN

1-64/04-0483 A n o n y m. Bau von Mineraldüngerlagern (Um- und Neubauten.) - Dtsch. Gärtnerpost 15 (1963) Nr. 17. S. 8.

Die Ständige Kommission für ländliches Bauwesen der Dtsch. Akad. der Landwirtsch.-Wiss. zu Berlin gibt Empfehlungen zum Bau von Mineraldüngerlagern. Die Vorratshaltung ist aus bestimmten Gründen in der Nähe der Verbrauchsorte notwendig. Auch in Zukunft werden viele Betriebe einen Teil ihres Bedarfs selbst einlagern. Als Richtwerte für die Lagerkapazität werden bei 2maligem Umschlag 40-60 t/100 ha LN angegeben. Ein Neubau sei erst bei einem Kapazitätsanspruch von mehr als 500 t vertretbar. Ausführlich werden Standortwahl, Art der Lagerung, Schütthöhen, Bautenschutz und Elektroversorgung behandelt. R.Höhn. 9770.

1-64/04-0484 B e r t i, John J. Latest developments in the technique of coolstore design & insulation. (Letzter Stand der Entwicklung in der Kühllagertechnik bezogen auf Konstruktion und Isolation.) - Fruit Wld. Annu. 1963 S. 47-49. - 1 Abb., 1 Zeichn.

Bei dem vorgeschlagenen ebenerdigen Kühllager für Obst konnte gegenüber der herkömmlichen Bauweise eine Kostensenkung um 1/3 erzielt werden. Das "Solomit"-Isoliermaterial, dessen chem. Grundlage nicht dargelegt ist, wird bes. herausgestellt und findet für die Wand-, Decken- und Fußboden-Isolierung in gleicher Stärke von 4 in. (10 cm) Verwendung. Das Kühlhaus ist in Stahl-Skelett-Bauweise ausgeführt. Das Isoliermaterial wird in entspr. Holzrahmen zwischen die Doppel-T-Träger eingesetzt und beiderseits mit einer Holzverschalung versehen. Die Dampfsperre wird mit kaltflüssigem Bitumen "Emastak" geschaffen. Auf die Holzverschalung wird bei Decken und Wänden Al-"Silber-Chrom" aufgesprüht. Das Kühlhaus ist fensterlos und für den Einsatz von Stapelgeräten mit großen Türen versehen. Dem Kühlhaus ist ein Packraum angeschlossen.

W.Blasse. 9780.

1-64/04-0485 R o w e, A.L. The insulation of steel framed low temperature chambers. (Isolation von Stahlträgern in Kühlräumen.)- Fruit Wld. Annu. 1963 S. 51. 53. 55. - 4 Diagr.

Die zweckmäßigste Isolation von Stahlträgern in Verbindung mit Holzelementen wird an Hand von Zeichnungen beschrieben. Bes. Augenmerk findet dabei die Anordnung der Dampfsperre zwischen den Stahlteilen und Holz sowie Isoliermaterial. Für die Fußbodenisolierung finden Polyurethane oder Polystyrene Verwendung, wobei Polyurethane zu bevorzugen sind, da sie vor allem gegen chem. Einflüsse größere Widerstansfähigkeit besitzen und sich besser verarbeiten lassen. Die Bodenisolierung in Kühlräumen soll folg. Schichten von unten nach oben aufweisen: Betonuntergrund, Dampfsperre, Isoliermaterial, oberer Bodenbelag. W.Blasse. 9780.

O. GARTENBAU/AUSSTELLUNGEN, TAGUNGEN, VORFÜHRUNGEN, REISEN, ÜBERSICHTEN

1-64/04-0486 B o h n, R. und W i d d e r i c h, W.; Bad Godesberg. Veröffentlichungen auf dem Gebiet der Technik im Gartenbau. Hrsg. vom Forschungsrat für Ernährung, Landwirtschaft und Forsten, Bad Godesberg. Hiltrup, Westf.: Landwirtschaftsverlag G.m.b.H. 1963. (97 S.) 14,5 x 20,5 cm.

Es handelt sich um eine Zusammenstellung der Literatur auf dem Gebiet der Technik im Gartenbau für den Zeitraum 1950-1961. Dabei fanden deutsche, niederländische, österreichische und schweizerische Arbeiten Berücksichtigung. Die rein wiss. Literatur wurde begrenzt erfaßt, vorrangig wurde auf Erfahrungsberichte orientiert. Jedem Kapitel ist eine zusammenfassende Einschätzung vorausgestellt. Folgende Fachgebiete werden besprochen: Technik im Gartenbau, allg.; Arbeitswirtschaft; Gewächshausbau; Gewächshausklima; Gewächshausheizung; Kulturkästen; Bewässerung, Beregnung und Düngung; Frostschutz; Schlepper; Bodenbearbeitung; Erdaufbereitung und -dämpfung; Aussaat, Anzucht, Pflanzung und Pflege; Pflanzenschutz; Ernte-und Aufbereitung; Lagerung; Transport; Verpackung; Elektrizität; Kunststoffe; Immissionen und Sonderfragen einzelner Sparten. W.Blasse.

X. F O R S T W I R T S C H A F T

A. ALLGEMEINES

1-64/04-0487 Erarbeitung der Methoden zur Einführung moderner technologischer Erkenntnisse in die Praxis der Staatl. Forstwirtschaftsbetriebe in Verbindung mit der praktischen Forsteinrichtung. - Tharandt, Inst. Forstl. Ing.-Wes. Fak. Forstwirtsch. TU Dresden Plan-Nr.: 1704 02 b 0-3/9. 78 S. Abschlußber.

Eine Methode wird angeführt, die es gestattet, durch genaue Erfassung der natürlichen Bedingungen eines Staatlichen Forstwirtschaftsbetriebes die Voraussetzungen für die richtige Anwendung standardisierter technologischer Verfahren und verlustloser Investitionen zu erarbeiten. Die Angaben über die in einem Betrieb erforderliche Arbeitsmenge lassen sich während der Forsteinrichtung in 10-jährlichem Turnus ermitteln und mit der planmäßig verfügbaren Produktionskapazität jährlich bilanzieren. Für diese Arbeit wurde ein mech. Verfahren entwickelt und beschrieben. 10005.

1-64/04-0488 N e l l b e c k, Roland. Kaingaroa Forest en typisk exponent för nyzeeländskt skogsbruk. (Kaingaroa-Forest - ein typisches Beispiel neuseeländischer Forstwirtschaft.) - Skogen 50 (1963) Nr.18. S.341-345.

Die nach 1920 gepflanzten, aus verschiedenen Kiefernarten sowie Fichte und Lärche bestehenden Wälder von Kaingaroa auf Neuseeland bedecken eine Fläche von mehr als 110 000 ha. Nach unterschiedlichen Versuchen und Fehlschlägen ist jetzt eine Art der Bestandespflege eingeführt worden, die sich stark von der in Nordeuropa üblichen unterscheidet. Starke Durchforstungen im Alter von ca. 6, 14 und 21 Jahren (Restbestand 200 Stück/ha); Grünästung im Alter von ca. 6, 9 und 14 Jahren (bis zu 3 bzw. 6 und 10 m Stammhöhe); hierbei werden Leitern aus Leichtmetall und Sägen mit langem Aluminiumschaft verwendet. Das Umtriebsalter beträgt 35-40 Jahre. Beim Hauptabtrieb in Form von Kahlschlag werden 3 Rückemethoden angewandt; 1) in stark kupiertem Gelände Winde und Seilbahn (Skyliner); längste radiale Transportstrecke für ganze Stämme 480 m. Die Fällerbrigade besteht aus 14 AK; tägliche Arbeitsleistung 7000 f^3. 2) Windeaggregat "Skagit S.J.Nr.7" mit hohem Seilturm; Arbeitsbrigade von 14 AK, Tagesleistung 10 000 f^3. 3) In ebenem Gelände Stammrücken mittels Traktor "Allis Chalmers HD 16" oder "Caterpillar D 7"; Arbeitsbrigade von 16 AK, Tagesleistung 13500 f^3. In allen Fällen wird zum Beladen der LKW eine freistehende Ladevorrichtung "Ruston-Bucyrus Nr. 30" verwendet. Nach einem Hauptabtrieb im Sommer entsteht meist ausreichende natürliche Verjüngung; nach Winterfällung wird Aussaat vom Hubschrauber angewandt (2 kg/ha in Lastexmasse gebeizter Samen). A.Grönholm. 10005.

1-64/04-0489 K o p p, Dietrich. Hrsg. v. Minist. f. Landwirtschaft, Erfassung u. Forstwirtschaft. Das Arbeitsverfahren der forstlichen Standorterkundung im Nordostdeutschen Tiefland. Berlin: Landwirtschaftsverl. 1961. (62 S.) 8o. (1963 A 775)

1-64/04-0490 V a g n e r, E.N., P o d o l j a k, Z.Ja. und S o t n i k o v a, R.D. Hrsg.: Inst. vysšego i srednego special'nogo obrazovanija RSFSR. Kratkij nemecko-russkij lesotechničeskij slovar. (Kurzes deutsch-russisches forsttechnisches Wörterbuch.) Leningrad, 1959. (354 S.) 8°. (1963 A 858)

1-64/04-0491 V a s i l e v, V.N. und D i m i t r o v, S. Mechanizacija na gorskostopanskite raboti. (Die Mechanisierung in der Forstwirtschaft.) Sofija: Zemizdat. 1961. (241 S.) 8°. (1963 A 893)

B. FORSTTECHNISCHE GRUNDLAGEN

1-64/04-0492 S t o r c h, K. Entwicklung, Grundlagen und Bedeutung des forsttechnischen Prüfwesens. - Forstarchiv 34 (1963) Nr.3/4. S.99-101.

Das Hauptziel des Ausschusses für Technik in der Forstwirtschaft, Vorgänger der Technischen Zentralstelle der deutschen Fortwirtschaft in Westdeutschland und damit auch des Kuratoriums für Waldarbeit und Forsttechnik besteht in der Prüfung vorhandener forstlicher Maschinen und Geräte zwecks Ausscheidung unbrauchbarer und in der Ausgestaltung künftiger Arbeitsmittel. Das hier beschriebene Prüfwesen will nicht nur Käufer und Verbraucher vor Fehlkäufen und Fehlentwicklungen bewahren, sondern auch auf die techn. Entwicklung mittelbar Einfluß nehmen. Der Umfang der Prüfung eines Gegenstandes berührt folgende drei Fragengebiete: die techn. Brauchbarkeit, den arbeitswirtschaftlichen Nutzen und den betriebswirtschaftlichen Erfolg. Mit Erfolg geprüfte Forstwerkzeuge erhalten ein Kennzeichen. 1951 wurde vom Forsttechnischen Prüfausschuß ein Eignungszeichen für jedes erfolgreich geprüfte Gerät vergeben, das in Form einer Eichel gestaltet ist. Schon 1930 wurde das Gütezeichen Dreipilz eingeführt. Mit der Kennzeichnung steht die Gütesicherung der geprüften Gegenstände in engem Zusammenhang, da sich jeder Hersteller den entsprechenden rechtlichen Forderungen unterwerfen muß. Die Durchführung der gesamten mit der Prüfung in Zusammenhang stehenden Fragen können nach Ansicht des Vf. im Regelfall nicht von Forschungsinstituten allein bewältigt werden. M.-O.Barucha. 10080.

C. FORSTTECHNIK/FERTIGUNG, INSTANDSETZUNG, PFLEGE

1-64/04-0493 D r j u č e n k o, D. und I v a n o v, P.; Zentr. Forsch.-Inst. für Mechanisier. und Energetik der Holzind. Uchod za mechanizmami v lesu. (Maschinenpflege im Walde.) - Lesnaja promyšlennost', Moskva 41 (1963) Nr.7. S.12-13. - 2 Abb.

Die vorsorgliche Pflege der Traktoren und Autos wird durch eine gründliche Säuberung des Chassis mit Wasser eingeleitet. Dazu werden Wasserentnahmestellen im Walde angelegt und einfache Rampen für die Traktoren gebaut, auf denen sie mit Hilfe einer Motorpumpe abgespritzt werden. Die Autos säubert man in der Garage mit einer elektrisch angetriebenen Spritze und schmiert sie sodann mit der elektrischen Öldruckschmierung Modell "NIIAT-30", was etwa 15 Min. beansprucht. Winde und Gangschaltung der Traktoren "TDT-40" lassen sich leicht mit einem Kran nebst Handwinde System Romanenko abmontieren, während man für den Traktor "TDT-60" einen Auslegerkran benutzt, der sich auf dem Heckpodest des Traktors auf Schienen bewegt und mit einer Handwinde ausgerüstet ist. Die fahrbaren Reparaturwerkstätten erhalten im Schlage den Licht- und Werkstrom von einer fahrbaren Elektrostation Modell "T-120". A.Mueller. 10120.

F. FORSTWIRTSCHAFT/ENERGIE, KRAFTMASCHINEN UND SCHLEPPER

1-64/04-0494 M o š o n k i n, N.P. Agregatnye avtomobili. (Automobil-Aggregate.) - Lesnaja promyšlennost', Moskva 41 (1963) Nr.4. S.5-9. - 2 Abb., 4 Schemata, 3 Tab.

Die Selbstladeautos "LK-4", "LK-5" und "LK-5M" auf der Grundlage der Holzlaster "ZIL-151(157)" und "MAZ-501" mit Hänger "2PR-10" oder "2R-10" erzielten bei Arbeitsversuchen in den Jahren 1961 und 1962 erheblich höhere Leistungen als die Serienautos. Beim Beladen der Autos "LK-5M" zeigte es sich, daß 3 große Bunde rascher geladen werden als 5-6 kleine (0,75 : 1,87 min/m^3), wenn das Bund mit offener Seilschlinge auf den Wagen gezogen wird und das Zugseil mittels Windenzug zu dem Langholzstapel zurückgebracht wird. Für den Einsatz von Selbstladeautos teilt man den zum Einschlag vorgesehenen Bestand in 500 m breite und 1500 m lange Schläge. Vom Hauptabfuhrweg an der Schmalseite des Schlages führt ein Ringweg, auf den die Schleppwege von beiden Seiten münden, durch den Schlag. In Beständen jedoch, die kein Unterholz aufweisen, wird der Ringweg hufeisenförmig angelegt, und verlaufen die Schleppwege parallel im Abstand von 100 m. Zu beiden Seiten des Ringweges wird ein Schutzstreifen von 50 m Breite geräumt, der auch als Lagerplatz für Langholz und Stöcke dient. Zum Entladen der Selbstladeautos wird das Zugseil über eine Blockrolle, die hinter der Laderampe angebracht ist, geführt, um die Ladung geschlungen und an einem Anker (Stock, Pfahl) festgemacht, der sich gleichfalls hinter der Rampe befindet. A.Mueller. 10235a.

1-64/04-0495 V o r o n i c y n, K.I.; Zentr. Forsch.-Inst. für Mechanisier. und Energetik der Holzind. Za peredovuju technologiju lesosečnych i lesotransportnych rabot. (Fortschrittliche Technologie des Holzeinschlages und Holztransportes.) - Lesnaja promyšlennost', Moskva 41 (1963) Nr.7. S.3-7. - 6 Abb., 1 Tab.

Um den Holzeinschlag vorzubereiten und zu erleichtern, dienen folgende neukonstruierte Maschinen und Geräte. Der Grabenheber "NOK-800" auf der Grundlage eines Traktors "DET-250" (250 PS) hebt mit einer Geschwindigkeit von 1-2 km/h Gräben von 0,9 m Tiefe und leistet 1000 m^3/h, während der Rotor-Bagger "ER-71" auf der Basis eines Treckers "S-100" 1,2 m breite und bis 2 m tiefe Gräben aushebt und Leistungen von 310 m/h erzielt. Die Autos "ZIL-157", "KrAZ-214" und "MAZ-501B" (180 PS) wurden mit Selbstladevorrichtungen für große Stammpakete versehen; während der Leerfahrt wird der Nachläufer auf dem Heckpodest mitgeführt. Die Motorsäge "Družba-60" wird durch das neue Modell "MP-100.2" ersetzt, dessen Motor 5-6 PS leistet, 30-40 % weniger Treibstoff verbraucht und eine Motorreserve von 1000 Arbeitsstunden hat. Zum Verladen des Rundholzes im Schlage werden Traktoren vom Typ "S-100 GP" mit hydr. Zangengreifer, der eine Tragfähigkeit von 4,5 t besitzt, verwendet. Diese leistungsfähige Lademaschine wurde unter der Bezeichnung "KMZ-P1" zur Serienproduktion zugelassen. A.Mueller. 10235a.

1-64/04-0496 A n o n y m. Balderson frame-mounted dozer. (Balderson rahmenmontiertes Räumschild.) - Unasylva /Rom/ 17 (1963) Nr.68. S.50. - 1 Abb.

Die Einrichtung besteht aus einem an Zapfen befestigten inneren Schubrahmen und einer Winkel- oder U-Schiene. Die Befestigungszapfen sind an dem Hauptrahmen des Schleppers "Caterpillar 966" angeschweißt. Hydraulik-Zylinder und

Ventile steuern die Neigung und die Höheneinstellung des Räumschildes. Zur Aufnahme größerer Schubkräfte wurden keine Standardbereifungen, sondern größerdimensionierte gewählt. Die Räumschild-Gegenmasse kann am Heck angebracht werden und dient sowohl zur Erhöhung der Eigenmasse des Fahrzeuges als auch zur Ausführung von Heckschubarbeiten. Hersteller: Balderson Inc., Wamego, Kansas, U.S.A. L. Jülich. 10235a.

1-64/04-0497 L i s l a n d, Torstein. Framtidens kjøretøy? (Fahrzeug der Zukunft?) - Norsk Skogbruk 9 (1963) Nr.5. S.156-157.
In dem Bestreben, ein Fahrzeug zu entwickeln, das sich auf Füßen statt auf Rädern vorwärtsbewegt, ist von Forschern und Technikern besonders in den USA vieles an Berechnungen und Versuchen geleistet worden. Prof. Shiglay von der Universität Michigan/USA ist es gelungen, die Konstruktion eines Fahrzeuges zu entwickeln, das sich auf 16 Füßen vorwärtsbewegt und sehr geländegängig sein soll. Vf. erläutert die Grundprinzipien, auf denen die Konstruktion basiert, ausgehend von dem aus 4 Phasen bestehenden Bewegungszyklus, den ein gehender Fuß beschreibt: Kontakt mit dem Erdboden, Heben, Vorwärtsbewegen, Senken. Ein Rad kann durch 4 Füße ersetzt werden, die dieselbe Bahn beschreiben, aber eine gegenseitige Phasenverschiebung von 1/4 Zyklus aufweisen; ein 4-"rädriges" Gefährt mußte also 16 Füße haben. Vf. beschreibt ein nach diesen Grundsätzen konstruiertes Fahrzeug mit hydr. Antrieb und Pantographaufhängung der Füße, Servosteuerung vom Fahrersitz und einem hydr. Akkumulator zum Kräfteausgleich. Die Kraft, die zum Heben eines Fußes erforderlich ist, wird kompensiert durch das Senken des gegenüberliegenden Fußes. Zur Änderung der Fahrtrichtung wird die Geschwindigkeit der Füße an der einen Seite des Wagens vergrößert. Es sind jedoch noch verschiedene Probleme zu lösen, ehe diese Konstruktion praktisch verwendbar ist. A. Grönholm. 10235a.

1-64/04-0498 B u r é n i u s, Åke. Traktorn i skogen. I. (Der Traktor in der Forstwirtschaft. 1. Mitt.) - Skogen 49 (1962) Nr.21. S.407-410.
Das schwedische Forschungsinstitut SDA hat breit angelegte Untersuchungen über den Einsatz von Traktoren im Geländetransport durchgeführt. Vf. erörtert die verschiedenen Faktoren, die für die Wirtschaftlichkeit des Einsatzes von maßgeblicher Bedeutung sind und zieht die Schlußfolgerungen aus den auf Grund von Zeitstudien konstruierten Diagrammen. Erstes Erfordernis ist eine sorgfältige Planung zwecks Übereinstimmung von Fällung, Rücken und Abfuhr. Für auch in der Landwirtschaft beschäftigte Schlepper muß die Dauer des Einsatzes bei Waldarbeiten mindestens 100-150 Tage im Jahr betragen. Die minimale Aushiebsmenge beträgt 20 m^3/ha; dies ist für ein rationelles Verladen des Holzes erforderlich. Der Traktor muß die Möglichkeit haben, mindestens 8-12 f^3 mit einem Hub aufladen zu können; erforderlich ist das manuelle Heranschaffen der kleineren Dimensionen an den Rückeweg durch den Fäller sowie möglichst auch Sortieren. Stärkere Dimensionen müssen mittels Winde des Traktors gerückt werden. Hierbei ist der Abstand zwischen den Rückewegen von großer Bedeutung, - als optimale Entfernung kann 20-30 m angenommen werden, je nach der Aushiebsmenge/ha. Man achte darauf, stets volle Fuhren mit der hinsichtlich Betriebssicherheit zulässigen maximalen Fahr-

geschwindigkeit abzufahren. Zum Abladen sind maschinelle Vorrichtungen wie Ladegreifer oder möglichst Kipplader zu verwenden. A.Grönholm. 10235a.

1-64/04-0499 F o r s b e r g, Gunnar. Traktorn i skogen. II. (Der Traktor in der Forstwirtschaft. 2. Mitt.) - Skogen 50 (1963) Nr.3. S.54-57.- 1. Mitt. vgl. vorst. Ref.
Die Wahl des für den Holztransport zu verwendenden Traktortyps ist abhängig vom Umfang und der Dauer der auszuführenden Arbeiten. Vf. behandelt drei Haupttypen. 1. Für Saisonverwendung ein leichterer Radschlepper mit Halbraupenbändern, frontal montierter Winde und einfachem Seilkran, z.B. "Rottne" oder "Sepson" mit Einmannbedienung; Anhänger mit Raddrehgestell oder Raupen, deren Masse z.T. auf den Schlepper übertragen wird; hydr. Rahmensteuerung erforderlich. 2. Für längeren Einsatz schwere Radschlepper, z.B. "Nuffield 460" mit Halb- oder Vollraupenketten und ferngesteuerter frontaler Winde; Anhänger "Rossön" mit Drehgestell und Flachprofilreifen; Seilkran verbesserten Typs "Foco 150 x" auf dem Anhänger; Rahmensteuerung. 3. Für Ganzjahr-Verwendung der speziell für Waldarbeiten konstruierte Raupenschlepper "BM Bamse" mit Greiflader "Simson" auf dem Dach der Fahrerkabine, der zum Be- und Entladen dient; Anhänger mit Drehgestell und Raupenbändern; hydr. Rahmensteuerung. Vf. erörtert eingehend verschiedene Vorrichtungen, die zur Beschleunigung und Erleichterung der Ladearbeiten dienen, sowie die Vor- und Nachteile beim Anbringen des Hebekrans auf dem Schlepper oder dem Anhänger. A.Grönholm. 10235a.

1-64/04-0500 A g e r, Bengt Hison. Bolinder-Munktells bandvagn 202 A. (Bolinder-Munktells Raupenwagen 202 A.) - Skogen 50 (1963) Nr.20. S.374-375.
Vf. bringt eine ausführliche Beschreibung, techn. Daten und Prüfergebnisse des von der schwedischen Fa. Bolinder-Munktell in Serienfertigung hergestellten Amphibienfahrzeugs "Raupenwagen 202 A". Betriebsmasse 2,9 t; Breite 176 cm, Länge 618 cm, Höhe 203 cm. Ladekapazität auf Straßen 1 t, im Gelände 0,8 t, außerdem auf Straßen Anhänger bis zu 1,5 t. Wenderadius 6,8 m, Bodenfreiheit 30 cm, Bodendruck 0,085 kg/cm^2. Benzinmotor "Volvo B 18" von 91 PS bei 5300 U/min. Totale Spurweite zwischen Außenkanten 176 cm, Raupenbreite 52 cm. Treibstoffverbrauch auf Straßen 0,5 l/km, im Gelände 1,0 l/km. Das Fahrzeug besteht aus 2 zusammengekoppelten Raupenwagen; alle 4 Raupenbänder aus bewehrtem Vollgummi haben Antrieb. Der hintere Wagen kann 8-10 Personen aufnehmen; statt seiner kann eine Walze oder Schleppe zur Herstellung von schneegepreßten Wegen angehängt werden. Dieser besonders für Fahrten in verschneitem Gelände geeignete Wagen entwickelt bei einer Schneetiefe von 60-100 cm eine Geschwindigkeit von 12-15 km/h. Für Holztransport ist er wegen seiner leichten Konstruktion nicht geeignet.
A.Grönholm. 10235a.

1-64/04-0501 A n o n y m. Gjødsling fra fly - fast ledd i framtidens skogbruk? (Walddüngung vom Flugzeug?) - Norsk Skogbruk 9 (1963) Nr.15. S.422-424. 439.
In Norwegen hat man in den letzten Jahren die Düngung älterer Fichtenbestände 10-15 Jahre vor dem Hauptabtrieb in größerem Maßstab durchgeführt; der Verbrauch des als Düngemittel dienenden Präparats "Urea" beträgt 200 kg/ha.

Verwendet wurde hauptsächlich das kleine Sportflugzeug "Piper Cub Super", das eine Nutzlast von 200-300 kg aufnehmen kann und als Start- und Landebahn nur ein ebenes Feld oder ca. 300 m Waldautostraße benötigt. Außerdem wurden auch das etwas größere Wasserflugzeug "Cessna" und ein Hubschrauber eingesetzt, die Verwendung des letzteren ist aber bedeutend teurer. Von größter Wichtigkeit ist es, das Verladen des Düngemittels auf das Flugzeug mit dem geringsten Zeitaufwand durchzuführen. Zu diesem Zweck wurde auf einem Traktor ein Silobehälter montiert, der sofort bei der Landung herangefahren wird und in wenigen Sekunden 300 kg Düngemittel in den Behälter des Flugzeuges schüttet. Ein wesentlicher Nachteil dieser Arbeitsmethode ist, daß sie nur 1,5 Monate im Jahr (1.Mai - 15. Juni) angewandt werden kann. Vorbedingung für ihre Wirtschaftlichkeit sind geschlossene Waldflächen von mindestens 10 ha, die nicht weiter als 3 km vom Startplatz gelegen sind. Im Jahre 1962 sind in Norwegen ca. 3000 ha Wald vom Flugzeug gedüngt worden, für 1963 sind 5000 ha eingeplant. A.Grönholm. 10240.

H. FORSTWIRTSCHAFT/BESTANDESGRÜNDUNG UND -PFLEGE EINSCHLIESSLICH KAMPBETRIEB

1-64/04-0502
D o b r e v, D., L j u d s k a n o v, K., M i c h a j l o v, M., D i m i t r o v, S. und V l a c h o v, D. Zalesjavane i techničesko ukrepjavane na jazovirnite vodosbori i na drugite specialni obekti. (Das Aufforsten und die technische Befestigung der Wassereinzugsgebiete von Stauseen und anderer spezieller Objekte.) Sofija: Zemizdat.1963. (220 S. m. 61 Abb., 57 Tab. u. 26 Lit.)

Untersucht werden Probleme, die mit der Aufforstung und der techn. Befestigung der Talsperrengebiete und anderen speziellen Objekten in Bulgarien verbunden sind. Besondere Beachtung wird den wichtigsten Fragen der Aufforstungs- und Uferbefestigungstechnik gewidmet: der Methode der Bodenvorbereitung, der Auswahl der Baumarten, dem Verhältnis der Baum-, Strauch- und Grasvegetation, der Auswahl von techn. Befestigungsanlagen u.a. Alle erosionsbekämpfenden Maßnahmen, die im Gebiet der Stauseen und anderer Objekte zur Anwendung gelangen, werden analysiert, wobei auf die bisherigen Mängel und Erfolge unter gleichzeitiger Festlegung der Arbeitsrichtung in den kommenden Jahren hingewiesen wird.

NRB/ZSNTI, übersetzt v. S.Thienel.

1-64/04-0503 R o ž n o v, S. Propoločno-posevnaja mašina. (Jät- und Sämaschine.) - Master lesa, Moskva 7 (1963) Nr.9. S.18-19. - 2 Zeichn.

Diese Maschine ist eine Entwicklung des Forsttechn. Inst. von Powolshje. Sie ist für die Aussaat von Samen und das Jäten der Zwischenfurchen vorgesehen. Das Gerät wird vom Benzinmotor der Säge "Družba" angetrieben und erreicht eine Arbeitsgeschwindigkeit von 2-3 km/h. Dadurch wird ein Besäen einer Fläche von 1,5 ha je Schicht ermöglicht, bei einem Saatschema von 30-30-60 cm und nachfolgendem mech. Ausheben. Die Jät- und die Sävorrichtung werden getrennt auf das 2-rädrige Fahrgestell angebaut. Die Arbeitsbreite beträgt beim Jäten 1,2 m. Bedient wird das Gerät von 1 AK. Es sind vom Inst. 50 dieser Maschinen zum Einsatz gebracht worden.

R.Grönholm. 10255.

1-64/04-0504 B o r i s o v, I. Agregat B-I. (Aggregat "B-I".) - Master lesa, Moskva 7 (1963) Nr.8. S.19. - 1 Abb.
Das Benzinmotoraggregat "B-I", welches mit Hacken für die Bodenlockerung, einem Motorerdlochbohrer und einer Kreissäge von 100 mm Dmr. ausgerüstet ist, wird für die Pflege in Baumschulen, Plantagen usw. eingesetzt. Das Aggregat ist auf einen Rahmen aus Winkeleisen 20 x 20 mm und Rohren von 35 mm Dmr. montiert. Auf dem Rahmen befinden sich u.a.: der Motor der Benzinsäge "Družba" mit Getriebe, Räder eines Fahrrades "Orlenok" mit Achse, Benzinbehälter eines Motorrades. Die Masse des Aggregates beträgt 39,8 kg; Tiefe der Bodenlockerung 8-9 cm; die Drehzahl der Hacken 377 U/min; des Motorbohrers 400-500 U/min. Die Leistung beträgt bei 40 cm Arbeitsbreite 0,16 ha Bodenlockerung, 4800 Pflanzstellen von 38 cm Dmr. und 40-50 cm Tiefe in 7 Std. R.Grönholm. 10255.

1-64/04-0505 B a a k, W. Kulturbetrieb und Pflanzenzucht. - Forstarchiv 34 (1963) Nr.3/4. S.109-112. - 2 Abb., 8 Lit.
Es wird eine allgemein gehaltene Übersicht über die Anfänge der forstl. Arbeitslehre in Deutschland gegeben, die sich im wesentlichen auf die Gebiete des Kulturbetriebes und der Pflanzenanzucht erstreckt. Vf. war langjähriger Mitarbeiter des Begründers der forstlichen Arbeitswissenschaft in Deutschland H.H. Hilf und kann daher die Ansatzpunkte forstlicher Rationalisierungsbestrebungen an einigen Beispielen aus dem damaligen Forstamt Finowtal bei Eberswalde widergeben. Die Anfänge der forstl. Arbeitslehre lagen auf dem Gebiet der Forstkulturen. Die ersten Werkzeuge waren der Hilf'sche Waldigel und die Hilf'sche Krümelharke. Der Grundgedanke der Rationalisierungsbestrebungen bestand darin, die Arbeit zu erleichtern, eine bessere Arbeitsqualität zu erreichen und die Arbeitsleistung zu steigern. Ausdruck dafür ist das Zerlegen von Arbeiten in Einzel- bzw. Teilvorgänge, oder auch die genaue Zeiteinteilung für die Durchführung von Arbeiten. - In Beispielen behandelt Vf. die sich zur damaligen Zeit verändernden Auffassungen zur Anzucht der Douglasie, über Verschulverbände, über Wurzelschnitt und Pflanzzeiten, über die Anzucht von Pappelpflanzen und berichtet kurz von Düngungsversuchen. M.-O.Barucha. 10255.

1-64/04-0506 Š e i n, L.V. Pokrovorychlitel' "zmejka". (Bodenlockerer "Zmejka".) - Lesnoe chozjajstvo, Moskva 16 (1963) Nr.8. S.62. - 1 Abb.
Der Bodenlockerer kann wegen seiner äußerst einfachen Konstruktion in der Werkstatt eines beliebigen Forstwirtschaftsbetriebes hergestellt werden. Dazu werden drei 2 m lange Enden der Raupenkette eines nicht mehr einsatzfähigen Schleppers "S-80" oder "S-100" benötigt, an die Kettenglieder werden 30 cm lange Schmalspurschienen, die die Arbeitsorgane des Gerätes darstellen, abwechselnd in entgegengesetzter Richtung an jedes Glied geschweißt, insgesamt 8 Schienenstücke an eine Raupenkette. Im Frühjahr 1962 wurde das Gerät auf frischen Schlagflächen bei Naturverjüngung einer Erprobung unterzogen. Die Leistung betrug 10-15 ha/Schicht als Aggregat am Traktor "TDT-40" oder "TDT-60". Befördert wird das Gerät auf dem Schild des Traktors.
R.Grönholm. 10265a.

1-64/04-0507 S a b o, E. Die Trockenlegung von Sumpfwäldern in der UdSSR. - Sozialist. Forstwirtsch. 13 (1963) Nr.9. S.281-283. - 6 Abb.
Große Waldgebiete im Norden und Nordwesten der SU sind versumpft. Bei der Trockenlegung aller Sumpfwälder des europäischen Teiles der UdSSR könnte ein jährlicher Mehrzuwachs von 200 Millionen Festmeter Holz erzielt werden. Darüberhinaus werden bessere Voraussetzungen für die Durchführung des Holzeinschlages, des Rückens, der Holzabfuhr und der Gewinnung von Waldheu geschaffen. - Die Trockenlegung von Sümpfen begann in den dreißiger Jahren des 19. Jahrhunderts und hat bis 1961 1,3 Millionen ha erreicht, von denen sich die Entwässerungsanlagen auf einer Million ha in Funktion befinden. Auf Böden mit hoher potentieller Bodenfruchtbarkeit wird unter günstigen Voraussetzungen eine Leistungssteigerung von der V. zur I. oder II. Ertragsklasse bewirkt. Ärmere Standorte zeigen eine geringere Steigerungsfähigkeit. - Für den überwiegenden Teil der Erdarbeiten werden seit einigen Jahren Löffelbagger erfolgreich eingesetzt. Auch Grabenaushebepflüge mit Seilzugantrieb werden verwendet. - Neben der Einzelbesprechung der Geräte- und Maschinentypen werden Waldtypen angegeben, für die eine Trockenlegung vorrangig vorzusehen ist. M.-O.Barucha. 10265c.

1-64/04-0508 A n o n y m. Drainage machine "Barth". (Drainage-Maschine "Barth".) - Unasylva /Rom/ 17 (1963) Nr.68. S.51. - 1 Abb.

Dieses vollhydr. Aggregat zum Ausheben von Gräben (Breite 20 cm, Tiefe 30-130 cm) verlegt automatisch Drainagerohre. Hersteller: Maschinenfabrik D.Barth and Son, s'-Gravendeel, Netherlands. Es besitzt einen Motor mit 50 hp Leistung bei einer Drehzahl von 1400 min^{-1}, 2 Getriebe und eine Geschwindigkeit von 82-600 m/h; Länge 8,2 m, Breite 2,3 m, Höhe 3 m, Masse 7 t. L.Jülich. 10265c.

1-64/04-0509 G r a m s c h, W.; Eberswalde, Inst. für Forstwiss. der Dtsch. Akad. der Landwirtsch.-Wiss. zu Berlin. Verbesserung der Säorgane für Forstsaaten zum Anbau an die Drillmaschinen "A 188", "A 534" und "A 631". - Sozialist. Forstwirtsch. 13 (1963) Nr.5. S.152-153.
Bei der Prüfung der Gerätereihe "RS 09" für die Mechanisierung der Pflanzgärten zeigten sich an den Säorganen der Drillmaschine "A 534" Mängel, die das Auflaufen der Saat gefährden. Daher wurde eine Druckrolle mit Särohr gebaut, deren Anbau an den Drillmaschinen "A 188", "A 574" und "611" vorgesehen ist. Im Ergebnis der durchgeführten praktischen Versuche konnten die an der alten Zusatzeinrichtung festgestellten Unzulänglichkeiten weitestgehend ausgeschaltet werden. Beim Bau fanden die Original-Drillhebel der Anbau-Drillmaschine "A 188" Verwendung, an denen eine Gabel befestigt wurde, in der eine Druckrolle aus Al-Guß gehaltert ist. Die Druckrolle wiegt 7,650 kp, der Gesamtdruck des gesamten Gerätes auf dem Boden beträgt 12,750 kp. Ein zu tiefes Eindringen der Rolle wird durch die seitliche Rollenverbreiterung verhindert, die 1 cm gegenüber den eigentlichen Druckstreifen zurückgesetzt ist. Um eine glatte Rillensohle herzustellen, wurde vor der Rolle ein Abstreicher angebracht, der dem Profil angepaßt ist.
M.-O.Barucha. 10280.

1-64/04-0510 P r i e n, S. Erfahrungen bei der Anwendung des Winkelpflanzverfahrens. - Sozialist. Forstwirtsch. 13 (1963) Nr.8. S.237-240. - 13 Lit.
Das rationelle und produktivitätssteigernde Winkelpflanzverfahren findet seit 1960 im Staatlichen Forstwirtschaftsbetrieb Schmalkalden Anwendung. Über die gemachten Erfahrungen im Hinblick auf die Möglichkeiten und Grenzen der Anwendung, Arbeitsgeräte und Arbeitstechnik, Arbeitsnormung und Entlohnung berichtet Vf. ausführlich. Von besonderem Interesse erscheinen a) die waldbaulichen und b) die ökonomischen Ergebnisse. a) Als Kriterium werden die Anwuchsprozente der einjährigen durch Winkelpflanzung begründeten Kulturen, die zwischen 97,0 und 98,6 % liegen, den Anwuchsprozenten aller gleichaltrigen Aufforstungsflächen gegenübergestellt und die Entwicklung der winkelgepflanzten Kulturen dargelegt, die bereits in der ersten Vegetationsperiode ein gutes Höhenwachstum zeigten. b) Die Steigerung der Arbeitsproduktivität unter betrieblichen Bedingungen gegenüber manueller Bodenvorarbeit und Pflanzung wird mit 258 % und gegenüber dem tragbaren Pflanzlochbohrer mit 179 % ausgewiesen. Auf insgesamt 200,1 ha Kulturfläche, nach dem Winkelpflanzverfahren aufgeforstet betrug die mittlere Kostensenkung 305 DM/ha. L. Jülich. 10285a.

1-64/04-0511 J u n a c k, H. Anwendungsbereiche und Leistungen der Pflanzung mit Wedehopfhaue und Hohlspaten in einem niedersächsischen Flachlandrevier. - Forst- u. Holzwirt 18 (1963) Nr.4. S.63-65. - 5 Abb.
Angeregt durch die Winkelpflanzung (W) nach Reissinger gelang es auch für den Hohlspateneinsatz (H), ein Einmann-Pflanzverfahren zu entwickeln (Rvf. Wedekind, Gartow). Der Beitrag versucht eine Abgrenzung des Anwendungsbereiches beider Methoden hinsichtlich Boden, Holzart, Pflanzengröße und Zusammensetzung der Pflanzkolonne zu geben. - Gemeinsam ist beiden Verfahren das Einbringen der Pflanzen in unvorbereiteten Boden, unterschiedlich jedoch die Lagerung der Wurzeln im Boden (W: schräg entenfußartig, 15-20 cm tief; H: senkrecht, 25-30 cm tief). Vorteile für die Winkelpflanzung ergeben sich auf bindigen Böden, da hier die Haue leichter als der Spaten eindringt und der Boden störend am Hohlspaten haften bleibt. Die Leistungszahlen für Fi und Dgl W: 9,7 h/1000 Stck. (anmoorig, mäßig bindiger Sand), H: 8,7 h/1000 Stck. (sandiger Boden) zeigen keine nennenswerten Unterschiede. Beschreibung des Pflanzvorganges. L. Jülich. 10285a.

1-64/04-0512 B e g e m a n n, Wolf. Arbeitsverfahren für das Verschulen in Torftöpfe. - Forst- u. Holzwirt 17 (1962) Nr.16. S.314-316. - 7 Abb.
Versuchsweise werden in Anbetracht schwieriger Anwuchsverhältnisse Duglasien in Torftöpfe verschult. Die Torftöpfe wurden in dem angelieferten Dreierverband belassen und mit Komposterde beschickt, um danach die Sämlinge einzutopfen. Dieser Dreierverband ist auch für das Einbringen in das Verschulbeet vorgesehen. Dazu werden die Torftöpfe zu jeweils 50 Stück auf Bohlen abgesetzt und in diesen Serien weiterbearbeitet bis zum Verschulen. Entsprechend der gesammelten Erfahrungen wurden die Töpfe im Halbschatten auf festen Untergrund gesetzt. Da ein solches Beet von der Wasserversorgung aus dem Untergrund so gut wie abgeschnitten ist, soll die Feuchtigkeitsversorgung durch einen Wasserkran garantiert werden. - In einer kleinen Bilderfolge werden Einzelheiten im technol. Arbeitsablauf dargestellt.
M.-O. Barucha. 10285c.

1-64/04-0513 F a k i r o v. V. Njakoi rezultati ot proučvanijata vărchu otglednite seči v topolovi nasaždenija. (Einige Ergebnisse der Untersuchungen über die Pflegehiebe in Pappelbeständen.) - V sb.: Topolovijat problem v Bŭlgarija. Sbornik ot naučni dokladi, izneseni na simpozium prez 1961 g., Sofija 1963 S.212-228. - 18 Tab., 18 Lit.

Im Ergebnis der Untersuchung von Pappelkulturen im Stromgebiet der Donau wurde festgestellt, daß der Prozeß der natürlichen Selbstausdünnung schon vor dem Erreichen eines Alters von 10 Jahren beginnt. Die Anzahl der wipfeldürren Bäume beträgt gegen Ende des zehnten Jahres 20-30 % der Gesamtmenge und die Reserve 15-16 % der Gesamtzahl der Bestände. In der gegenwärtig existierenden Praxis werden faktisch nur der natürliche Abgang oder die wipfeldürren Bäume beseitigt. Ein großer Teil der wipfeldürren Bäume, die fast keinen Zuwachs liefern, wurde nicht beseitigt. Bei dieser schwachen Intensität hatten die Pflegehiebe nur sanitären Charakter. Für die Pappelkultur ist es richtig, die Pflegehiebe von Anfang an intensiv durchzuführen, wobei 20-30 % der Masse geschlagen werden müssen, um den größten Teil der wipfeldürren und keinen Zuwachs liefernden Bäume zu nutzen und die Wachstumsbedingungen für die Bestände zu verbessern. Die Pflegehiebe müssen mit der Methode der Niederdurchforstung durchgeführt werden. Bei einer mäßigen Durchforstung der Pappelkulturen kann man bis zur Erreichung eines Alters von 10 Jahren hauptsächlich mittleres Holz erhalten.

NRB/ZSNTI, übersetzt v. Ch.Eshkowa. 10290a.

1-64/04-0514 Š v e n d o v á, Jaroslava; Brno, VS Křtiny. Pletí a kypření nosičem nářadí TN-4K2-10. (Jäten und Bodenlockern mit Geräteträger "TN-4K2-10".) - Lesnická Práce 42 (1963) Nr.5. S.205-208. - 4 Abb.

Die Forschungsstation Křtiny befaßte sich im Jahre 1961-62 mit der Entwicklung eines Hackgerätes für den Geräteträger "TN-4K2-10". Das Hackgerät wird vom Schlepperfahrer bedient. Den Tragteil des Hackgerätes bildet eine Universalleiste, die bis 6 Arbeitssektionen trägt, die entsprechend der Reihenentfernung beliebig verstellt werden können. Die Form der Hackschare wurde auf Grund der Untersuchungsergebnisse der Forschungsanstalt für Landmaschinen aus dem Jahre 1960-61 entwickelt. Das Auflockern geschieht mit Hilfe von kleinen Rotationshacken, die durch Abrollen auf der Bodenoberfläche in rotierende Bewegung gebracht werden. Außerdem ist der Geräteträger mit einem Spurlockerer ausgerüstet. Bei den Prüfungen haben sich das Anbauhackgerät und der Bodenauflockerer bewährt. Nur in ausgesprochen schweren, zur Verdichtung neigenden Böden haben sie versagt. Das ech. Auflockern und Hacken muß durch Handarbeit in den Pflanzreihen und rund um die Schutzstreifen ergänzt werden. Täglich wurden durchschnittlich 1,2 ha gehackt und 1,6 ha der Forstgartenproduktionsfläche gelockert. Die Kosten für die Behandlung von 1 ha Forstgartenfläche betragen bei der mechanisierten Arbeitsweise 13.855 Kčs, bei der Handarbeit 29.040 Kčs für die ganze Saison.

ČSSR/ÚVTI. 10290a.

1-64/04-0515 G u b a, I.A. Mechanizirovannye rubki uchoda v molodnjakach. (Mechanisierte Pflegehiebe in Jungbeständen.) - Lesnoe chozjajstvo, Moskva 16 (1963) Nr.9. S.71-72. - 2 Schemata.

Im Lugansker Forstbetrieb müssen jährlich 602 ha Jungbestände durchforstet werden, die größtenteils im Reihenpflanzverfahren auf großen Flächen angelegt sind. Für die mechanisierte Durchführung dieser Arbeiten ist 1. eine Brigade von 3 AK erforderlich: 1. AK fällt mit der Benzinmotorsäge "Družba", die mit einer Spezialvorrichtung zum Schneiden von dünnem Holz versehen ist, 2. und 3. AK tragen das Reisig und Buschwerk von zwei Reihen zur dritten, wo es gehäuft wird. Das Räumen des Schlagabraumes erfolgt durch die 2. Brigade, bestehend aus 2 Traktoristen, die je mit einem Traktor "T-28" ("Belarus") ausgerüstet sind. Auf einem Traktor ist ein Aggregat zum Rücken des Reisigs in den Reihen, bis zu 80 m Entfernung, montiert, der andere besitzt zwei auswechselbare Seilnetzvorrichtungen, zum Rücken des Reisigs auf dem Platz. Vom Vf. wird der Arbeitsablauf, das Aggregat und die Rückeanlage anhand von Skizzen beschrieben. R.Grönholm. 10290a.

1-64/04-0516 G e i l, J. Laubholzläuterungen mit dem Tankpinsel "Taunus". - Allg. Forst-Z. 18 (1963) Nr.30. S.482. - 1 Abb.

Zur Beseitigung der kostenaufwendigen und arbeitsintensiven Durchführung der mech. und herkömmlichen Art der Läuterung wird ein Verfahren beschrieben, das mit Hilfe chem. Wuchsstofflösungen das Absterben des vorgesehenen ausscheidenden Bestandes bewirkt. Das absterbende Stämmchen wird als Konkurrenz für den Z-Stamm ausgeschaltet, bleibt aber noch einige Jahre stehen, um das natürliche Gefüge des Bestandes in seiner gegenseitigen Stützfunktion vorläufig zu erhalten. In diesem Verfahren findet ein Gerät Anwendung, das aus der Kombination Tank und Pinsel besteht. Die gleichmäßige Flüssigkeitszufuhr zum Pinsel wird durch eine leicht zu bedienende Pumpe geregelt. In jungen Beständen ist der Rundumstrich nicht unbedingt erforderlich, weil es ausreicht, wenn der Wuchsstoff durch die Tiefenwirkung des Dieselöls durch die Rinde hindurch an irgendeine Stelle in die Saftleitbahnen des Baumes gelangt. Die günstigste Zeit der Ausführung ist vom Mai bis August. Die Läuterung ist mit einem Arbeitsgang beendet und läßt keine weiteren Kosten entstehen. Es werden die Kosten des Verfahrens denen der herkömmlichen Arbeitsweise gegenübergestellt. M.-O.Barucha. 10290d.

1-64/04-0517 V a s i l e v, V. Prisposoblenija za brane na šišarki i semena na stojašti dŭrveta. (Vorrichtungen für das Ernten von Zapfen und Samen an stehenden Bäumen.) - Gorsko stopanstvo, Sofija 19 (1963) Nr.5. S.30-33. - 4 Abb.

Für die Ernte von Zapfen und anderer Samen von stehenden Bäumen werden einige Anlagen und Vorrichtungen geschildert. Es wurden Versuche für das Ernten der Zapfen mit Hilfe einer am Baumstamm befestigten Leiter, einer verstellbaren Metalleiter, die mit dem Schlepper "DT-20" verbunden ist und einer Metalleiter, die auf dem Schlepper "TDT-40" montiert ist, durchgeführt. Die Ergebnisse zeigen, daß für die Samenzuchtstellen Bulgariens, die in den meisten Fällen auf abseitsgelegenen Stellen und auf steilen Hängen liegen, Vorrichtungen für einen unabhängigen Aufstieg - Klettereisen und Seilleiter - Verwendung finden. Für Flächen mit Neigungen bis 10-12 ° und für große Flächen der Samenzuchtstellen werden Metalleitern empfohlen.

NRB/ZSNTI, übersetzt v. I.Posdirca. 10295a.

1-64/04-0518 P e t r e s c u, L. (unter Mitarb. v. C i u m a c, Gh. und M i h a l a c h e, V.) Hrsg.: Minist. econom. forest, Inst. de cercetări forest. Tehnica taierilor de îngrijire în arboretele de molid. (Die Technik der Pflegehiebe in den Jungfichtenbeständen.) București: Ed. Agro-silvică. 1962. (26 S.) 8°. (1963 A 957)

I. HOLZ, RINDE, HARZ - GEWINNUNG UND TRANSPORT

1-64/04-0519 K u ź m i n, V.M. Tak vskryvajut rezervy. (So deckt man Reserven auf.) - Lesnaja promyšlennost', Moskva 41 (1963) Nr.4. S.12-14. - 2 Schemata.

Durch den Übergang zur Arbeit mit kleinen Brigaden erhöhte sich in der SU die Jahresleistung eines (listenmäßigen) Waldarbeiters in den Jahren 1957 bis 1960 von 382 auf 492 m^3. Eine weitere Steigerung der Arbeitsproduktivität kann erreicht werden, wenn man große Schläge ausscheidet, wodurch sich die Zeitverluste infolge des Wechsels des Arbeitsplatzes um 7-9 % verringern. Weitere 10-12 % der Arbeitszeit können durch fristgerechte Stellung der Transportmittel, pünktliche Beförderung der Waldarbeiter zum Schlage und schonende Behandlung der Fahrzeuge gewonnen werden. Der Schlag wird in der Diagonale durch 2 Hauptabfuhrwege geteilt, von denen die Rückewege fischgrätenförmig abzweigen, In der Mitte des Schlages befindet sich der Ladeplatz, der ein Verladen von 2 Seiten zuläßt. Die Brigade besteht aus 6-7 AK. Zu ihr gehören 2 Holzfäller und 2 Traktoristen, deren Arbeitsplätze räumlich getrennt sind, um eine gleichmäßige Belieferung des Ladeplatzes zu ermöglichen. Der Ladeplatz hat 2 Fahrbahnen, zwischen denen die Lademasten aufgestellt sind. Das Stammholz wird von Traktoren mit Hilfe einer Seilschlinge auf die Langholzautos gezogen. A.Mueller. 10305a.

1-64/04-0520 S ö d e r s t r ö m, Göran. Planleggingen må skje ut fra morgendagens maskiner. (Die Planung muß auf den Maschinen von morgen basieren.) - Norsk Skogbruk 9 (1963) Nr.16. S.448-450.

Vf. schildert den gegenwärtigen Zustand und die Zukunftsaussichten der schwedischen Forstwirtschaft. Er stellt folgende Richtlinien der Entwicklung auf, wobei er ausdrücklich betont, daß er seine persönlichen Ansichten zum Ausdruck bringt, die bisher nur teilweise allgemeine Anerkennung gefunden haben. Gegenwärtig werden ca. 60 % der gesamten Holzproduktion durch Durchforstungen gewonnen und nur 40 % beim Hauptabtrieb; erwünscht ist das Verhältnis 30 % Durchforstungen und 70 % Hauptabtrieb. Dies kann erreicht werden durch Verringerung der Zahl der Durchforstungen: im Bestandesalter von 35, 45 und 60 Jahren, Hauptabtrieb mit 80 Jahren. Hierdurch kann viel menschliche Arbeitskraft eingespart werden. - Alle in der Forstwirtschaft Tätigen müssen in zentralen Waldsiedlungen mit 2000 bis 8000 Einwohnern ansässig werden, die zerstreut liegenden Arbeiterhäuser sind zu liquidieren; hierdurch verbilligt sich die tägliche Fahrt zum Arbeitsplatz. - Bis zum Jahre 1970 muß das Pferd als Zugkraft aus dem Walde verschwinden. - Das Waldstraßennetz muß entsprechend den Anforderungen der schweren Transportmittel ausgebaut, der zulässige Achsdruck erhöht und die

Fahrbahnbreite vergrößert werden. - Für den Einsatz im Hauptabtrieb müssen neue Mehrzweckmaschinen entwickelt werden; die bisher üblichen Rad- und Raupenschlepper müssen verschwinden; die Entwicklung geht in Richtung Niederdruckreifen und Greiflader. Bei der Betriebsplanung muß man von den Maschinen ausgehen, die 1970 voraussichtlich zur Verfügung stehen werden.

A.Grönholm. 10305a.

1-64/04-0521 B a k k e n, Andreas. Et forslag til rasjonalisering av østnorsk skogbruk. (Ein Vorschlag zur Rationalisierung der Forstwirtschaft in Ostnorwegen.) - Norsk Skogbruk 9 (1963) Nr.5. S.160-163.

Ausgehend von der Tatsache, daß in den nächsten Jahren das Flößen auf den Nebenflüssen des größten ostnorwegischen Flusses Glomma eingestellt werden soll, untersucht Vf. die Möglichkeiten zur Umgestaltung und Rationalisierung der Forstwirtschaft in diesem Teil des Landes. Hierbei verweist er auf das Beispiel des norwegischen Forstgroßbetriebes "Mathiesen-Eidsvold Vaerk" (Waldbesitz, Sägewerk, Zellulose- und Papierfabrik mit einem Jahresbedarf an Rohmaterial von ca. 160 000 m^3), der vor einiger Zeit in derselben Lage war und vom Flößen auf Holztransport mittels LKW übergehen mußte. Dieses hat sich übrigens als wirtschaftlich erwiesen, was Vf. durch konkrete Zahlenangaben belegt. Vf. beschreibt die techn. Anlagen des genannten Betriebes sowie einiger hochmechanisierter Forstbetriebe derselben Größenordnung in der SU und empfiehlt auf Grund dessen für das Glomma-Gebiet: Ausbau des Autostraßennetzes entsprechend den Anforderungen des Holztransportes, Errichtung eines oder einiger zentraler, mit den modernsten Maschinen ausgerüsteten und mit Anschlußgleis an die Eisenbahn versehenen Ausformungsplätze, wo nicht nur alles im Umkreis bis zu 60 km angefahrene Faserholz mittels mehrerer Aggregate verschiedener Größe entrindet wird (bis zu 100 000 m^3 im Jahr), sondern auch Aufmessen, Sortieren und Verladen auf die Eisenbahn durchgeführt werden kann. A.Grönholm. 10305a.

1-64/04-0522 S a d o c h i n, N.E. Polyavtomatičeskoe potočnye linii v Andreevskom lespromchoze. (Halbautomatische Fließarbeitslinien im Forstbetrieb Andrejewo.) - Lesnaja promyšlennost', Moskva 41 (1963) Nr.7. S. 8-9. - 1 Schema.

Auf dem Hauptlagerplatz des Betriebes wurde die halbautomatische Langholz-Ausformlinie "PLČh-1" auf der Grundlage eines Ausform-Aggregates "PC-2" bzw. "AC-2" erprobt. Erst nachdem zahlreiche Konstruktionsmängel beseitigt waren, erreichte die Linie eine durchschnittliche Stundenleistung von 22 m^3 und eine Schichtleistung von 128 m^3, im Höchstfall - 183,4 m^3. Die halbautomatische Ausformlinie "ARS-1" auf der Basis einer Ausformsäge "AC-1" arbeitete erheblich zuverlässiger und leistete 2,5-mal mehr als die üblichen Elektrosägen. Der zu dieser Linie gehörige automatische Speicher und Verteiler "BG-2" sowie die Rundholzabwerfer "KKS-3" des Seiltransporteurs "VKF" arbeiten unzuverlässig und bedürfen einer konstruktiven Änderung.

A.Mueller. 10305ba.

1-64/04-0523 P e t r o v, M.F. und C e c h a n o v s k i j, A.I. Preimuščestva lesosečnych rabot uzkimi lentami. (Die Vorzüge der stufenweisen Bearbeitung von Hiebsflächen.) - Lesnoe chozjajstvo, Moskva 16 (1963) Nr.8. S.67-69. - 2 Abb., 1 Tab.

Es hat sich bei der Holzaufbereitung in Laubholzbeständen mit vorherrschendem Nadelholzunterwuchs von 3-5 m erwiesen, daß bei einem streifenweisen Fällen der Bäume (Breite der Streifen 12-15 m) ausgeführt von einer kleinen Komplexbrigade, bestehend aus dem Fäller, einer AK, dem Traktoristen und Entaster, ausgerüstet mit dem Traktor "TDT-60-75", der Säge "Družba" und Hilfsgeräten, alle Voraussetzungen zur Erhaltung des Unterwuchses, der völligen Räumung der Schlagfläche ohne zusätzlichen Aufwand an Arbeit und Arbeitsmitteln und für einen großen ökonomischen Nutzeffekt gegeben sind. Vff. beschreiben die neue Technologie mit Angabe von Zahlenmaterial und bringen eine Gegenüberstellung mit dem alten Verfahren.

R.Grönholm. 10305ba.

1-64/04-0524 A t r o c h i n, V.G. Technologičeskij process postepennych rubok s učetom sochranenija podrosta. (Technologischer Prozeß stufenweiser Hiebe bei Erhaltung des Unterwuchses.) - Lesnoe chozjajstvo, Moskva 16 (1963) Nr.8. S.17-21. - 1 Abb., 2 Tab., 1 Zeichn.

Zur Umwandlung geringproduktiver Bestände in hochproduktive (durch stufenweise-, Plenter- und Pflegehiebe, Waldkulturen und Melioration) und dem damit verbundenen Einsatz von Maschinen und Mechanismen im Gebiet Moskau, sind von dem MLTI (Moskauer Forsttechn. Inst.) Versuche einer komplexen Mechanisierung der Produktionsprozesse durchgeführt worden. Vf. bringt in einer Skizze die Bearbeitung einer Hiebsfläche, wobei das Freischlagen der Schleifwege vom äußersten Ende der Hiebsfläche, das Rücken mit dem Stammende voran, das Fällen der Bäume mit der Krone auf den Schleifweg in einem Winkel von nicht mehr als 45 ° erfolgte. Eingesetzt wurden die Benzinmotorsäge "Družba", der Raupenschlepper "TDT-40", "T-38" und der Radschlepper "MTZ-5", "T-40", "DT-20" und eine Brigade von 6 AK, die eine Leistung je Schicht von 18 m^3 hatten. R.Grönholm. 10305ba.

1-64/04-0525 J a k o v l e v, G. und G u s l a v s k i j, V. Tagil'skij opyt lesosečnych rabot s sochraneniem podrosta. (Beim Tagil'schen Holzeinschlagverfahren wird das Unterholz geschont.) - Lesnaja promyšlennost', Moskva 41 (1963) Nr.7. S.14-17. - 5 Abb.

Das in Nadelholzbeständen mit viel Unterwuchs bewährte sog. Skorodumsker Holzeinschlagverfahren wurde von einer Neuerergruppe vervollkommnet. Die Schlagstreifen werden in 3 Bänder geteilt: 2 seitliche von 12-17 m Breite und das mittlere, 5-6 m Breite. Letzteres wird so schmal gewählt, um den Teil des Streifens, auf dem der Jungwuchs zerstört wird, möglichst zu verringern. Der Schlagstreifen wird in 4 Phasen aufbereitet. Man fällt die Stämme auf dem mittleren Band, entastet sie und belegt die Bandmitte in Querrichtung mit den Ästen. Sodann rückt ein Traktor die Stämme mit dem Zopfende voran zum Waldladeplatz. In der 3. Phase werden die Stämme auf den Seitenbändern in Gruppen von 5-6 Stück im Winkel von 20-45 ° gefällt und mit den Kronen auf das mittlere Band geworfen, entästet und die Äste zu Wellen zusammengeworfen. Zum Schluß rückt der Traktor die auf den Seitenbändern liegenden Stämme. Das verbesserte sog. Tagil'sche Arbeitsverfahren hat den Vorzug, daß nur etwa 25 % des Unterwuchses beschädigt werden und die Arbeitsproduktivität um rd. 16 % zunimmt. Außerdem erspart man die Kosten für die Anlage besonderer Rückewege. A.Mueller. 10305ba.

1-64/04-0526 K l o s e, W. Das Haldenslebener Bündelverfahren. - Sozialist. Forstwirtsch. 13 (1963) Nr.7. S.219-221. - 4 Abb.

Mit Hilfe der in der Forstwirtschaft eingeführten Portalkräne auf zentr. Holzausformungs- bzw. Verladeplätzen ist es möglich, den innerbetrieblichen Platztransport und die gesamte Verladung von Lang- und Kurzholz weitestgehend zu mechanisieren. Hinsichtlich der Bewegung des Schichtholzes ist es erforderlich, das bisherige Verfahren des Einzelstücktransportes durch den Bündelverkehr zu ersetzen. Vf. beschreibt ein im StFB Haldensleben entwikkeltes Bündelverfahren, das eine eigene techn. Ausrüstung bedingt. Der Bündelmeßbehälter wurde schienengebunden ausgeführt und U-förmig gestaltet, dessen Inhaltsfläche 6362cm^2 beträgt und bei 1m langem Holz rd. 0,45 sfm faßt. Zur Herstellung eines Bündels werden als Material zwei Drahtseile von 6 mm Dmr. benötigt, die jeweils eine Länge von 3150 mm besitzen. An jedem Seil befinden sich zwei zusammenschraubbare Klemmbacken. Zum Verschließen der Bündelseile wurde eine Spannzange konstruiert, deren techn. Daten angegeben sind. Abschließend werden Hinweise zur Seilpflege gegeben.

M.-O.Barucha. 10305ba.

1-64/04-0527 S a r a j k i n, Ju.D. Kol'cevatel' listvennicy. (Ringelung der Lärchen.) - Lesnaja promyšlennost', Moskva 41 (1963) Nr.4. S.16-18. - 1 Abb., 1 Zeichn.

Der von dem Vf. konstruierte Ringeler "KU" besteht aus der Befestigungsschiene und dem Anschlag. Die Schiene wird am Gehäuse des Reduziergetriebes einer "Družba"-Motorsäge mit 4 Bolzenschrauben angebracht. Sie trägt Marken, welche die Tiefe der Schnittfuge anzeigen, und einen gezähnten Gleitsektor, der das Eindringen der Sägekette erleichtert. Auf der Schiene bewegt sich in Nuten der Anschlag, der durch einen Sperrstift festgestellt werden kann. Beim Ringeln werden die Rinde, der Splint und die ersten Jahrringe des Kernes durchschnitten. Die Tiefe des Schnittes richtet sich nach dem Dmr. des Stammes am Wurzelanlauf (s. Tab. d. Vf.), die Breite der Schnittfuge nach der verwendeten Sägekette ("EP-K5" = 7 mm). Stockfaule und überhängende Stämme (8 °) werden nicht geringelt. A.Mueller. 10305bc.

1-64/04-0528 P e t ř í č e k, V.; Brno, Landwirtsch. Hochschule, Forstwirtsch. Fak. Mechanisierte Instandhaltung von Hobelzahnketten für Motorsägen. - Sozialist. Forstwirtsch. 13 (1963) Nr.7. S.221-223. - 5 Abb.

Der Schleifapparat Typ "BPR", Hersteller TOS Kostelec nad Orlici, zum Schärfen von Hobelzahnketten ist in das Maschinensystem der Forstwirtschaft des Rates für gegenseitige Wirtschaftshilfe aufgenommen. Techn. Charakteristik: Elektromotor 200 W, 220 V, 50 Hz, 10 000 U/min, Drehzahl der getriebenen Welle 25 000 U/min, Schleifkörper-Dmr. 6 mm, Hauptabmessungen des Gerätes: Höhe 305 mm, Breite 260 mm, Länge 480 mm, Masse 27 kg. Ein Vergleich mit anderen Maschinen (Fille-N-Joint, Nielsen 100 B) ergab eine Leistungssteigerung um 200 %. Die ermittelte energetische Belastung des Bedienenden betrug bei "Fille-N-Joint" 6,92 kcal/h und bei "BPR" 1,10 kcal/h. Eine Untersuchung der geschärften Hobelzahnketten in Hinblick auf Schnittleistung (60,6 cm^2/s bei 12 m/s Kettengeschw.), spez. Arbeit (400 kpm/dm^2) und zugeführte Leistung (3 PS) zeigte die angeführten günstigsten Werte bei den mit dem Apparat "BPR" geschliffenen Ketten. Desweiteren stellt Vf. ein Gerät zur Reparatur (Ent- und Vernieten) gerissener Sägeketten vor und macht den Vorschlag, jede Motorkettensäge mit 5 bis 6 Ketten auszurüsten. Davon sollten 2 bis 3 am Arbeitsort vorhanden sein, während die restlichen in der Werkstatt geschärft und instandgesetzt werden. L. Jülich. 10305bc.

1-64/04-0529 P i e s t, K.-H. Untersuchungen über die Umlaufgeschwindigkeit von Motorsägenketten. - Forstarchiv 34 (1963) Nr.5. S.137-140. - 3 Abb.

Vf. legt in diesem Beitrag die Problematik sowie die sachlichen und methodischen Ergebnisse seiner im Inst. für Waldarbeit und Forstmaschinenkunde der Forstlichen Fakultät der Universität Göttingen durchgeführten Versuche dar. Die Untersuchungen erstreckten sich auf a) die Ermittlung der auftretenden Druckwerte beim Sägen mit Einmannmotorkettensägen, b) das Auffinden einer optimalen Kettenvorspannung, c) den wechselseitigen Einfluß von Kettengeschw., Vorschubdruck und Schneidengeometrie hinsichtlich Schnittleistung und erforderlicher Motorleistung (Bu und Fi) und d) arbeitsphysiologische Fragen (Energieaufwand, Kreislaufbelastung) beim klemmfreien Schneiden von Bu. Die zu b) und c) notwendigen experimentellen Arbeiten wurden auf einer Ketten-Versuchsapparatur durchgeführt. L. Jülich. 10305bc.

1-64/04-0530 A n o n y m. Zusatzgeräte für Einmannmotorsägen. - Forstarchiv 34 (1963) Nr.1. S.23-24.

Die robusten und teuren Antriebsaggregate von Motorsägen können ganzjährig durch geeignete Zusatzgeräte ausgelastet werden. Von den zahlreichen Konstruktionen, die einen wirtschaftlichen Einsatz ermöglichen, werden Pflanzlochbohrer und Kulturreinigungsgeräte als weit verbreitet hervorgehoben. In einer tabellarischen Übersicht werden Zusatzgeräte für Fabrikate der Firmen Dolmar, McCulloch, Partner, Solo und Stihl vorgestellt, zu denen auch der "Roto-Bit"-Entaster (McCulloch), Schälzusätze (Solo, Stihl) und Wasserpumpe (Stihl) gehören. J. Peters. 10305bc.

1-64/04-0531 K l o s s und O s t e r l o h. Versuche an Kettensägen unter besonderer Berücksichtigung ihres Einsatzes auf Rundholzplätzen von Sägewerken. I. - Holzindustrie 16 (1963) Nr.5. S.144-145. - 3 Abb., 1 Tab.

Der Beitrag befaßt sich mit dem Leistungsbedarf und dem Abstumpfungsverhalten von Sägeketten bei ihren Einsatz auf Rundholzplätzen von Nadelholzsägewerken. Dabei werden in der vorliegenden Folge der Versuchsstand und die Versuchsdurchführung dargelegt. Der Prüfstand besteht aus einer Wippe mit festem Drehpunkt. Die eine Seite der Wippe trägt eine montierte Einmann-Bügelkettensäge (Masse 19,1 kg, Kettengeschw. 7,2 m/s, Zweilaschen-Sägekette), die andere eine Ausgleichsmasse, durch deren Verschieben die Vorschubkraft von 0 bis 20 kp variiert werden kann. Zur Ermittlung der Meßwerte, mittlerer Leistungsbedarf und Schnittzeit, dienten ein Stromzähler (Zählerscheibenumdrehung) und eine elektrische Stoppuhr. Um einen Einblick in den Abstumpfungsverlauf zu geben, wurden 2 gegenüberliegende Zahngruppen jeweils nach 48 Schnitten (2 m^2 Schnittfläche) 20fach vergrößert fotografiert. Die Untersuchungen erfolgten an unentrindetem Ki- und Fi-Sägeholz von 230 mm Dmr. L. Jülich. 10305bc.

1-64/04-0532 H o s p o d a r, B. 1963 annual chain saw supplement and directory. (1963 - Jahresbeilage über Motorkettensägen, Hersteller- und Verkäufernachweis.) - Canad. Farm Implements 60 (1963) Nr.8. S.21-28. - 16 Abb.

Nachdem im ersten Teil des Beitrages Vf. allgemeine Verkaufshinweise für Motorkettensägen gibt, in den Text sind hier die vorgestellten Typen eingestreut, bringt der zweite Teil Pflege-, Instandsetzungs- und Reparaturratschläge. Schließlich vermittelt der letzte Abschnitt Adressen von Herstellern und Verkäufern folgender Typen von Einmannmotorkettensägen: Comet, Hoffco, Pioneer, Lumber Jack und Homelite. Aufgeführte Maschinentypen: Wright "C 50" mit 14, 17, 21, 25 und 30 in. Führungsschienenlänge, Remington "Super 170", eines von 7 Lumber Jack-Modellen (1 Jahr Garantie!), P.M. Canadien "175", Solo "Rex-A" (7 h.p.), Pioneer (direktgetrieben), Hoffco (direktgetrieben oder mit Untersetzungsgetriebe). L.Jülich. 10305bc.

1-64/04-0533 F e h l k a m m, H. Die Axt - gestern und heute. - Forstarchiv 34 (1963) Nr.3/4. S.92-93. - 2 Abb.

Es wird die Entwicklung und Formenvielfalt dieses alten Holzhauerwerkzeuges in den zurückliegenden 35 Jahren dargestellt. Etwa die Hälfte der damaligen Äxte waren handgeschmiedet und wiesen voneinander abweichende Formen auf. So waren in Deutschland annähernd 650 Modelle vertreten. Es gab sehr unterschiedliche Axtmassen, die sich zwischen 1100 g und 3500 g bewegten. Die Durchschnittsmasse lag zwischen 1750 g und 2000 g. Die Axtstiele hatten eine Normallänge von 100 cm und erreichten sogar 125 cm. Sie waren gerade, lang und dick mit z.T. sehr langem Kamm und ohne Knauf gestaltet. Der Kuhfußstiel war unbekannt. Die Stellung der Schneide zum Stiel erfolgte im allgemeinen parallel und konnte erst 1959 durch die Arbeit von Reissinger für die einzelnen Arbeitsverrichtungen spezifiziert werden. Über die richtige Instandhaltung und Pflege der Äxte gab es wenig Klarheit, Ausnahmen bildeten die Schwarzwälder und Harzer Holzhauer. - Mit der zunehmenden wissenschaftl. Bearbeitung konnten die Probleme über Form und Leistungsfähigkeit der Äxte weitestgehend geklärt werden. Die Hauptarbeiten im Holzeinschlag werden jedoch jetzt mit Motorkettensägen ausgeführt. Spezielle Arbeiten, wie Entasten, werden aber weiterhin überwiegend mit Äxten durchgeführt. Für die reine Entastungsarbeit wird die Iltisaxt als Dünnblattaxt empfohlen. M.-O.Barucha. 10305bd.

1-64/04-0534 D i e t z, P. Bündelung von Schichtholz mit Stahlseilschlingen. - Forstarchiv 34 (1963) Nr.2. S.43-44. - 8 Abb.

Ausgehend von einem in der Schweiz angewandten Verfahren der Schichtholzbündelung wurde im Rahmen eines größeren Versuchsprogrammes Schichtholz gebündelt und in dieser Form zum Abnehmer transportiert. Während vorher von westdeutscher Seite in einigen Fällen die Bündelung von Schichtholz fast ausschließlich mit Stahlband erfolgte, bezieht sich das Schweizer Verfahren auf die Anwendung von Stahlseil. Die Vorteile des Stahlseils gegenüber dem Stahlband sind vor allem in seiner größeren Zuverlässigkeit im harten forstl. Einsatz zu sehen. Das Bündelseil ist ein einfaches Rundseil, dessen beide Enden an einem 450 mm langen Stahlrohr befestigt sind.

Das Seil ist in seiner Länge so bemessen, daß die Seilschlinge 1 rm umfaßt. Zur Bündelung des Schichtholzes ist die Verwendung eines Bündelrahmens erforderlich. Der Arbeitsablauf beim Bündeln ist auf Einmannarbeit aufgebaut. Für den Bündeltransport sind entsprechende Hebegeräte vorgesehen, wobei als zweckmäßig ein LKW mit heckmontiertem, vollhydraulischen Kran angesehen wird. - Abschließend wird der durchschnittliche Zeitbedarf für die einzelnen Teilarbeiten angegeben. M.-O.Barucha. 10305ca.

1-64/04-0535 F l a n n, I.B. Aspects économiques de l'écorçage et de la fabrication de copeaux. (Ökonomische Aspekte bei der Entrindung und der Herstellung von Spänen.) - Forêt Conservat. /Québec/ 32 (1963) Nr.7. S.10 bis 13. - 6 Abb., 7 Tab., 4 Lit.

Nach einer Betrachtung über die Abhängigkeit der Transportkosten vom Feuchtigkeitskoeffizienten der Späne und deren Trocknung werden die Herstellungskosten von entrindeten Schnitthölzern und Sägewerksabfällen besprochen, die vielfach die Grundlage der Spanherstellung darstellen. Bei geringwertigen Hölzern wird ein Verkauf in Spänen ohne vorheriges Zersägen empfohlen. In einem Anhang sind die erforderlichen techn. Hilfsmittel und die Organisation für ein kleines Sägewerk beschrieben. G.Kräuter. 10305cc.

1-64/04-0536 I s t o m i n, G. und S e r g i e n k o, Ju.; Zentr. Forsch.-Inst. für Mechanisier. und Energetik der Holzindustrie. Novyj nižnyj sklad Guzeripl'skogo lespromchoza. (Der neue Hauptlagerplatz des Forstbetriebes Guzeripl.) - Lesnaja promyšlennost', Moskva 41 (1963) Nr.6. S.13-16. - 8 Abb., 2 Tab.

In den Altholzbeständen des im Kaukasus gelegenen Betriebes wird das Holz mit "Družba"-Motorsägen mit verlängerter Sägeschiene unter Zuhilfenahme von hydraulischen Keilen gefällt, von Traktoren "TDT-75" oder Seilriesen "TPU-7" gerückt und mit Holzlastern vom Typ "MAZ-501" mit Hänger "2-R-15T" zu dem Hauptlagerplatz angefahren. Dieser ist aus Eisenbeton-Formteilen errichtet und mit 2 halbautomatischen Ausformstrecken Modell "PLCh-1", Stangensägen "PL-4" und Bockkränen "KKU-10" ausgerüstet. Die eintreffenden Langholzautos werden von elektr. Laufkränen (Tragfähigkeit 20 t) entladen, die Stammbunde von Laufkatzen (3 t) aufgelöst und auf den Eingabetransporteur gelegt. Durch die Automatisierung des Betriebes konnten die Selbstkosten um 28,4 % und die Stärke der Belegschaft um 7,5 % vermindert werden, während die Komplexleistung je AK sich verdoppelte (141,3 : 298,7 m^3).
A.Mueller. 10305cd.

1-64/04-0537 P i i r, A.I., R e j n a s, P.D. und Č i k o v, Ja.I. Uproščennyj kabel'-kran dlja ukladki chlystov v zapas. (Einfacher Seilkran zum Stapeln des Langholzes.) - Lesnaja promyšlennost', Moskva 41 (1963) Nr.6. S.10-12. - 2 Abb., 2 Schemata.

Um die Ausformrampen der Hauptlagerplätze während der Schlechtwetterperioden, in denen die Holzanfuhr unterbrochen werden muß, mit Langholz zu versorgen, werden entsprechende Vorräte vorsorglich gelagert. Das geschieht auf besonderen Lagerplätzen, die durch Seilbahnen sowohl mit der Entladestrecke als auch mit den Ausformrampen verbunden sind. Hierzu geeignet ist ein in Estland viel verwendeter Seilkran, der mit 2 Tragseilen, 2 Laufwagen und 1 Winde "TL-4" oder "TL-5" ausgerüstet ist. Die vier 12,5 m hohen Masten sind aus je 4 Stämmen zusammengesetzt, mit Stahlkappen versehen und mit

Drahtseilen verspannt. Die Masten stehen zu je 2 auf den Endpunkten der 50-70 m langen Transportstrecke und sind durch 10 m lange Binder miteinander verbunden. Die Winde bewegt über ein System von Seilblöcken die Laufwagen und die unter ihnen angeordneten Traghaken zum Aufnehmen und Ablegen der Last. Unter einem Seilkran kann ein Vorrat von 1000 m^3 angelegt werden, wobei man - um den Abtransport zu erleichtern - die Tragstränge an dem Langholzbund beläßt. Das Entladen, Stapeln und Versorgen der Ausformrampe kostet etwa 0,06 - 0,10 Rbl/m^3. Die Tragfähigkeit des Seilkranes beträgt 20 t, die Betriebskosten jährlich - 3500-4000 Rbl. Anlage- und Betriebskosten werden durch die störungsfreie Arbeit des Betriebes aufgewogen.

A.Mueller. 10305da.

1-64/04-0538 N e k r a s o v, R. und G r u b o v, S.; Zentr. Forsch.-Inst. für Mechanisier. und Energetik der Holzind. Ustanovki TPU-7 v gornych lesach. (Seilriesen vom Typ "TPU-7" im Gebirgswalde.) - Lesnaja promyšlennost', Moskva 41 (1963) Nr.6. S.17-19. - 2 Abb., 2 Schemata.

Arbeitsversuche, bei denen das Stammholz mit Hilfe der Seilbahn "TPU-7" über Entfernungen bis 400 m gerückt wurde, ergaben Durchschnittsleistungen von 31 (im Höchstfall 60) m^3/Schicht. Das Holz wurde von Traktoren "TDT-60" vom Fällungsort bis zum Tragseil gerückt und in Bunden an den Haken des Laufwagens gehängt, wobei der Schleppstrang 2 m vom starken Ende der Stämme entfernt festgemacht wurde. Die Leistung der Seilriesen kann wesentlich erhöht werden, wenn die Drehzahl der Trommeln der Winde "TL-5" verdoppelt, der Laufwagen mit 2 Traghaken versehen und eine zuverlässige Befehlsübermittlung (optische oder akkustische) zwischen dem Windenführer und dem Anhängarbeiter am hinteren Mast ermöglicht wird. Auch müssen die Kahlschläge fächerförmig geführt sowie der Hauptmast und die Winde hinter dem Holzabfuhrweg aufgestellt werden.

A.Mueller. 10305da.

1-64/04-0539 A n o n y m. Vilčatye pogruzčiki Charlo. (Gabelbelader "Charlo".) - Master lesa, Moskva 7 (1963) Nr.9. S.31. - 1 Abb.

Diese Maschinen sind auf Basis verschiedener Modelle von Radschleppern, die mit einer Beladevorrichtung ausgerüstet sind, gebaut worden. Der Belader, der unmittelbar auf der Schlagfläche eingesetzt wird, belädt in einem Arbeitsgang 6,3 m^3 Holz auf Transportmittel. Ein anderes Modell stapelt und belädt bis 36 m^3 Bretter auf einen Anhänger in 30 Min.

R.Grönholm. 10305da.

1-64/04-0540 A n o n y m. Traktor-samosval. (Traktor-Selbstentlader.) - Master lesa, Moskva 7 (1963) Nr.9. S.31. - 1 Abb.

In den USA wird beim Transport von Faserholz der Radschlepper-Selbstenlader "Terrain master" eingesetzt. Der Schlepper unterscheidet sich durch große Bodenfreiheit, die dadurch bedingt ist, daß alle 4 Räder Antriebsräder sind. Die breiten Raddecken mit Spezialprofil gewährleisten eine gute Bodenhaftung. Der Benzinmotor hat eine Leistung von 115 PS, maximale Geschwindigkeit 64 km/h. Das Faserholz wird in Behältern transportiert. Auf dem Rahmen des Schleppers befindet sich eine bewegliche Plattform mit einem Längsförderer, angetrieben durch eine Seilwinde. Die Plattform wird zum Beladen mit den Behältern durch zwei Hydrozylinder hinunter- und wieder hinaufbewegt. Bei nicht zu großen Entfernungen transportiert der Schlepper bis 100 m^3 = 25 Behälter Faserholz. R.Grönholm. 10305da.

1-64/04-0541 L i n d e m a n, C.F. Lunnekran fra Sørlandet. (Rückekran aus Südnorwegen.) - Norsk Skogbruk 9 (1963) Nr.11/12. S.337-338.
Die von der norwegischen Fa. "Per Igland" konstruierte 4-Trommel-Winde kann auf verschiedene Art verwendet werden, u.a. auch zum Rücken und Verladen in einem Arbeitsgang. Die Ausrüstung besteht aus einem Traktor, auf dem die Winde montiert ist, und einem Anhänger, dessen eine hintere Ladestütze durch einen Mast mit Ausleger ersetzt ist. Zwischen einer Lenkrolle an diesem Auslager und einer Lenkrolle am üblichen Seilmast läuft ein Seil, an dem an einer Laufrolle eine dreispurige Laufkatze hängt. Diese Anordnung wirkt wie das Rücklaufseil in dem bekannten Schlaffseil-System, da die Dreirollen-Laufkatze an die Lenkrolle am Ausleger herangeholt werden kann. Mittels der drei Zugseile werden die Stämme herangeschleift und auf den Anhänger verladen. Ein großer Vorteil dieser Rückemethode ist, daß die Stämme auch senkrecht zum Fahrzeug gerückt werden können. A.Grönholm. 10305da.

1-64/04-0542 A p a n o v i č, A., M a r t y n i c h i n, V. und G r i c k e v i č, A. Neobchodimye novye konstruktivnye rešenija. (Notwendige neue konstruktive Lösungen.) - Lesnaja promyšlennost', Moskva 41 (1963) Nr.7. S.19-21. - 1 Abb., 1 Schema.
Von den Vff. wurde für die Rückung des Langholzes aus fächerförmigen Schlägen eine neuartige Transportvorrichtung geschaffen, die einer konstruktiven Verbesserung bedarf. Die Seilriese arbeitet mit nur einem Seil, das gleichzeitig Trag- und Zugseil darstellt und von einer Winde "TL-4" oder "TL-5" angetrieben wird. Die freien Trommeln der Winde werden zum Spannen des Trag- bzw. Zugseiles und zum Beladen der Autos oder Waldbahnwagen mit großen Stammpaketen benutzt. Das Trag- bzw. Zugseil wird in 4 bzw. 3 Windungen um die beiden mit Bandagen versehenen Trommeln der Winde geschlungen. Die Entfernung zwischen den beiden Masten beträgt 200-250 m. Der an den Tragstrang gehängte Laufwagen wird von dem Zugstrang in beiden Richtungen bewegt. Zwischen hinterem Mast und Laufwagen bewegt sich ein Hilfswagen, der auf dem Trag- als auch dem Zustrang ruht und dazu dient, mit Hilfe eines Seil-Blocksystems die Stämme zu dem Rückeweg heranzurücken. Das Langholz wird mit Hilfe einer transportablen Rampe verladen. Zum Antrieb der Anlage wird eine Winde gebraucht, die über 2 umschaltbare Trommeln verfügt, die sowohl synchron als auch unabhängig voneinander arbeiten. A.Mueller. 10310ea.

1-64/04-0543 V a s i l' č e n k o, I.M. und C h o d o r e v s k i j, V.A.; Unions-Forsch.-Inst. für Forst- und Bodenmeliorat. Prisposoblenie dlja ispol'zovanija traktorov na pogruzočno-razgruzočnych rabotach. (Vorrichtung für den Einsatz von Traktoren zum Be- und Entladen.) - Lesnoe chozjajstvo, Moskva 16 (1963) Nr.8. S.59-60. - 2 Abb., 1 Schema.
Der Traktor "DT-54A" ist im Versuchs- und Lehrforstwirtsch.-Betrieb von Artschedin (Gebiet Wolgograd) mit einem Hebebaum ausgerüstet worden. Dieser besteht aus 2 Rohren von 400 mm Länge und 80 mm Dmr., die unter einem Winkel miteinander verbunden sind, und einer Belastung von 1 t standhalten müssen. Anhand einer Skizze und von techn. Daten wird die Konstruktion des

Auslegers beschrieben. Gelenkt wird er aus der Kabine des Traktors mit Hilfe eines Hydrosystems. In herabgelassenem Zustand befindet sich das Ende des Auslegers 1 m und in gehobenem 3,5 m vom Erdboden, was ausreichend für das Verladen von Holz auf LKW's ist. Zum Umschlingen des Holzes dient ein Seil von 3 m Länge und 12-16 mm Stärke. Vff. beschreiben den Vorgang des Be- und Entladens. Die Leistung beträgt 30 m^3 in der Schicht.

R. Grönholm. 10310ea.

1-64/04-0544 A n o n y m. Pogruzčik Dajna. (Beladegerät "Daina".) - Master lesa, Moskva 7 (1963) Nr.9. S.31. - 1 Abb.
Das Belade-Transportgerät "Daina-Ligger", hergestellt in den USA, unterscheidet sich durch einen um 60 ° drehbaren Greifer, durch den beim Beladen von Langholzsortimenten bis zu 30 m Länge, eine Senkung der Selbstkosten von 50 % erreicht wird. Die Lenkung des Gerätes ermöglicht es, dieses noch um 30 ° zu drehen, somit kann das Beladen parallel zum Gerät erfolgen. Die Hubleistung beträgt 6,75 t, die Hubhöhe 4,8 m.

R. Grönholm. 10310ea.

1-64/04-0545 P o p o v, V. Na dorogach LK-5M. (Die Maschine "LK-5M" auf den Straßen.) - Master lesa, Moskva 7 (1963) Nr.9. S.13. - 1 Schema.
Durch den Einsatz der Maschine "LK-5M" in der ASSR der Komi ist die Arbeitsproduktivität der Traktoren und die Gesamtarbeitsleistung 1 AK gestiegen, die Selbstkosten 1 m^3 gerückten Holzes sind um 55-60 Kopeken gesunden. Die jährliche Transportleistung eines LKW betrug durch den Einsatz dieser Maschine 6,5-7 m^3. Diese Leistungen wurden durch das sog. "Lappländerverfahren" - ein Hinaufrollen von Faserholzbündeln mit Hilfe von zwei Seilenden (3,5 und 2,8 m Länge) ermöglicht. Der Arbeitsaufwand sinkt bei dem Beladen von 1000 m^3 von 11,6 auf 3 Arbeitstage/AK. Vf. beschreibt mit Angabe techn. Daten das Verfahren. R. Grönholm. 10310ea.

1-64/04-0546 A n o n y m. Ny lastesaks. (Neuer Klauengreifer.) - Norsk Skogbruk 9 (1963) Nr.5. S.159.
In Norwegen ist ein neuartiger Klauengreifer zum Verladen von Langholz konstruiert worden. Er besteht aus einer Greif- und einer Öffnervorrichtung, die jede an einem gesonderten Seil befestigt sind. Angewandt wird der Greifer in Verbindung mit Zweitrommelwinde und Hebebaum; das Zugseil wird mit der Greifvorrichtung verbunden und die Öffnervorrichtung mit dem Rücklaufseil. Beim Zug an der Rücklaufleine nach Ausschwenken des Auslegers öffnet sich der Greifer über den zu hebenden Stamm und beim Lockern derselben und Anziehen des Zugseils schließen die mit Zähnen versehenen Klauen sich um den Stamm. Bei einiger Übung kann das Gerät von 1 AK bedient werden. Mit diesem Klauengreifer können Stämme von 15 bis 95 cm Dmr. gehoben werden.

A. Grönholm. 10310ea.

1-64/04-0547 W a g n e r, Vl. Nové problémy odvozu dřeva. (Neue Probleme der Holzabfuhr.) - Lesnická Práce 42 (1963) Nr.7. S.294-297. - 3 Abb.
Gegenwärtig stellt die Lösung der Transportsituation bei Woggonmangel das Hauptproblem dar und zwingt die Forstbetriebe dazu, den Ferntransport selbst zu besorgen. Diese Situation hat der Forstbetrieb Frýdlant v Čechách

provisorisch gelöst, indem er für den Ferntransport von 12 000 fm Faserholz ein Aggregat, bestehend aus einem Fahrzeug "V3S" und einem Einachsanhänger "DA5" adaptierte, das 21 Raummeter frisches Nadelholz auf einmal befördern kann. Der Forstbetrieb Harcov probiert eine abweichende Konstruktion. Der Einachsanhänger "DA7" wird an einem Zughaken angehängt und die Aufwindevorrichtung ist entfernt. Die Gesamtadaptierung wurde in der Weise ausgeführt, daß der Schemel des Anhängers sich frei um seine Vertikalachse wenden kann. Infolgedessen kann der Anhänger schnell für die Abfuhr von Langholz bereitgestellt werden. Eine weitere Aufgabe besteht darin, daß man sich schon jetzt auf einen Wechsel in der Abfuhrtechnologie vorbereiten kann, der in Verbindung mit dem Aufbau der Holzkombinate mit der Beförderung von Holz bis auf 70-90 km und in einigen Fällen noch weiter, rechnen muß. ČSSR/ÚVTI. 10310fa.

1-64/04-0548 D r e s s l e r, M. K automatizaci dálkovým řízením při dopravě dřeva. (Zur Automatisierung der Holzbeförderung durch Fernlenkung.) - Lesnický Časopis /Praha/ 9(36) (1963) Nr.6. S.529-536. - 6 Abb., 9 Lit. Zus. in Russ., Span., Dtsch.

Für die Automatisierung der Holzbeförderung ist die Fernlenkung der energetischen Quellen von besonderer Bedeutung. Für die spezifischen Bedingungen des Forstbetriebes wurde im Rahmen der techn. Entwicklung der Forsch.-Stat. VÚLHM Křtiny durch den VEB Tesla Kolín eine Rundfunkgarnitur entwickelt, die einerseits der drahtlosen Übertragung von Signalen an die Waldseilbahnen, andererseits der drahtlosen Fernlenkung verschiedener Mechanismen dient. Die Garnitur kann 3 Signale senden. Die Fernlenkung ist auf einem Schlepper "T 4-K 20-LZ" montiert, wo sie zur Lenkung der Winde "Z-2. 061" dient. Damit ist die Grundlage für die automatisierte Holzrückung mit Schleppern gegeben. Weitere Anwendungsmöglichkeiten befinden sich im Vorbereitungsstadium. ČSSR/ÚVTI. 10310fa.

1-64/04-0549 R u p r i c h, J. Hospodárnost dopravy dříví. (Wirtschaftlichkeit des Holztransportes.) - Sborník Vysoké Školy zemědělské Brně, Rada C 1963 Nr.1. S.61-80. - 1 Abb., 14 Tab., 15 Lit. Zus. in Russ., Dtsch.

Es werden einige Erfahrungen wissenschaftl. Bearbeiter aus verschiedenen Fachzweigen angeführt und gleichzeitig werden Lösungsmethoden des Transportproblems auch in der Forstwirtschaft bei Anwendung der linearen Programmierung vorgeschlagen. Es werden nachstehende Methoden analysiert: Methode von Gass, von Vogel und Kord. Für die optimale Lösung des Transportproblems wurden entsprechende Tab. ausgearbeitet (Transporttarife u.a.), die Methode ihrer Ausarbeitung wurde ebenso erklärt wie die Art ihrer Anwendung bei Berechnungen. Außerdem wird eine Anleitung für die operative Planung der Waldtransporte beigefügt. Es wird ein Beispiel des zweidimensionalen Transportproblems (Holztransport von einer gegebenen Anzahl der Ausgangspunkte im Walde aus nach einer gegebenen Anzahl Verbrauchsplätze) sowie eines dreidimensionalen Problems (Holztransport aus dem Wald über das Expeditionslager zum Verbraucher) untersucht. ČSSR/ÚVTI. 10310fa.

1-64/04-0550 A n o n y m. Unfallverhütung bei der Langholzabfuhr. - Holz-Zbl. 89 (1963) Nr.128. S.2082-2083. - 5 Abb.
Es wird über einen Lehrgang berichtet, der im Oktober 1963 in Bad Tölz durchgeführt wurde, und auf dem verschiedene Vorträge über techn. Fragen und über Unfallschutz bezüglich des Langholztransportes gehalten wurden. Einen breiten Raum nehmen dabei die Unfallverhütungsmaßnahmen ein, da es sich auf Grund von statistischen Untersuchungen im Bereich der Bezirksverwaltung München zeigte, daß 10 % aller gemeldeten Betriebsunfälle auf den Langholztransport fielen. Der Anteil der tödlichen Betriebsunfälle betrug bei den Spezialbetrieben 18 %. Es ist daher notwendig, techn. sicher funktionierende Hilfsmittel beim Langholztransport einzusetzen. Bei der Gegenüberstellung der Frage nach der geteilten oder ungeteilten Runge wurde zugunsten der ersteren entschieden. Wichtig für die Be- und Entladung der Langholzfahrzeuge sind Langholzwinden. Eine Neuentwicklung ist in der selbsteinfallenden Dauerbremse genannt. Hierbei wird das Bremsband an der Winde durch eine Feder ständig angepreßt, die beim Kuppeln zuerst aufgezogen werden muß. Bei Betriebsstörungen an der Winde wird das Bremsband dadurch automatisch geschlossen und die Winde festgehalten. M.-O.Barucha. 10310fa.

1-64/03-0551 T o l l i n g e r, Vl. und P o l á č e k, R. Možnosti zavedení druhotného odvozu dřeva nákladními automobily. (Möglichkeiten der Einführung einer sekundären Holzabfuhr mit Lastkraftwagen.) - Lesnická Práce 42 (1963) Nr.7. S.297-300. - 1 Tab., 1 Lit.
In der forstl. Praxis ist man der Anschauung, daß die sekundäre Holzabfuhr unwirtschaftlich sei. Neben den negativen Seiten (weiteres Auf- und Abladen des Materials, in den meisten Fällen auch Verlängerung der Fahrstrecke) weist die sekundäre Holzabfuhr auch gewisse Vorteile auf: das Holz wird unter günstigeren Bedingungen manipuliert, und man kann die Mechanisierung selbst bei Anwendung von Lastwagen ausnützen, die große Tragfähigkeit besitzen. Aus diesem Grunde muß man eine ökon. Analyse auf Grund der Kenntnis lokaler und Produktionsbedingungen vornehmen. Der Forstbetrieb Janov im Erzgebirge geriet im vorigen Jahre in eine schwierige Lage in bezug auf die Holzabfuhr und machte daher einen Versuch mit der sekundären Abfuhr. Nach der Erledigung dieser Aufgabe wurde die Schöpfung der Lohnfonds bewertet und es stellte sich heraus, daß unter den lokalen Bedingungen die sekundäre Abfuhr rentabel ist, wenn: 1) die Holzmanipulation nicht auf nur einen Schnitt beschränkt bleibt, 2) der Anteil der manipulierten langen Sortimente 85 % nicht übersteigt, 3) der Anteil der sekundär beförderten Holzmenge höchstens 85 % ausmacht, 4) das Manipulationslager an der Trasse zwischen dem Aufladeplatz und dem Verbraucher liegt.
ČSSR/UVTI. 10310fc.

1-64/04-0552 R u s e v, Nikola. Nov tip podpori pri postrojavaneto na văženite linii Visen. (Ein neuer Stützentyp beim Bau von Seilbahnen nach dem Typ "Visen".) -.Gorsko stopanstvo, Sofija 19 (1963) Nr.3. S.17-19. - 4 Zeichn.
Im Artikel werden Stützen einer neuen Konstruktion beschrieben, die beim Bau von Seilbahnen vom Typ "Visen" benutzt werden können. Die Stützen sind einseitig mit Auslegerarm versehen; man beabsichtigt die bisher im Seil-

bahnbau vom Typ "Visen" verwendeten Portaltypstützen durch die neuen zu ersetzen. Mit solchen Stützen sind bereits einige Seilbahnen im Raum der forstl. Bezirksverwaltung Sofia erbaut worden. Bei der Prüfung haben sich die einseitigen Stützen als sehr stabil erwiesen. Sie können die noch heute verwendeten Stützen der Seilbahnen in vollem Umfang ersetzen. Durch die Einführung der einseitigen Stützen kann viel Arbeit, Holz u.a. eingespart werden, woraus sich ein bedeutender ökon. Nutzeffekt ergibt.

NRB/ZSNTI, übersetzt v. E.Meyer. 10310fe.

1-64/04-0553 H o v l a n d, T. Lunnebane på Vestlandet. (Rücken mittels Seilbahn in Westnorwegen.) - Norsk Skogbruk 9 (1963) Nr.15. S.425.

In Westnorwegen wird eine neue Rückemethode angewandt, die vom Vf. anhand einer Skizze beschrieben wird. Die Methode ist eine Weiterentwicklung des bekannten Zweitrommelwinden-Prinzips mit Zug- und Rücklaufseil; das Neue an ihr ist, daß die Endrolle des Rücklaufseils nicht an einem festen Punkt im Gelände, sondern am Tragseil verankert ist. Es sind drei Seile übereinander vorhanden: Tragseil, Rücklaufseil und Zugseil; die Laufkatze mit angehängter Hubrolle und Hubhaken besteht aus zwei Laufrollen übereinander, von denen die obere auf dem Tragseil, die untere auf dem Rücklaufseil läuft. Das gewöhnliche Verfahren bei der Zweitrommelwinde ist Ziehen mittels einer Trommel und Bremsen mit der anderen. Dank dem neuen Verfahren, das zum Patent angemeldet ist, kann bei derselben Bremskraft die Hubkraft verdoppelt werden, oder bei derselben Hubkraft ist nur die halbe Bremskraft erforderlich. Die neue Methode kann bei größeren Entfernungen als üblich angewandt werden; es sind sogar Versuche mit einer Seilbahnlänge von 400 m gemacht worden, jedoch sollten 200-250 m nicht überschritten werden.

A.Grönholm. 10310fe.

1-64/04-0554 J e h l e, R. Drahtseile. - Forstarchiv 34 (1963) Nr.12. S. 258-260. - 10 Abb.

Anhand der z.Z. gültigen 5 DIN-Blätter für Drahtseile werden Material und Aufbau der Drahtseile erläutert. Als Drahtseil wird gezogener Rund- oder Formdraht mit Festigkeitswerten zwischen 100 und 180 kg/mm^2 verwendet. Einige Seile besitzen Fasereinlagen aus Pflanzenfasern, die mit Schmierstoffen getränkt sind. Die einzelnen Litzen eines Drahtseiles bestehen aus Lagen von Einzeldrähten, die schraubenlinienförmig um einen Kern aus Draht oder Pflanzenfasern liegen. Die Schlagrichtung (Schraubenlinie) kann rechts- oder linksgängig sein. Das Drahtseil ist in ähnlichem Aufbau aus mehreren Litzen zusammengesetzt, wobei die Drehrichtung mit der Drehrichtung der Litzen gleichlaufend (Gleichschlag) oder gegenläufig (Kreuzschlag) sein kann. Am häufigsten werden einfache Rundseile mit einer Lage Litze um die Seile (einlagiges Rundlitzenseil) verwendet. Seile für Sonderzwecke sind das Fülldrahtseil, das Seal-Seil, das Warrington-Seil, das Seal-Warrington-Seil und das Spiralseil aus mehreren Lagen gleichdicker Drähte, wobei die einzelnen Lagen abwechselnd links- und rechtsgängig geschlagen sind. Die aus dem Produkt der Querschnitte, der Zugfestigkeit und der Zahl der Einzeldrähte errechnete Zugfestigkeit eines Seiles darf aus Sicherheitsgründen nur zu 1/4 als Normalbelastung ausgenutzt werden. Die Seilenden sollen durch Abbinden mit verzinktem Eisendraht gesichert werden, ebenso auch bei Spleißen die beiden Enden des Spleißes. Ein ausreichender Korrosionsschutz wird nur bei verzinkten Seilen erreicht. Das Verzinken führt jedoch zu einer Verminderung der Zugfestigkeit, so daß verzinkte Seile keine höhere Bruchlast als 150 kg/mm^2 erreichen. H.-J.Mette. 10310fe.

1-64/04-0555 W e n c l, Josef. Lärmuntersuchungen an der Luftflügelbremse einer Seilwinde. - Allg. Forstztg. 74 (1963) Nr.9/10. S.96-100. - 9 Abb., 2 Tab., 4 Lit.

Der Einfluß von Lärm und Vibration auf die Forstarbeit ist bisher ausschließlich an Motorsägen untersucht. Lautstärke und Frequenzbereiche von Seilwinden mit eingebautem VW-Industriemotor und Luftflügelbremse wurden erstmals an einer Versuchs-Seilkrantrasse gemessen, an der die Wirkung der Luftflügelbremsen erprobt wurde. Die Messungen erfolgten nach österreichischen Richtlinien für Lärmbekämpfung, die nach dem ISO-Entwurf über "Allgemeine Grundlagen für die Abfassung von Vorschriften zur Messung von Maschinenlärm" abgefaßt wurden. 4 Meßpunkte lagen in 0,7 m Maschinenentfernung (Ohrhöhe des Bedienungsmannes, neben Getriebe, hinter Antriebsmotor, neben Luftflügelbremse). Je nach Belastung bei der Talfahrt lagen die gemessenen Schallpegel der Luftflügelbremse zwischen 108,5 und 131 dB, die des VW-Motors bei Bergfahrten zwischen 98,5 und 107 dB (Meßstelle in Ohrhöhe des Bedienungsmannes). In allen Betriebsfällen lagen die Schallpegel über der Grenze von 90 dB, die allgemein für die Einstufung als Lärmbetrieb gilt. Bei täglich mehrstündiger Belastung muß mit Schädigungen des Hörvermögens gerechnet werden. Als vorbeugende Maßnahmen werden empfohlen: techn. Lärmbekämpfung an der Maschine, passive Lärmabwehr (Tragen von Hörschutzmitteln, regelmäßiger Wechsel des Arbeitsplatzes). H.-J.Mette. 10310fe.

1-64/04-0556 M e y r, Rudolf. Über die Verwendung und Wirkung von Luftflügelbremsen bei forstlichen Seilanlagen. - Allg. Forstztg. 74 (1963) Nr. 9/10. S.93-95. - 3 Abb., 2 Tab., 5 Lit.

Bei Talfahrten von Lasten über steile Trassen treten Bremskräfte auf, die von Bandbremsen, Innenbackenbremsen und auch Innentrommelbremsen allein nicht einwandfrei bewältigt werden können. Als Zusatzbremse können Luftflügelbremsen verschiedener Bauart verwendet werden. In Japan werden Laboratoriums- und Feldversuche mit Luftflügelreglern durchgeführt, die die Anwendbarkeit solcher Zusatzbremssysteme bestätigen. In Österreich sind die Seilkran-Seilwinden zum größten Teil mit Luftflügelbremsen ausgerüstet, die in techn. Hinsicht befriedigen, lediglich die durch die hohe Tourenzahl bedingte Lärmentwicklung stört. Es wird empfohlen, Schutzvorrichtungen (dickdrähtige Gitter) über den Luftflügelbremsen anzubringen, um Unfälle zu vermeiden. Vf. berichtet über Untersuchungn der Forstlichen Bundesversuchsanstalt zum Einfluß der Lastgröße auf die Talfahrtsgeschwindigkeit des Laufwagens und die Beanspruchung der Luftflügelbremsen. Auf der steilen Versuchs-Seilkrantrasse (Durchschnittsneigung des 466 m langen Spannfeldes 71,5 %) ergaben sich je nach Lastmasse (630-1680 kg) sehr hohe Abbremsleistungen an der Seiltrommel zwischen 19,6 und 109,5 PS bei mittleren Zugseilgeschwindigkeiten von 4,00 bis 8,38 m/sec. Durch die in einer Tab. zusammengefaßten Werte wird die Notwendigkeit der Anwendung von zusätzlichen Luftflügelbremsen bei Talfahrten über steile Trassen unterstrichen.

H.-J.Mette. 10310fe.

1-64/04-0557 L o ž b e n i d z e, S.P. Splav lesa v Amurskom bassejne. (Holztrift im Amurbecken.) - Lesnaja promyšlennost', Moskva 41 (1963) Nr.4. S.14-16. - 2 Schemata.

Die Trift des Holzes in Gebirgsflüssen mit hoher Stromgeschwindigkeit (bis 4 m/s) führt meist zu erheblichen Zerstörungen der Uferböschung. Man sichert die Böschung durch eine Wand aus 24 cm starken Rundhölzern, die verzapft und durch ein Rahmenwerk aus 22 cm starkem Rundholz mit den in die Böschung getriebenen Pfählen (L = 3 m, Dmr. = 26 cm) verbunden werden. Der Hohlraum zwischen Böschung und Wand wird mit Schotter gefüllt. - Zum Absperren von Nebenarmen des Triftwassers wird ein Drahtseil von 3 cm Dmr. mit aufgereihten Plattformen aus Balkenwerk - anstelle der üblichen Schwemmketten - mit Erfolg verwendet. Die Plattformen bestehen aus 2 parallelen, 5 m langen Balken, auf deren Enden je 2-3 Kanthölzer von 6-6,5 m Länge mit Bolzenschrauben befestigt sind. An der Stirnseite der Plattform wird das Drahtseil mit Hilfe von 2 Bügeln sowie ein zusätzliches Kantholz angebracht, so daß die Höhe der Stirnseite etwa 60 cm beträgt.

A.Mueller. 10310fg.

1-64/04-0558 F i l i m o n o v, S.S., I v a n o v, V.V., K a t k o v, N.G. und G r u z d e v, M.A.; Zentr. Forsch.-Inst. für Flößereiwes. Opyt splava listvennych porod. (Laubholzflößung.) - Lesnaja promyšlennost', Moskva 41 (1963) Nr.7. S.17-19. - 1 Abb., 1 Zeichn.

Die hohen Sinkholzverluste, die gewöhnlich bei der Flößung des Laufholzes einzutreten pflegen, können durch eine richtige Fällung und Vorbehandlung des Holzes auf ein Minimum (1-2,5 %) verringert werden. Das Laubholz wird im Saft gefällt und biologisch getrocknet. In Mischbeständen werden 30 - 50 m breite Schlagstreifen ausgeschieden, auf denen zuerst das Nadelholz fächerförmig auf Unterlagen geworfen wird, damit die Laubholzstämme obenauf liegen. Nach 10-20-tägiger biologischer Trocknung wird das Laubholz zum Waldlagerplatz gerückt, entastet und als Langholz zum Triftwasser abgefahren, wo es ausgeformt wird und vor dem Einwerfen die Hirnflächen mit einem 2-maligem Anstrich aus heißem Bitumen versehen werden. Muß das ausgeformte Laubholz vor der Trift längere Zeit gelagert werden, wird Birkennutzholz in dichte, beschattete Stapel, Aspenholz dagegen in luftdurchlässige, gut ventilierende Stapel gesetzt. Es ist darauf zu achten, daß die Rinde der Laubhölzer bei der Fällung und beim Transport nicht beschädigt wird, damit das Wasser während der Trift oder Flößung nicht in das Holz eindringen kann. Die Volumenmasse des biologisch getrockneten Birkenholzes darf 800-830 kg/m^3 nicht überschreiten.

A.Mueller. 10310fg.

1-64/04-0559 B i r o, V. Distacionno-patrul'nyj splav v Kamskom bassejne. (Die "Abschnittsweise Überwachung" der Trift im Kamabecken.) - Lesnaja promyšlennost', Moskva 41 (1963) Nr.6. S.4-6. - 2 Tab., 8 Zeichn.

Da sich das "Pikett-Verfahren", bei dem die Holztrift auf kurzen Flußstrekken durch kleine, mit Flößhaken ausgerüstete Brigaden (7-9 "Pikettieren") überwacht wurde, nicht bewährt hat, ging man seit dem Jahre 1961 zum "Abschnittweisen Überwachungsverfahren" über. Der Triftweg wird in 30-40 km lange Abschnitte eingeteilt, die von einer aus 20-25 AK bestehenden Brigade, die mit 1 Flößereikutter und 1 Traktor "TDT-60" ausgerüstet ist, überwacht werden. Die Brigade hat den Triftweg instandzuhalten, Streichversätze und Fangrechen anzubringen, das verfangene und angelandete Holz flott zu machen. Holzstauungen werden mit Hilfe der Stoßvorrichtung des Kutters, aber auch durch die Bug- oder Heckwelle aufgelöst, das angelandete Holz von der Winde ins Wasser gezogen. Hat sich das Triftholz in der Flußmitte gestaut, macht man den Kutter stromaufwärts am Ufer fest und führt das Zugseil der Winde über 2 Blöcke, die zu beiden Seiten des Staues an Trifthölzern befestigt wurden. Wird das Zugseil auf die Trommel gewunden, zieht es einen Teil des Staues ins offene Wasser. Bei Arbeitsversuchen, bei denen Kutter vom Typ "VBK-90", "T-81", "PS-5", Traktoren vom Muster "TDT-40", Winden "L-20", "TL-4", "TL-5" und "Vaga" mit Erfolg eingesetzt wurden, stieg die Arbeitsproduktivität um das 3-4-fache. Die Trift von 1 m^3 Holz erforderte statt 3,1 AK/Tag nur 0,75-0,83 AK/Tag und kostete statt 1,41 Rbl/m^3 nur 0,69 Rbl/m^3. A.Mueller. 10310fg.

1-64/04-0560 R o s e n b e r g , Josef. Die Trift in Brandenberg im Wandel der Zeit. - Allg. Forstztg. /Wien/ 74 (1963) Nr. 17/18. S. 197-201.
Ausgehend von der Geschichte der Trift in Tirol wird diese im Hochgebirge früher weit verbreitete Art der Holzbeförderung im Waldtal Brandenberg bis zur Gegenwart verfolgt. Die einspeisenden Klausen und der Triftvorgang selbst werden beschrieben. Im Verlaufe der nächsten 10 Jahre wird die Trift in diesem Tal gänzlich durch LKW-Transport auf vorhandenen und noch zu bauenden Forststraßen ersetzt sein. J.Peters. 10310fg.

1-64/04-0561 Titelbibliographie über Literatur von 1953-1957. Aus d. Fachgebieten Arbeitswissenschaft, Holzeinschlag, Holztransport und forstliches Ingenieurwesen. Zusammgest. v. H. Gläser. Hann.-Münden: Inst. f. Waldarb. u. Forstmaschinenkunde. 1958. (XVI, 479 S.) 4°. (1963 B 126)

1-64/04-0562 Contra-Stihl motorfűrésszel végzendő döntés és darabolás részletes munkatechnologiája. (Detaillierte Arbeitstechnologie des Fällens und Stückelns mit der Motorsäge "Contra-Stihl".) Budapest. 1962. (44 S.) 4° = Országos Erdészeti Főigazgatoság. Müszaki Fejlestési Osztály 5 a. (SR 3097, 5a)

1-64/04-0563 G ä b l e r, Helmut. Forstschutz. Berlin: Akad. Verl. 1963. (171 S. m. 36 Abb.) 8° = Wissenschaftliche Taschenbücher. 9. (1963 A 881)

L. WALDBRANDBEKÄMPFUNG

1-64/04-0564 L a n g e, S. Vorschlag zu einer einheitlichen Auswertung von Waldbränden. - Sozialist. Forstwirtsch. 13 (1963) Nr.7. S.215-217.
Die Waldbranddienstanweisung von 1954 ist in mannigfacher Hinsicht durch die Entwicklung überholt und durch die Verfügung zur Verhütung und Bekämpfung von Waldbränden vom 30.9.1962 abgelöst worden, die bereits entscheidende Verbesserungen gebracht hat. Es werden Vorschläge zu einer einheitlichen Erfassung und Auswertung von Waldbränden unterbreitet. Sie beschäftigen

sich mit der Form und dem Inhalt der Meldungen und dem Meldeweg sowie der Auswertung der Meldungen. In dem Vorschlag zur Neuregelung bezieht sich Vf. auf eine 1956 angefertigte Diplomarbeit von Klingauf und der darin enthaltenen Größeneinteilung von Waldbränden in 5 Stufen, die sich auf Kleinstbrände, Kleinbrände, Mittelbrände, Großbrände und Katastrophenbrände beziehen. Das neue Meldesystem stützt sich auf diese angeführten Brandgrößen. Es fehlen z.Z. noch konkrete Hinweise, welche Kosten bei der Waldbrandbekämpfung zu erfassen sind, und wie die Bewertung der Waldbrandschäden künftig erfolgen soll. M.-O.Barucha. 10405a .

1-64/04-0565 Lesnye požary i bořba s nimi. (Waldbrände und ihre Bekämpfung.) Moskva: Izd. Akad. nauk SSSR. 1963. (162 S.) 8°. (1963 A 1363)

M. FORSTLICHES BAUWESEN

1-64/04-0566 G a v r i l o v, I.I. und Š a t o v, I.V.; Archangelsk, Forsttechn. Inst. Železobetonnye plity dlja magistral'nych dorog. (Eisenbetonplatten für Hauptabfuhrstraßen.) - Lesnaja promyšlennost', Moskva 41 (1963) Nr.6. S.24-26. - 2 Abb., 3 Schemaskizzen, 1 Tab.

Untersuchungen ergaben, daß sich 2 Typen von Eisenbetonplatten am besten als Gleisbelag für stark beanspruchte Holztransportstraßen eignen: Zellenplatten mit massiver arbeitender Oberfläche und Siebplatten mit (7 x 4 cm) nach unten konisch verlaufenden Öffnungen. Beide Plattentypen messen 250 x 100 x 16 cm und sind mit kaltgezogenem Stahldraht der Marke 5 armiert. Die Stoßkanten der Platten haben einen 3-eckigen Nut, in den ein Holzdübel beim Verlegen eingeschoben wird. Besteht der Straßenkörper aus schlechtdrainierendem Material, müssen die Platten auf ein 15-20 cm starkes Sand- oder Schlackepolster gelegt werden. - Für nur vorübergehend benutzte Holzabfuhrwege mit oder ohne Reisigpolster werden Siebplatten mit enger Lochung (4x8) gewählt, deren Verbindung durch halbrunde Nuten und Federn hergestellt wird. Angaben über den Materialverbrauch und die Masse der 3 genannten Plattentypen enthält die vom Vf. beigegebene Tab. A.Mueller. 10465a.

1-64/04-0567 M a j k e, P.M. Lesoosušenie i stroitel'stvo lesnych dorog. (Waldentwässerung und Waldwegebau.) - Lesnoe chozjajstvo, Moskva 16 (1963) Nr. 8. S. 10-13. - 2 Abb.

Zur Intensivierung der Forstwirtschaft in der Lettischen SSR müssen umfangreiche Arbeiten zur Entwässerung von Waldböden (danach ein zu erzielender Zuwachs von 4,4 m^3/ha) und damit verbundene Wegebauarbeiten geleistet werden. Es müssen dafür Trassen geschlagen und gerodet werden. Das Entwässerungsnetz und die Waldstraßen müssen gemeinsame Brücken und Durchlaßrohre an den Kreuzungen, wie auch ein gemeinsames Netz von Abflußkanälen besitzen. Der bei der Anlage des Drainagesystems bewegte Erdboden dient gleichzeitig als Unterlage der Straßen. Vf. erläutert die Möglichkeiten und Bedingungen gleichzeitiger Anlage von Drainagesystemen und Waldstraßen.

R.Grönholm. 10465a.

1-64/04-0568 B e n e š, J. Dimensování vozovek lesních cest. (Fahrbahndimensionierung der Waldwege.) - Sborník Vysoké školy zemědělské Brně, Řada C 1963 Nr.1. S.7-21. - 7 Abb., 2 Tab., 22 Lit. Zus. in Russ., Dtsch.

An 66 konkreten Erdproben wurde die Anwendbarkeit mehrerer Methoden zur Errechnung der Dicke der Fahrbahntragkonstruktion überprüft, die von der Art der benutzten Transportmittel und von der Frequenz des Verkehrs abhängig ist. Es handelte sich um die Methode Dorni (ausgearbeitet vom sowj. Transportinst. in dieser Stadt), Methode CBR (ursprünglich von D.I.Porter in Kalifornien ausgearbeitet), Methode von Hieks und Methode der Gruppenindexe. Unwirtschaftlich sind Fahrzeuge von hoher Tragfähigkeit und enger Berührungsfläche der Räder mit der Fahrbahn, wie dies beim Lastkraftwagen "Š 706R" der Fall ist. Diese Fahrzeuge erfordern bis um 100 % dickere Fahrbahnen bei gleicher Transportkapazität. Am besten als typisiertes Fahrzeug ist der Lastkraftwagen "V 3 S" geeignet. Die Methode Dorni ist die vollkommenste, doch ist die Methode CBR hinsichtlich der auf die Ausstattung des Laboratoriums gestellten Ansprüche eher zugänglich. ČSSR/ÚVTI. 10465a.

1-64/04-0569 S l e t t e m a r k, Rolv. Valg av vegklasse for skogsbilveger. (Wahl der Wegeklasse für Waldautostraßen.) - Norsk Skogbruk 9 (1963) Nr.10. S.299-302.

In Norwegen ist eine Neueinstufung der Waldautostraßen in die Klassen I-III (Ganzjahresverkehr) und IV (nur Winterverkehr) vorgesehen. Vf. bringt in einer Tab. Angaben über den zulässigen Achsdruck auf der Straße (8 t) und auf Brücken (10 t), Horizontalkurven (50-20 m), Vertikalkurven (400-100 m), Steigungen (50-70 %), Fahrbahnbreite (3,5-3 m), Fahrgeschwindigkeit (schwere Wagen 40-20 km/h, leichte Wagen 50-30 km/h) für die verschiedenen Wegeklassen. Auf den meist als Einspurstraßen mit Ausweichplätzen angelegten Waldstraßen hängt die Fahrgeschwindigkeit von der Fahrbahnbreite, dem Kurvenradius, der Steigung und insbesondere von der freien Sicht und dem Abstand zwischen den Ausweichplätzen ab. Da eine erhöhte Fahrgeschwindigkeit die Transportkosten herabsetzt, untersucht Vf. den Zusammenhang zwischen der Mehrinvestition für eine höhere Wegeklasse und den dadurch zu erzielenden Vorteilen im Transportwesen durch eine vergleichende Kostenberechnung, gestützt auf Tab. und graphische Darstellungen. Gleichfalls bringt Vf. eine Kostenberechnung, die zur Ermittlung dient, ob unter gewissen Bedingungen ein Traktorweg oder eine Autostraße wirtschaftlicher ist. Aus einer graphischen Darstellung kann abgelesen werden, abhängig von der erwünschten Verzinsung der Investmittel und der jährlichen Transportmenge, wie lang die Transportstrecke mindestens sein muß, damit eine Autostraße wirtschaftlich vertretbar ist. Bis zu 2 km ist in allen Fällen ein Traktorweg vorzuziehen. Es darf nicht vergessen werden, daß die Kosten der Fahrbahnverbreiterung und Begradigung der Linienführung, die mit der Überführung in eine höhere Wegeklasse verbunden sind, in hohem Maße von den örtlichen Terrainverhältnissen abhängig sind. A.Grönholm. 10465a.

1-64/04-0570 H a u g l i, Arne. Orienterende akkordpriser for bygging av skogsveier. (Orientierende Akkordlöhne für den Bau von Waldstraßen.) - Norsk Skogbruk 9 (1963) Nr.16. S.480-482.

Vf. gibt eine Aufstellung über den norwegischen Arbeitsverhältnissen entsprechende Akkordlöhne (in norw. Kronen) für Erdarbeiten, die beim Bau von Waldstraßen vorkommen können. Es werden u.a. behandelt: manuelles Ausschachten von gewachsenem Boden mit Verladen in Schubkarren oder Loren (6 Bodenklassen), Verladen von vorher ausgeschachtetem Boden, Transport mittels Schubkarren oder Loren auf verschiedene Entfernungen, Abladen, Aufsetzen in verschiedener Höhe; Erschwerniszulagen, Transportzulagen für Steigungen und Gefälle; Planierung; Ausheben von Gräben verschiedener Tiefe und Breite nach Bodenklassen; Ausschachten und Bewegen von Bodenmengen mittels Bulldozer; maschinelles Verladen auf Transportmittel; Felssprengungen in verschiedenen Gesteinsarten, Verladen und Abtransport; Herstellung von Gräben verschiedener Breite und Tiefe mittels Sprengung; Verladen und Transport gesprengterGesteinsmengen mittels LKW auf 100 m - 11 km; Verlegen von Betonrohren von 45-150 cm Dmr. A.Grönholm. 10465a.

1-64/04-0571 H o s s l i, H.H. Können neue Projektierungs- und Absteckungsverfahren aus dem Autobahnbau auch beim Waldstraßenbau angebracht werden? - Schweiz. Z. Forstwes. 114 (1963) Nr.7. S.426-436.
Ein beim Autobahnbau in der Schweiz angewendetes, durch Einsatz von elektronischen Rechenautomaten gekennzeichnetes Absteckungs- und Projektierungsverfahren hat sich auch bei der Planung und Projektierung von Anschlußbauwerken, Umleitungen u.ä. kleineren Objekten bewährt. Deshalb wurde diese Methode versuchsweise auch bei der Neuanlage einer Waldstraße von 2,4 km Länge für die Horizontalabsteckung und -projektierung angewendet. Das Verfahren arbeitet mit Absteckung der gutachtlich korrigierten 0-Linie und deren Notation, tachymetrischer Aufnahme von Absteckungs-Fixpunkten aus, netzgetreuer Auftragung der Ergebnisse, einplanen der Kurven mit Hilfe des Rechenautomaten, Eintragung der Achse in den Situationsplan und Absteckung derselben an Hand der Resultattab. von den erwähnten Absteckungs-Fixpunkten aus. Den angeführten, vorwiegend aufwandsmäßigen Nachteilen stehen einige Vorteile qualitativer Natur gegenüber. Vf. empfiehlt weitere Anwendungen der Methode zu Studienzwecken. J.Peters. 10465a.

1-64/04-0572 G ä b l e r, Christian. Zum Thema: Straßenberührungslinien. - Allg. Forstztg. 74 (1963) Nr.9/10. S.100-101.
Unter österreichischen Verhältnissen sind die von Klemencic (vgl. LZ. Abt. I 9 (1963) Nr.8. S.1155.) untersuchten Straßenberührungslinien vorwiegend für die Festlegung der Breite von Trassenaufhieben und für die Feststellung der Entfernung einer mehr oder weniger sicheren Verbauung gegen abrollendes Material bedeutsam. Es werden Formeln für die Berechnung der Straßenbreite auf gemischtem Profil und für den Schrägabstand der Berührungslinien von der Nullinie angegeben und für Beispielsfälle Tab. angeführt. Eine Geländeneigung über 75 % ergibt nach diesen Berechnungen im allgemeinen keine Verschneidung der Schüttung mit dem Gelände mehr und markiert somit einen Grenzbereich für wirtschaftl. vertretbaren Forstwegebau. J.Peters. 10465a.

1-64/04-0573 H a s l a u e r , Hand. Der forstliche Wegebau in Tirol in geologischer Hinsicht. - Allg. Forstztg. /Wien/ 74 (1963) Nr. 17/18. S. 194-197.
Die erheblichen geologischen Verschiedenheiten im Gebirgsaufbau führen zu ebenfalls stark variierenden Bodeneigenschaften. Vf. hebt die Bedeutung

einer Korngrößenanalyse für die Wirtschaftlichkeit des Forstwegebaues hervor und weist an 4 Beispielen die mehr oder weniger große Eignung von verschieden zusammengesetzten Lockermengen für Bauzwecke nach, wobei Stabilisierungsmaßnahmen in die Betrachtung einbezogen werden.

J.Peters. 10465a.

1-64/04-0574 K ö n i g. Wegenetzplanung dargestellt am Beispiel des Landes Nordrhein-Westfalen. - Forsttechn. Inform. 1963 Nr.9. S.71-76.
Basierend auf einer Wegenetzinventur des Jahres 1950 wurde die Planung der notwendigen Neubau- und Unterhaltungsarbeiten für das folgende Jahrzehnt vorgenommen. In dieser Zeit stieg die Gesamtwegstrecke von 38 auf 43 lfdm/ha, die befestigte Wegstrecke von 11 auf 16 lfdm/ha an. Der geplante Bau- und Unterhaltungsumfang wurde überschritten, die geplanten Kostensätze jedoch weitgehend eingehalten. Um genauere Planungsunterlagen zu erhalten, wird künftig neben der Inventur eine eingehende Gesamtwegenetzplanung vorgenommen. Ausgangspunkt dafür ist die Ermittlung der erforderlichen, bzw. wirtschaftlich vertretbaren Wegedichte (Verfahren nach Volkert). Der praktische Ablauf der langfristigen Wegebauplanung, die künftig in die periodische Forsteinrichtungsplanung einbezogen werden soll, wird geschildert.

J.Peters. 10465a.

1-64/04-0575 R a b š t e i n e k, Otomar. Drobné lesnické stavby a údržbářské práce. (Kleine forstliche Bauten und Reparaturarbeiten.) Praha: Státní zemědělské naklad. 1963. (238 S.) 8° = Příručka pro lesní dělníky S. 2. (SR 2673, S/2)

1-64/04-0576 K u z n i k, Il'ja Abramovič. Agrolesomeliorativnye meroprijatija, vesennij stok i erozija počv. (Agroforstmeliorative Maßnahmen. Frühjahrsabfluß und Bodenerosion.) Leningrad: Gimiz. 1962. (220 S.) 8°. (1963 A 843)

O. FORSTWIRTSCHAFT/AUSSTELLUNGEN, TAGUNGEN, VORFÜHRUNGEN, REISEN, ÜBERSICHTEN

1-64/04-0577 A n o n y m. Civiljägmästarnas förenings exkursion på Packartorp. (Exkursion des Privatforstmeister-Vereins nach Packartorp.) - Skogen 50 (1963) Nr.11. S.226.
Das Hauptinteresse der Exkursion der Privatforstmeister Schwedens konzentrierte sich auf die Besichtigung der von der AG Billerud in Packartorp durchgeführten sogen. "methodischen Holzbringung", deren Zweck es ist, durch rationellen Einsatz von Maschinen die Arbeitsvorgänge vom Stubben zur Industrie als eine ununterbrochene Kette zu gestalten. Die Reihenfolge ist: Fällung, Rücken mittels "Sepson"-Winde oder Stammrücken mittels Radschlepper "Tree Farmer", Einschneiden und Entasten, Transport mittels Halbraupenschlepper und LKW mit 4-Rad-Antrieb zum Ausformungsplatz, maschinelle Entrindung des Faserholzes, Autotransport zum Flößwasser oder zur Industrie. Zeitstudien haben ergeben, daß bei einer durchschnittlichen Transportstrekke von 3 km die optimale Ladung eines Halbraupenschleppers 10 m^3 beträgt; eine geringe Minderung der Ladung und Fahrgeschwindigkeit setzt die Lei-

stung um ca. 20 % herab. Die neue mechanisierte Methode ist billiger als die konventionelle mit Pferdezug, der Aufwand an Tgwk/m^3 ist um die Hälfte geringer. Die eingesetzte Arbeitsbrigade bestand aus 28 AK, davon 15 Fäller und 5 Traktoristen. A.Grönholm. 10610.

XI. SCHÄDLINGSBEKÄMPFUNG

A. ALLGEMEINES

1-64/04-0578 Holz, W. Der Duwock kann vernichtet werden. - Dtsch. landwirtsch. Presse 86 (1963) Nr.31. S. 309-310.

Auf Wiesen erhält man durch Spritzen mit Wuchsstoff-Herbiziden 14 Tage vor der Mahd praktisch duwockfreies Heu. Zur Bekämpfung auf Weiden wurde ein Gerät entwickelt, bei dem der Duwock mit Hilfe eines gänsefußartigen Messers unterhalb der Narbe abgeschnitten und zusätzlich ein Herbizid auf die Schnittfläche gespritzt wird. Hinter zwei 1,20 m breiten Messern liegt das Spritzrohr, welches in 5 cm Abständen Öffnungen zur Ausbringung der Brühe besitzt. Die Montage erfolgt frontal an der "Hanomag"-Raupe (60 PS); Brühebehälter und Pumpe befinden sich heckseitig. Das sog. Unterschneiden und Unterspritzen erfolgt in 30-35 cm Tiefe. Nach einer solchen Behandlung sterben die Wurzeln bis 2,4 m Tiefe ab. Auf sehr unebenen und sehr nassen Flächen sowie bei unsauberer Fahrweise war der Erfolg nicht immer zufriedenstellend. Als Mittel werden 10 l/ha MCPA oder MCPB mit 1000 l/ha Aufwandmenge empfohlen. Der Kostenaufwand liegt mit ca. 400,- DM/ha sehr hoch.

A. Jeske. 11010.

B. CHEMISCHE SCHÄDLINGSBEKÄMPFUNG

1-64/04-0579 Niemczyk, H.D. und Prins, G. A plot seeder modified to apply seed and granular insecticides simultaneously. (Eine Dibbelmaschine zur gleichzeitigen Ausbringung von Saatgut und granulierten Insektiziden.) - J. econ. Entomol. 56 (1963) Nr.4. S.529. - 2 Abb., 2 Lit.

Die Maschine besitzt getrennte Verteilereinrichtungen für das Saatgut und das Insektizid, beide bestehend aus einem Aluminium-Kegel mit Sockel, der in einem Rahmen drehbar gelagert ist. Über dem Kegel befinden sich die Behälter für das Material. Wenn die erforderliche Menge des Insektizids bzw. des Saatgutes eingefüllt ist, werden die Behälter angehoben und das Material fällt über den Kegel auf den Sockel. Von hier wird es durch ein federgespanntes Leitblech beim Drehen der Kegel (durch kettengetriebene Zahnradübersetzung bei der Fortbewegung der Maschine angetrieben) in einen abführenden Stutzen gekratzt. Die Länge einer Saatreihe entspricht einer Umdrehung des Kegels, die durch Änderung der Übersetzung variiert werden kann. Hinter dem Furchenzieher fällt das Saatgut und etwa 10 cm danach das Insektizid zur Erde, so daß dieses auf das Saatgut fällt. Die Furchentiefe ist von 0-10 cm einstellbar. Vorteile der Maschine sind: gleichmäßig tiefe Saat; leichte Fortbewegung und Bedienung, geringerer AKh-Aufwand gegenüber anderen Maschinen; Arbeit mit Windschutzvorrichtung ist gegeben; einfache Transportmöglichkeit; Ausbringung granulierter Dünger ist möglich. A. Jeske. 11106.

1-64/04-0580 B e l j a k o v, V. Nov model pruskačka ONK. (Ein neues Modell des Anbauspritz- und Stäubegerätes "ONK".) - Mechanizacija i elektrifikacija na selskoto stopanstvo, Sofija 12 (1962) Nr.6. S.20-22. - 2 Abb.
Diese verbreitete Maschine wurde weiter verbessert: Druck- und Leistungssteigerung, Abänderungen am Rahmen. Der Anbau erfolgt an den Schleppern "HTZ-7" und "DT-14". Die Maschine ist zum Spritzen im Obst-, Wein- und Feldbau sowie zum Stäuben, Naßstäuben und zur Aerosol-Behandlung geeignet. Die Rüstzeiten sind rel. gering. Für die verschiedenen Anwendungsbereiche sind spez. Ausrüstungen (Spritzstäbe, Strahlrohrrahmen, Sonderausrüstungen für den Hackfruchtbau) vorhanden. Mit dieser Maschine wurde der Forderung nach Mehrzweckeignung entsprochen. A.Kalojanow. 11106.

1-64/04-0581 B y a s s, J.B. Modern spraying tecnique: its principles and practice. Part 2. (Moderne Spritztechnik - ihre Prinzipien und praktische Anwendung. 2. Mitt.) - Wld. Crops 15 (1963) Nr.7. S.385-389. - 6 Abb. 1. Mitt. vgl. LZ. 1-64/01-0529.
Der wahre Gradmesser des Leistungsvermögens einer Pflanzenschutzmaschine liegt in den erreichbaren biol. Bekämpfungserfolgen. Zur Kontrolle der Mittelverteilung im Pflanzenbestand können der Spritzbrühe fluoreszierende Farbstoffe zugesetzt werden. Die Mittelverteilung über die Arbeitsbreite soll gleichmäßig sein, muß jedoch in Menge und Feinheit der jeweiligen Bekämpfungsmaßnahme angepaßt werden. Sehr wichtig ist die Einstellung der richtigen Spritzbalkenhöhe, wobei es unbedingt zum Überschneiden der Spritzkegel kommen muß. Bei der Bandspritzung sind in den meisten Fällen die Dralldüsen den Fächerdüsen vorzuziehen. Überall, wo eine starke Benetzung der Blattunterseiten bei Feldfrüchten gefordert wird, sollte mit sog. "Gabeldüsen" auch von unten nach oben gespritzt werden. Beim Driftsprühen muß eine sehr unterschiedliche Mitteldosierung in Kauf genommen werden, die in direkter Beziehung zur Entfernung vom Gerät steht. Die Arbeit mit einem rückentragbaren Sprühgerät verlangt Routine, da die Arbeitsqualität während der Arbeit schlecht kontrolliert werden kann. Bei automatisch arbeitenden Großgeräten kommt es auf eine gute Einstellung der Maschine im Hinblick auf den jeweiligen Pflanzenbestand an. Die richtige Arbeitsweise hängt auch von der Art der Blätter und der Blattstellung an der Pflanze ab. Eine neue techn. Variante stellt dabei die abgebildete Maschine mit senkrecht stehendem "Spritzturm" dar. A.Jeske. 11115.

1-64/04-0582 G r o v e r, R. und C l a r k e, H. A precision sprayer for small experimental field plots. (Ein Präzisions-Spritzgerät für kleine Versuchsparzellen im Freiland.) - Weed Res. 3 (1963) Nr.3. S.246-249. - 4 Abb., 17 Lit.
Die meisten zur Verfügung stehenden Kleinparzellen-Spritzgeräte arbeiten ohne Fahrgeschwindigkeitskontrolle, mehr oder weniger abhängig vom Lauftempo des Bedienungsmannes. Bei dem entwickelten Gerät sind 3 Geschwindigkeitsstufen (1,6; 3,2 und 4,8 km/h) einstellbar. Die Beschleunigungen werden schon vor Spritzbeginn erzielt. Antrieb und Geschwindigkeitskontrolle erfolgen über ein endloses Band nach der entspr. Einstellung. Zur Ausrüstung des Gerätes gehören ferner: Zahnradpumpe, Druckregler und ein Spritzbalken mit 2 "Teejet"-Düsen. Die Bewegung der Spritzeinrichtung erfolgt mit Hilfe von

Rollen auf einem Rohrrahmen. Der Arbeitsdruck kann zwischen 0-5,6 kp/cm^2 geregelt werden. Als hydraulisches Rührwerk wird der Überlauf genutzt. Düsenabstand und Spritzbalkenhöhe sind ebenfalls verstellbar. Das Gerät ist 1,8 m breit, 3,9 m lang, die Spritzfläche 1,5 m breit und 3 m lang. Von Parzelle zu Parzelle erfolgt der Transport auf 4 Gummirädern. In Feldversuchen, speziell zur Prüfung von Herbiziden, hat sich das Gerät gut bewährt.

A. Jeske. 11115.

1-64/04-0583 V u t o v, V. Proučvane na vŭzmožnostite za pridvižvane na mašinite za rastitelna zaštita po nakloneni tereni črez makara. (Die Untersuchung der Möglichkeiten des Rückens der Maschinen für den Pflanzenschutz an Hängen mit Hilfe von Aufzügen.) - Izvestija na Naučnoizsledovatelskija institut po mechanizacija i elektrifikacija na selskoto stopanstvo, Sofija 3 (1962) S. 99-103. - 4 Abb., 3 Lit.

Im Hangobstbau (Reihenabstand 10 x 10 m) wurden Pflanzenschutzmaßnahmen versuchsweise mit einem Spritzgerät durchgeführt, das mittels Seilwinden in den Baumreihen bewegt wurde. Zum Einsatz kamen Anbauseilwinden (Seillänge 100 m) zu den Schleppern "ChTZ-7", "DT-14", "DT-20" u.a. (10-20 PS) sowie ein geländegängiges, rel. leichtes Spritzgerät mit 200 l Fassungsvermögen. Die Trommel besaß einen bes. Aufspulmechanismus und soll ein rel. gefahrloses Arbeiten ermöglichen. Die Durchführung der Spritzarbeiten wurde erläutert. Die Untersuchungsergebnisse befriedigten.

NRB/ZSNTI, übersetzt v. Ch. Eshkowa. 11115.

1-64/04-0584 J a n i s z e w s k i, T. Ein neues Sprühgerät für den Pflanzenschutz. - Int. Z. Landwirtsch. /Sofia/Berlin/ 1963 Nr.3. S.108-110.

Sprühen mit großer Luftmenge und geringer Luftgeschwindigkeit ist günstiger als umgekehrt. Aus diesem Grunde ist die Kombination Niederdruckpumpe mit Axialgebläse zum Sprühen zweckmäßig, wie es im vorliegenden Gerät der Fall ist. Die Zerlegung der Flüssigkeit in Tropfen erfolgt durch sog. Röhrchen (ohne Düsen) mittels Zentrifugalkraft. Der Sprühschleier wird vom Trägerluftstrom des Gebläses weitergetragen. Das Sprühgerät "AWU-600" wird mit dem 25 PS-Traktor "Ursus C-325" eingesetzt und verfügt über einen 600 l-Behälter, eine Pumpe mit 120 l/min Förderleistung, ein hydraulisches Rührwerk und eine um 180 ° senkrecht zur Fahrtrichtung, vom Fahrersitz aus schwenkbare Sprühvorrichtung. Mit der gleichen Sprüheinrichtung ist das Sprühgerät "Or S-4 Huragan II" für Gespann- oder Einachsschlepperzug versehen. Aufgebaut sind ein 8 PS-Motor (4,4 l/h Kraftstoffverbrauch) und ein 300 l-Behälter; die Bodenfreiheit beträgt 450 mm; die Spur ist von 1180 bis 1470 mm verstellbar. Die Kreiselpumpe fördert 110 l/min bei 0,2-0,3 at, das Gebläse 30 000 m^3/h Luft bei 30 m/s Geschwindigkeit. Als Leistung werden 10 ha/8 Std. bei 450 l/ha Aufwandmenge angegeben. Die Reichweite im Obst- bzw. Feldbau beträgt 10-15 m.

A. Jeske. 11120.

1-64/04-0585 V u t o v, V. Aerozolen generator s napravljaema struja. (Aerosolgenerator mit lenkbarem Strahl.) - Izvestija na Naučnoizsledovatelskija institut po mechanizacija i elektrifikacija na selskoto stopanstvo, Sofija 3 (1962) S.105-112. - 7 Abb., 2 Tab., 3 Lit.

Einige Vor- und Nachteile der Aerosolbehandlung im Obst- und Feldbau werden aufgezeigt. Die Verringerung der Tropfengröße führt zwar zu einer Leistungssteigerung, bewirkt aber Mängel in der Wirkstoffverteilung. Auf der Grundlage bisheriger Analysen und Ergebnisse wurden unter Feldbedingungen und in Getreidespeichern Versuche bei verschiedenen Strahlrichtungen durchgeführt. Es zeigte sich, daß durch eine entspr. Regulierung der Strahlrichtung eine verbesserte Wirkung erreicht werden kann. Entspr. den Ergebnissen erfolgte der Umbau des Versuchsaerosolgenerators.

NRB/ZSNTI, übersetzt v. Ch. Eshkowa. 11125.

1-64/04-0586 D i a s, Rotislav und M y š á k, František. Mechanické zmlžovače typu Solgen - výsledek čs. výzkumu v mechanizaci ochrany rostlin. (Mechanisierte Nebelgeräte Typ "Solgen" - Ergebnis der tschechoslowakischen Forschung auf dem Gebiete der Pflanzenschutzmechanisierung.) - Zemědělská Techn. 9 (1963) Nr.2. S.123-146. - 16 Abb., 7 Tab., 9 Lit. Zus. in Russ., Franz., Dtsch.

Ausgehend von den zu stellenden Anforderungen an die Nebelgeräte wird die Konstruktion der "Solgen"-Nebelgeräte beschrieben; Meß- und Prüfergebnisse, bes. Messungen an den Nebeldüsen und Luftmessungen werden mitgeteilt. Es folgen Angaben über den Einsatz der Geräte in der Praxis, sowie ökon. Bewertungen. Die Nebelerzeugung erfolgt mechanisch. Die "Solgen"-Anbaunebelgeräte zeichnen sich durch vereinfachte Konstruktion aus. Bei einer Arbeitsbreite von 12 m werden Tagesleistungen von 30-50 ha erreicht.

ČSSR/ÚVTI. 11125.

E. SONSTIGE VERFAHREN

1-64/04-0587 R o v n y j, G.A.; Moskau, Unions-Forsch.-Inst. für Landmaschinenbau. Primenenie kerosina i smesi ego s motornym toplivom dlja vozduchopodogrevatelja VPT-400. (Die Verwendung von Petroleum und Petroleum-Motorkraftstoff-Gemischen für den Luftheizofen "VPT-400".) - Traktory i sel'chozmašiny, Moskva 33 (1963) Nr.7. S.31-32. - 1 Diagr., 1 Skizze.

Ziel der Versuche war, einen Ersatz für den zum Betrieb des Luftheizofens "VPT-400" verwendeten Dieselkraftstoff zu finden. Es wurden reines Schlepper-Petroleum und Gemische der Motorkraftstoffe "DT-1", "DT-2" und "DT-3" mit Petroleum im Verhältnis 50:50 und 25:75 verwendet. Der Luftheizofen besteht aus Gehäuse, Axialgebläse, Brennkammer, Gebläse für die Luftzufuhr zur Brenndüse, Kraftstoffsystem, Wärmeaustauscher und elektrischer Ausrüstung. Die Düse hat zur Regelung des Kraftstoffverbrauchs auswechselbare Scheiben mit Bohrungsdurchmessern von 0,6; 0,8 und 1,0 mm. Während der Versuche wurden die Außenlufttemperaturen (- 0,3 - 7,0 °), die Kraftstoffzähigkeit, der Kraftstoffverbrauch, der Luftverbrauch, die Zusammensetzung der Verbrennungsprodukte und der Energieverlust infolge unvollkommener Verbrennung gemessen. Die Versuche ergaben, daß der Luftheizofen bei Verwendung der genannten Kraftstoffe vorschriftsmäßig arbeitete und daß sich die geringsten Verluste infolge unvollkommener Verbrennung bei reinem Petroleum und bei dem Petroleum-Motorkraftstoff-Gemisch von 75:25 ergaben. Diese Brennstoffe können als Ersatz für Dieselkraftstoff empfohlen werden.

W.Balkin. 11410.

XII. AUSSTELLUNGEN, TAGUNGEN, VORFÜHRUNGEN, REISEN, ÜBERSICHTEN

A. AUSSTELLUNGEN

1-64/04-0588 Anonym. Coup d'œil sur le salon. (Ein Blick auf den /Pariser/ Salon.) - Motorisat. agric. 18 (1963) Nr.186. S.9. 11. 13. 15. 17. 19. 21. 23. 25. 27. 29. 31. - 25 Abb.

Neuerungen und Tendenzen auf allen Gebieten der Landtechnik werden behandelt. Bei den Traktoren entwickelt sich der Vierradantrieb nur langsam, für Großbetriebe gewinnen Kettentraktoren an Interesse. Einachstraktoren sind vielseitig einsetzbar. Das Angebot an Meliorationsmaschinen - häufig als Anbaugeräte zu Traktoren - hat sich vergrößert. Von den Beregnungsanlagen sind solche für Mitteldruck am meisten gefragt. Sie sind auch für Abwässer und Jauche geeignet. Scharpflüge zum Anbauen oder Aufsatteln überwiegen. Scheibenpflüge werden jetzt auch als Wendepflüge angeboten. Als Neuerung können die Schare gegen Scheiben ausgetauscht werden. Die Scheibenschälpflüge verdrängen die Scharpflüge. Zum Verteilen geringer Mengen Mineraldünger werden Schleuderstreuer vorgezogen. Geräte für die Flüssigdüngung sind stark im Kommen. Sie haben meistens grubberartige Werkzeuge und sind weiterentwickelte Spritzgeräte. Die Stalldungstreuer mit 3-5 t haben häufig Rollboden und sind vielseitig verwendbar. Die halbautomatischen Kartoffellegemaschinen überwiegen. Bei den Pflanzenschutzgeräten dominiert die Plastanwendung. Für die Futterernte, bes. für Luzerne, sind Stengelquetscher sehr gefragt. Für Großbetriebe sind selbstfahrende Sammelpressen bestimmt. Die Kornbunkerung setzt sich beim Mähdrusch durch. Vorratsroder sind für die Kartoffelernte am meisten gefragt. Sie sind auch für die Ernte von Topinambur einsetzbar. Sammelernter werden zunächst nur für Stärkekartoffeln verwendet. Für die Rübenernte werden überwiegend 6-reihige Einzweckgeräte angeboten. Neben den Frontladern behalten die Heckladegeräte zu Traktoren ihre Bedeutung. Automatische Stallentmistungen befinden sich am Anfang ihrer Entwicklung. 4 t Futterverteilungswagen als Sattelauflieger sind mit automatischer Kupplung und teils mit Hilfsmotor ausgerüstet. Fischgrätenmelkstände sind sehr gefragt. Weidemelkwagen sind dem genossenschaftlichen Einsatz vorbehalten. Bei den Stockrodern für die Forstwirtschaft ist eine starke Entwicklung zu verzeichnen. Anstelle der massiven landwirtsch. Bauten treten leichte Schuppen aus vorgefertigten, standardisierten Bauelementen. Sie sind nach ihrem Bestimmungszweck variabel. Für Bergland sind Anbindeställe mit Kurzstand, Kotrinne und strohloser Haltung zweckmäßig, die Laufstallhaltung dagegen für Großbetriebe mit reichlichem Futtervorrat. H.Kaiser. 12005.

1-64/04-0589 Anonym. Der Pariser Landmaschinen-Salon und seine Neuheiten in der Vorschau. - Landmaschinen-Markt 42 (1963) Nr.5. S.208. 210. - 6 Abb. Aus: Dok.-Dienst ILT 1963 Nr.4.

Auf ca. 25 Neukonstruktionen, die hauptsächlich aus Frankreich stammen, wird hingewiesen. Einige davon sind: Traktor "Renault Typ 385" mit 55-PS-Motor (Wasserkühlung) und 10 Gang-Getriebe; Spezialsatteltraktor der Fa. Beba;

Spezialmaschine für die Flachsernte von Fa. Barrault Lepine; Tellerrad-Strohhäcksler zum Anbau an den Mähdrescher der Fa. Goetzmann; Bandförderer für den Getreidetransport in das Silo; Futtermahlanlagen mit Granuliervorrichtung; Kippfuttertisch "Vibrafuder" mit Schüttelvorrichtung; Misch- und Verteileranlagen für Futtertröge und einige Geräte zur Obsternte. 12005.

1-64/04-0590 M i k u l i k, J., S t r o u h a l, E. und V e l e b i l, M. Neuheiten der Landtechnik auf dem Internationalen Landmaschinensalon Paris. - Dtsch. Agrartechn. 13 (1963) Nr.5. S.232-235. - 10 Abb.

Von Energiequellen über Maschinen und Geräte für die Bodenbearbeitung, Düngung, Pflege, Ernte, Transport und Ladeeinrichtungen sowie Einrichtungen für die Innenwirtschaft, wird ein lückenloses Programm zur Mechanisierung der Landwirtsch. gezeigt. Bei den Traktoren ist eine Tendenz zur höheren Leistungsklasse festzustellen. Wendepflüge und Pflüge für das schnelle und mehrschichtige Pflügen sowie Seilzugpflüge fehlten bei den Bodenbearbeitungsgeräten. Zahlreiche Gummisäcke, Gummibehälter und Umpumpeinrichtungen für den Transport flüssiger Düngemittel waren zu sehen, die den klassischen Kessel- und Fäkalienwagen ablösen werden. Die selbstfahrenden Mähdrescher sind teilweise mit einem Anbauvorsatz für Hockendrusch und einem bes. Tisch für die Körnermaisernte ausgerüstet. Maschinen für das Strohhäckselverfahren waren nicht ausgestellt. Ein breites Maschinensortiment für die Futterernte, den Transport und die Innenmechanisierung rundeten das Bild der Ausstellung ab. H.Nowatzky. 12005.

B. TAGUNGEN, VORFÜHRUNGEN, REISEN

1-64/04-0591 A n o n y m. V Konferencja koordynacyjna. (Die V. Koordinierungskonferenz in Bukarest.) - Postępy Nauk rolniczych 10 (1963) Nr.1. S. 109-114.

Vom 10.-16.12.1962 fand in Bukarest die V. Koordinierungskonferenz der sozialistischen Länder über die wiss. Forschungsarbeiten auf dem Gebiete der Land- und Forstwirtschaft statt. Analysiert wurde der Verlauf der Zusammenarbeit auf Grund der Berichte der einzelnen Teilnehmerländer sowie des zusammenfassenden Berichtes der Bulgarischen Akad. der Landwirtsch.-Wiss. Für 1963/64 sollen folgende Gebiete bearbeitet werden: pflanzliche Produktion und Hydrotechnik; Forstwirtschaft; Zootechnik; Mechanisierung und Elektrifizierung der Landwirtschaft und Agrarökonomik.

PRL/OBR, übersetzt v. O.Kasperl. 12105.

C. ÜBERSICHTEN

1-64/04-0592 K o z e r a, S. Nowe asortymenty w przemyśle maszyn rolniczych w 1963 r. (Das neue Sortiment der Landmaschinenindustrie 1963.) - Maszyny i Ciągniki rolnicze 10 (1963) Nr.2. S.33-39. - 15 Abb.

Schlepper: Verbesserungen am "Ursus C-328" (28 PS); Bodenbearbeitung: Zweischaranbauwendepflug, Anbaubodenfräse "GGz-1", Kultivator "KLz-4" (Arbeitsbreite bis 150 cm); Düngung: Düngerdrillmaschine "SNZ-26". Universalanhängegerät "RA-3" an den Schlepper "Ursus C-325" und Spezialgerät zum Anbau an das Vielfachgerät "WUN-4" zur Ausbringung von Ammoniakwasser; Ernte: konstruktive Verbesserungen an den Maschinen zur Getreide- und Grünfutterernte; Aufbereitung: Getreidereinigungsmaschine "WW-3" zur Reinigung von

Getreide, Ölfrüchten und Leguminosen; Pflanzenschutz: Spritzgeräte mit Membranpumpen; Innenwirtschaft: Maschinen zum Mischen von Kraftfutter, Zerkleinerungsmaschine "RB-2,6", Versuchsserie eines elektrischen Dampfkessels mit 1000 l Fassungsvermögen.

PRL/CBR, übersetzt v. O.Kasperl. 12205.

XIII. LÄNDLICHES BAUWESEN

A. ALLGEMEINES

1-64/04-0593 S c h o l l a i n, Lothar; Berlin, Min. für Bauwes. Die Entwicklung des landwirtschaftlichen Bauwesens. - Bauzeitung 17 (1963) Nr.6. S.285-286.

Vf. beschreibt die volkswirtsch. Bedeutung des landwirtsch. Bauens. Bis 1970 sollen fast alle landwirtsch. Produktionsbauten aus vorgefertigten Bauteilen montiert werden, um dadurch die Bauzeiten zu verkürzen und die Bauleistungen zu verdoppeln. Zur Realisierung dieser Aufgabe muß die Entwicklung und Massenproduktion neuzeitlicher Baustoffe und Bauelemente durchgesetzt werden. Auch der Ausschöpfung der örtlichen Reserven kommt große Bedeutung zu. Die Bauaufgaben werden zukünftig von Bau- und Montagekombinaten durchgeführt. Die Kombinate werden als Hauptauftragnehmer die funktionsfertige Errichtung und termingerechte Übergabe kompletter Produktionsanlagen an die Landwirtschaftsbetriebe sichern. Vorgesehen ist auch, den Kombinaten schrittweise Forschungsgruppen zuzuordnen. Ebenso übernehmen diese Betriebe die techn. Anleitung der LPG-Bauorganisationen und die Einbeziehung in das industrielle Bauen. G.Klink. 13005.

1-64/04-0594 L a m m e r t, Till. Die Industrialisierung des Baues landwirtschaftlicher Produktionsgebäude. - Dtsch. Architektur 12 (1963) Nr.6. S.345-348. - 4 Tab., 7 Zeichn.

Beim industriellen Bauen muß der Bauablauf in spezialisierte, sich ständig wiederholende Arbeitsabschnitte aufgegliedert werden, um die Produktionsmittel ökonomisch einzusetzen und die Arbeitskräfte kontinuierlich auszulasten. Zugleich müssen massenweise anwendbare, also austauschbare Bauelemente entwickelt werden. Vorerst beträgt die Laststufe der Elemente 750 kp (bei der Mastenbauweise). Später ist der Übergang auf eine Laststufe von 2 Mp vorgesehen. Das Maßsystem baut auf ein Grundmodul M (100 mm) auf. Das Entwurfsraster beträgt 3 M (300 mm). Für die nächsten Jahre dürfte ein Bauwerk mit 12 000 mm Spannweite und 3000 mm Höhe als Mehrzweckgebäude am besten den unterschiedlichen funktionellen Bedingungen entsprechen. Beim Mehrzweckgebäude soll die bauliche Hülle vom funktionellen Ausbau weitgehend unabhängig sein. Dadurch kann leichter eine Veränderung der Produktionsverfahren berücksichtigt werden. Zur Durchsetzung der Industrialisierung des Bauens auf dem Lande sind u.a. zu lösen: Sicherung der Kontinuität in der Bau- und Bauelementeproduktion durch die Fließfertigung; Entwicklung und Bereitstellung von hochwertigen Baustoffen für Wand- und Deckenkonstruktionen; staatliche Maßnahmen zur Preisbildung; Überwindung des zu starren Systems der Typenprojektierung. W.Gratz. 13005.

1-64/04-0595 T w o r k o w s k i, Stefan. Problemy architektury WSI. (Probleme der ländlichen Architektur.) - Architektura /Warszawa/ 6 (1963) Nr.188. S.181-182.

Vf. weist auf die Problematik der ländlichen Architektur in Polen hin, die von der Umwandlung der Verhältnisse beeinflußt wird. Die örtlichen Besonderheiten müssen dabei berücksichtigt werden. Das Streben nach Unifizierung ist auch bei Verwendung örtlicher Baustoffe bemerkbar. Das Problem des Wohnungsbaues ist nicht nur techn. oder ökonom. Natur, sondern auch gesellschaftlich und soziologisch bei Beachtung der Gewohnheiten und des Geschmacks der Bevölkerung zu betrachten. Während in der ČSSR und der DDR schon keine bes. Bauernhausprojekte mehr entwickelt werden müssen, stellen die polnischen Bauern das Baumaterial für diese Häuser zum Teil selbst her. Die ökonom. Forderungen führen jedoch zur Urbanisierung des Dorfes, zu geschlossenen Ortschaften, zu mehrgeschossigen Häusern und zu einem kulturvolleren Leben. G.Hutschenreuther. 13005.

1-64/04-0596 K l a s s a n o f f, M., G r a t z, W. und K l i n k, G.; Berlin, Dtsch. Bauakad. Landwirtschaftliches Bauen in der Volksrepublik Bulgarien. - Bauzeitung 17 (1963) Nr.6. S.294-297. - 1 Abb., 5 Zeichn.

Nach der Bildung größerer LPGen hat das Bauen auf dem Lande einen beträchtlichen Aufschwung erhalten. Die Genossenschaften haben eine durchschnittliche Nutzfläche von 4000 bis 5000 ha. Durch die Spezialisierung in der Viehzucht wurden große Rinderhöfe, Schweinezucht- und Schweinemastanlagen sowie Hühnerfarmen entwickelt und gebaut. Die Bauvorhaben werden fast ausnahmslos nach Typenprojekten errichtet. Jedes Typenprojekt wird in zwei Varianten, für die traditionelle Bauweise und für die Montagebauweise, ausgearbeitet. Die Bauten werden von LPG-Baubrigaden errichtet. G.Klink. 13005.

1-64/04-0597 R a d o s, K. A mezögazdasági épitészet jelene és jövöje. (Gegenwart und Zukunft des landwirtschaftlichen Bauwesens.) - Mezögazdasági Epités Feladatai /Landwirtsch. Bauen/ 1963 S.12-25. - Aus: Ung. Agrar-Rdsch. 1963 Nr.4.

Man soll die Bauten möglichst aus vorgefertigten Stahlbetonteilen und einem Stahlgerüst fertigen und auf dem Bauplatz selbst nachträglich nur die Füllmauer in die Öffnungen einbauen. Erfordert das Gebäude kein Gerüst von größerer Festigkeit, so muß man sich unbedingt auf die billigeren und zweckmäßigeren leichten Wandplatten umstellen. Die Wärmedämmung der Gebäude ist nach Möglichkeit mit Materialien von geringerem spezifischem Gewicht herzustellen. Vf. warnt vor zu großem Holzverbrauch. Er führt die Vorteile der bei der natürlichen Viehhaltung gebrauchten Gebäude (z.B. Arbeitsersparnis, billigere Investition) wie auch die Nachteile (erhöhter Platzbedarf, Schwierigkeit bei der Futterversorgung) an. Neben der rationellen Anlage der Stallungen wird die Wichtigkeit der Warmhaltung und der leichten Lüftbarkeit betont. Man muß eine spätere, vielleicht andersartige Verwendung der Gebäude einkalkulieren. Deshalb ist es wichtig, sie leicht und billig umbauen zu können. 13005.

1-64/04-0598 W a g n e r, Hans. Baukonjunktur und Landwirtschaft. - Dtsch. landwirtsch. Presse 86 (1963) Nr.28. S.277.

Das Gesamtbauvolumen auf dem Lande wird in der BRD für das Jahr 1961 mit 2647 Mill. DM angegeben. Es liegt damit um 80 % höher als das Bauvolumen des Jahres 1956. Ein weiteres Ansteigen für die nächsten Jahre ist zu erwarten. Die AK scheint der entscheidende Engpaß der Bauwirtschaft auf dem Lande zu sein, weil eine starke Abwanderung von Bauhandwerkern in die Großstädte und industriellen Ballungsräume zu verzeichnen ist. Ein weiterer Teil der Auswirkungen der überhitzten Baukonjunktur ist die Entwicklung der Baupreise. Im Schnitt der letzten Jahre sind die Baupreise um etwa 5 % angestiegen. Gewährung von Zinszuschüssen durch Bund und Länder gleichen kaum die laufende Baukostensteigerung aus. Weiterhin ergeben sich für ländliche Baumaßnahmen lange Bauzeiten (1 bis 2 Jahre je Hofstelle), die den wirtsch. Ablauf des Betriebes empfindlich stören. W.Gratz. 13005.

1-64/04-0599 F ö r s t e r, A.E. Bedeutet primitiv bauen billig bauen? - Mitt. dtsch. Landwirtsch.-Ges. 78 (1963) Nr.35. S.1089-1090.

Möglichkeiten billiger zu bauen gibt es z.B. durch Kapazitätserhöhungen und durch Verwendung vorgefertigter Bauteile. Erschwerend wirken sich Auflagen von Baugenehmigungsbehörden aus, die oft unverantwortliche Verteuerungen mit sich bringen. Gewisse Erleichterungen sind nach den neuen Bauordnungen für die Errichtung oder Änderung von Gebäuden ohne feste Gründungen eingetreten. Derartige Gebäude eignen sich z.B. für Jungvieh oder als Laufstall für Milchvieh. Werden jedoch Anforderungen an Raumklima und Hygiene gestellt, wäre es falsch, Kosten für erhöhte Wärmedämmung zu sparen, weil Futterverbrauch und Fleischqualität wesentlich vom Stallklima abhängen. Es entfallen z.B. bei der Erzeugung von Schweinefleisch etwa 70 % der Unkosten auf das Futter und nur 4 bis 5 % auf Gebäude und Geräte.

W.Gratz. 13005.

B. BAUTECHNISCHE GRUNDLAGEN

1-64/04-0600 P r z y b y l s k i, M. Postęp techniczny w budonictwie wiejskim. (Der technische Fortschritt im Bauwesen auf dem Lande.) - Budownictwo wiejskie 15 (1963) Nr.3. S.4-7.

Das Anwachsen der Bautätigkeit auf dem Lande wird in großem Maße gehemmt durch den ständigen Mangel an traditionellen Baustoffen, AK und Investitionsmitteln. In dieser Situation müssen wir die bisherige Bautechnik ändern und gleichzeitig den spez. Charakter des Bauens auf dem Lande berücksichtigen, der sich vom Stadtbau unterscheidet. Bis zum Jahr 1956 dominierten im Bauwesen auf dem Lande Holz und Stroh als Baustoffe. In den Jahren 1956 bis 1960 nahm der Verbrauch nicht brennbarer Baustoffe zu, während gleichzeitig der Bedarf an Holz und Stroh zurückging. Von 1959 an wurde eine Reihe von Arbeiten über die Verwendung folgender Materialien durchgeführt: Hohlbeton in verschiedenen Arten, Gipsbetonblöcke, Gipshohlsteine, Schlackebetonsteine, Zementholzspanblöcke, Filzplatten usw. für Wände, Decken, Fußboden und Dachdeckungen. Viele dieser Materialien befinden sich bereits jetzt in der Verbreitungsphase. Die Untersuchungen dauerten durchschnittlich mehr als zwei Jahre und umfaßten vor allem Wärme- und Feuchtigkeitsprüfungen. Auf Grund vieler Untersuchungen wurden folgende Schlußfolgerungen gezogen: 1. Der techn. Fortschritt muß auf eine Reduzierung der Baukosten, des Arbeitsaufwandes sowie eine Reduzierung der traditionellen Baustoffe gelenkt werden. 2. Wir müssen beim Bauen zum Auftragssystem übergehen. PRL/CBR, übersetzt v. O. Kasperl. 13110a.

1-64/04-0601 V o r l i c e k, Milos. Statistische Qualitätskontrolle bei der Erzeugung von Baustoffen. - Wiss. Z. Humboldt-Univ. Berlin, math.-naturwiss. R. 12 (1963) Nr.5. S.776-778. - 3 Lit. 13110b.

1-64/04-0602 A n o n y m. Nowe płyty faliste do krycia dachów. (Neue gewellte Platten zum Decken von Dächern.) - Boduwnictwo wiejskie 15 (1963) Nr.5. S.20-21. - 2 Abb.

Der Beitrag behandelt Wellplatten für das Abdecken der Dächer, für deren Herstellung anstelle von Asbest, der einen Engpaß darstellt, Gerbereiabfälle verwendet werden. Hergestellt werden die Platten unter Verwendung von Handformen. Abmessungen der Platten: 58 x 92 cm. Die bisherigen Forschungsergebnisse sind positiv: Saugfähigkeit 15,27 %, Volumengewicht 1,705 g/cm^3, Bruchfestigkeit (senkrecht zur Wellenrichtung) 72,7 kg/cm^2.

PRL/CBR, übersetzt v. O. Kasperl. 13110b.

1-64/04-0603 A n o n y m. Aluminium fürs Dach. - Techn. u. Landwirtsch. 15 (1963) Nr.14. S.335. - 1 Abb.

Eine Dacheindeckung ländlicher Betriebsgebäude mit WELL-AGR-AL ist vorteilhaft und zu empfehlen. Die Aluminiumbedeckung weist geringes Gewicht, Bruchsicherheit, Witterungsbeständigkeit, Reflexion der Sonnen- und Wärmestrahlen, Bakterienneutralität und lange Lebensdauer auf. Eine leichte Nagelbinderkonstruktion genügt als Unterbau, die Befestigung erfolgt durch Schlagschrauben, die mit Kunststoff abgedichtet sind. Das Dach braucht weder Anstrich noch Pflege, die schützende Oxydschicht verstärkt sich im Laufe der Zeit und läßt die Oberflächen matt werden. Das Dach ist praktisch unbegrenzt haltbar. E.Nowatzky. 13110b.

1-64/04-0604 K o l l, Franz. Der Außenputz. - Prakt. Landtechn. /Wien/ 16 (1963) Nr.7. S.143-145. - 4 Abb. 13110b.

1-64/04-0605 W a l k e r, J.N. und W a l t o n, H.V. How strong are rafter-to-pole joints? (Wie fest sind Rundholzverbindungen?) - Agric. Engng. 44 (1963) Nr.4. S.192-193. 195.

Rundholzkonstruktionen werden gern bei landwirtsch. Bauten angewendet. Die Verbindungsstellen sind dabei immer die kritischen Punkte. Die vorhandenen Angaben über die Bestimmung der Verbindungskräfte basieren auf Versuchen an Kantholz. An der Pennsylvania-Universität wurden deshalb Versuche mit Rundholz durchgeführt, deren Anordnung und Ergebnisse beschrieben werden.

G.Hutschenreuther. 13110d.

1-64/04-0606 A n o n y m. Typowe okna żeliwne w budynkach inwentarskich i gospodarskich. (Fenster mit Stahlrahmen für Stall- und Wirtschaftsgebäude.) - Budownictwo wiejskie 15 (1963) Nr.5. S.10-11. - 8 Zeichn.

Zwecks Vereinfachung der Fenster mit Stahlrahmen und ihre Anpassung an die Dimensionen des Typenfensters aus Holz wurden folgende Typen von Stahlfenstern ausgearbeitet. Für die Stallgebäude: 1. Zweiteiliges Fenster mit

Lüftungsklappen und einer Dimension von 910 x 610 mm; 2. Dreiteiliges Fenster, mittlerer Teil zum Lüften, 1210 x 910 mm; 3. Dreiteiliges Fenster, mittlerer Teil zum Lüften, 1510 x 910 mm. Für die übrigen Wirtschaftsgebäude: 1. Zweiteiliges Fenster, nicht zu öffnen, 910x610 mm. 2. Dreiteiliges Fenster, nicht zu öffnen, 1210x910 mm. Die Befestigung der Fenster in der Maueröffnung erfolgt durch Schrauben in Ankern, die in die Maueröffnung eingelassen werden. Für das Verglasen müssen 2 mm starke Scheiben genommen werden. Die Einführung von Stahlfenstern führt zur Holzeinsparung und zur Verwendung von Fensteröffnungen in Gebäuden mit Dimensionen, die eine ausreichende Beleuchtung der Stallungen garantieren.

PRL/CBR, übersetzt v. O.Kasperl. 13110d..

1-64/04-0607 Č e r m á k, Zdenek. Universalkonstruktionen für landwirtschaftliche Produktionsbauten. - Bauzeitung 17 (1963) Nr.9. S.496-499. - 2 Tab., 9 Zeichn.

Bisher war das Bauen in der Landwirtsch. arbeitsintensiv, kostspielig und oft unzweckmäßig. Deshalb wurden Universalkonstruktionen mit einheitlichen Maßparametern für die Montage industriell vorgefertigter Platten- und Stützenelemente entwickelt. In ihnen wurden Eigenschaften für versch. Zwecke vereint. Dargestellt werden 9 versch. Konstruktionen landwirtsch. Gebäude aus typisierten Fertigteilen, wobei Hauptvarianten und Varianten für die Übergangszeit unterschieden werden. Bei der Bauausführung werden Zufahrtswege und Unterbau durch Eigenleistungen angelegt. Die Montage der Stahlkonstruktion erfolgt durch Montagebaubetriebe, welche je Arbeitsgruppe Stahlkonstruktionen für 60 000 m^2 überbaute Fläche montieren. Die Ausbauarbeiten sowie Überdachung und Wärmedämmung werden durch die Kreisbaubetriebe ausgeführt. H.Finsterbusch. 13110d.

1-64/04-0608 M a j e w s k i, J. Budownictwo prefabrykowane dla wsi. (Das Bauwesen auf dem Lande bei Verwendung von vorfabrizierten Bauteilen.) - Budownictwo wiejskie 15 (1963) Nr.3. S.19-20. - 1 Abb.

Anfang 1963 wurde der Bau einer vorgefertigten Stahlbetonscheune im Dorf Leszczyny bei Płock fertiggestellt. Die Scheune ist als Skelettkonstruktion projektiert und wird aus vorgefertigten Teilen montiert. 7 Elemente haben Nutzcharakter, zwei dienen als Durchfahrtennen. Das Volumen eines Segments beträgt 410 m^3 und kann z.B. die Getreideerträge von 3 bis 4 ha aufnehmen. Die Fläche des gesamten Objekts beträgt 3934 m^2. Diese Fläche gestattet die Lagerung des Getreides von ungefähr 30 ha. Die Dachkonstruktion besteht aus vorgefertigten Stahlbetonbindern, Das Dach ist mit Welleternit gedeckt. Zum Schutz gegen Wind und zur Sicherung der Festigkeit werden in jedes Segment Spezialstützrahmen eingebaut. Die Seitenwände werden zusätzlich durch Stahlbetonriegel verstärkt. Sämtliche Elemente sind durch Schrauben miteinander verbunden. Das ermöglicht die schnelle Durchführung der Montage. Die Konstruktion kann auch zerlegt werden. Das Gebäude besitzt in jeder der vier Türöffnungen zwei Flügelstahlschiebetüren. Das Objekt ist vor allem für Betriebe bestimmt, die große Flächen besitzen wie z.B. Staatsgüter und Produktionsgenossenschaften.

PRL/CBR, übersetzt v. O.Kasperl. 13110f.

1-64/04-0609 R i e h s, J. und T e j c, J. Errichtung landwirtschaftlicher Wirtschaftsgebäude aus Fertigbauteilen. - Int. Z. Landwirtsch. /Sofia/Berlin/ 1963 Nr.4. S.76-79. - 6 Abb.
Durch die starke Konzentration der Rinderzucht in Westböhmen wurde der Neubau zahlreicher Ställe erforderlich. Bis 1958 fanden dafür vorwiegend traditionelle Bauweisen Anwendung, die jedoch viel AK beanspruchten und außerdem sehr holzaufwendig sind. Deshalb begann das landwirtsch. Gebietsinstitut für Projektierung mit der Entwicklung einer Stahlbetonskelettbauweise, die vielfältig für alle Produktionsbauten anwendbar ist. Die bis jetzt vorliegenden Typenprojekte sehen nur eine Vorfertigung des Daches und der Stützen vor. In neuerer Zeit werden auch die Wandplatten vorgefertigt und von den Kreisbaubetrieben montiert. Neben der beträchtlichen Erhöhung der Arbeitsproduktivität ist damit ein fließender Aufbau der Stallgebäude möglich, so daß die Bauzeiten erheblich gesenkt werden konnten. Das Stahlbetonskelett ist so projektiert, daß die Rinder sowohl nach dem Anbinde- als auch nach dem Laufstallprinzip gehalten werden können. Es wird die funktionelle Lösung dieser Stallformen und die Einordnung in Anlagen erläutert. In den kommenden Jahren wird die Bauweise durch Herstellung von Spannbetonelementen verbessert. G.Klink. 13110f.

1-64/04-0610 S c h a l o w, Paul. Anwendung von Stahlbetonfertigteilen beim industriellen Bauen auf dem Lande. - Bauzeitung 17 (1963) Nr.1. S. 43-46. - 3 Abb., 2 Diagr., 1 Zeichn.
Die Steigerung der Arbeitsproduktivität im Bauwesen kann nur durch die umfassende Industrialisierung des Bauens erreicht werden. Gebäude und Anlagen müssen mit industriell vorgefertigten Bauelementen in der kontinuierlichen Serienfertigung montiert werden. Deshalb sind für die Landwirtschaft Typenprojekte mit einheitlichen Baukörpern zu entwickeln, die eine Massenfertigung von Bauelementen zulassen. Im landwirtsch. Bauen wurde die Mastenbauweise eingeführt. Für die in der Perspektive benötigten Großraumställe sind vorhandene Elemente aus dem Mastenbau als auch aus dem Industriebau zu kombinieren. W.Heinig. 13110f.

1-64/04-0611 L a m m e r t, Till; Berlin, VEB Typenprojektier. Großflächige Wandelemente für Warmbauten in der Mastenbauweise. - Bauzeitung 17 (1963) Nr.6. S.283-285. - 4 Abb.
Vergleichswerte über den Zeitaufwand und die Transportmasse zeigen, daß der Mastenbau weitaus günstiger ist als die Blockbauweise und der handwerkliche Ziegelbau. Der Mastenbau ermöglicht eine Steigerung der Arbeitsproduktivität auf 220 % im Vergleich zum Ziegelbau. Die für Warmbauten erforderlichen Wandelemente sollen eine Rohdichte von 0,8 bis 1,2 kg/dm^3 haben, wobei bei den Abmessungen der Elemente die Laststufe von 750 kp nicht überschritten werden darf. Als Wandbaustoffe fanden Schaumsilikat, Porengips, Porenanhydrit, Porensinter und Schaumbeton Verwendung. Eine Arbeitsgemeinschaft im Bezirk Neubrandenburg entwickelte Grundsätze für die Anwendung von grobkeramischen Erzeugnissen als Wandelemente. Die Elemente bestehen aus Mehrkammerziegeln, die zu Längen von 1500 mm zusammengesetzt werden und einen Schaumbetonverguß erhalten. G.Klink. 13110f.

1-64/04-0612 K r i l, Rolf; Neubrandenburg, VEB Hochbauprojektier. Die Mastenbauweise im Bezirk Neubrandenburg. - Dtsch. Architektur 12 (1963) Nr. 6. S.348-349. - 6 Abb.

Der VEB (B) Mastenbau Neubrandenburg erreichte bei der Mastenbauweise gegenüber ähnlichen Baubetrieben, die in traditioneller Bauweise arbeiteten, eine Arbeitsproduktivität von rund 220 %. Nach der Grundlagenarbeit "Warmbauten in Mastenbauweise" der Deutschen Bauakademie wurde ein Schweinemaststall entwickelt und 1961 als Versuchsbau in der LPG Pragsdorf errichtet. 1962 sind im Bezirk 17 Schweinemastställe für je 600 Tiere, 21 Abferkelställe für je 30 Sauen, 23 Rinderställe für je 90 Tiere und 1 Abkalbestall mit 32 Plätzen durch den VEB Mastenbau errichtet worden. Inzwischen hat sich das Projektangebot noch erhöht. Als Außenwandelemente wurden statt der empfohlenen Schaumsilikatplatten 240 mm dicke Leichtbetonblöcke mit einem Kern aus grobkeramischen Achtkammersteinen verwendet. Untersuchungen haben ergeben, daß gegen diesen Baustoff keine Bedenken bestehen.

W.Gratz. 13110f.

1-64/04-0613 W i e p r e c h t, Günter; Halberstadt, VEB T penprojektier. Über statisch-konstruktive Annahmen der Mastenbauweise. - Bauzeitung 17 (1963) Nr.6. S.298-300.

Vf. erläutert ausführlich wichtige statisch-konstruktive Veränderungen, die sich gegenüber der veröffentlichten "Richtlinien für Projektierung und Ausführung der Mastenbauweise" durch praktische Erfahrungen ergeben haben. Dazu gehören: Erweiterung des Anwendungsbereiches, Einspannung der Masten, Verwendung von Streifenfundamenten und vertikale Tragfähigkeit der Masten.

G.Klink. 13110f.

1-64/04-0614 B u r g e r, H. und S c h a l o w, P.; Berlin, VEB Typenprojektier. Größerer Anwendungsbereich der Mastenbauweise. - Bauzeitung 17 (1963) Nr.6. S.300-302. - 2 Tab., 3 Zeichn.

Vff. erläutern ein neues Bohrgerät für die Mastenbauweise. Mit diesem Gerät kann das Bohrloch in seiner Grundzone so erweitert werden, daß bei der späteren Verfüllung mit Beton in der unteren Zone ein kegelförmiger Gründungskörper mit einem unteren Durchmesser von 1000 mm entsteht. Das Gerät besteht aus einem zylindrischen Topf, bei dem pflugscharartige, mit Scharnieren befestigte Klappen durch ein von Hand betätigtes Gestänge herausgedrückt werden können. Durch diesen Druck schält das Gerät in der Grundzone des Bohrloches den Boden seitlich aus. In einer bautechnol. Betrachtung wird der ökonomische Vorteil des Gerätes nachgewiesen. G.Klink. 13110f.

1-64/04-0615 K o l l, Franz. Die Praxis des Außenverputzes. Arten und Technik des Außenverputzes. - Prakt. Landtechn. /Wien/ 16 (1963) Nr.8. S.171-173. - 3 Abb. 13110f.

1-64/04-0616 F r e i t a g, Willi; Berlin, Min. für Bauwes. Landwirtschaftliches Bauprogramm und LPG-Bauorganisationen. - Bauzeitung 17 (1963) Nr.6. S.291-292.

Die Orientierung im landwirtsch. Bauwesen konzentriert sich auf die schnelle Bildung von leistungsstarken Bau- und Montagekombinaten als Hauptauftragnehmer. Außerdem sind die bestehenden LPG-Bauorganisationen fachlich, politisch und ökonomisch zu festigen. Noch 1963 müssen alle LPG-Baubrigaden zu LPG-Bauorganisationen zusammengefaßt werden. Damit ist eine beträchtliche Steigerung der Arbeitsproduktivität verbunden. Bei den gegenwärtig registrierten 170 LPG-Bauorganisationen ist durchschnittlich eine Pro-Kopf-Leistung von 18 bis 24 TDM zu verzeichnen. Zur Leitung der Bauorganisationen wurden auf Beschluß des Ministerrates Bauingenieure in die Nordbezirke der DDR delegiert. Grundsätze für die Arbeit der LPG-Bauorganisationen wurden in einem Handbuch zusammengefaßt und veröffentlicht. G.Klink. 13110i.

1-64/04-0617 K r e l l, Karl-Heinz. Über die Notwendigkeit von Blitzschutzanlagen auf Hochbauten. - Bauzeitung 17 (1963) Nr.1. S.26-29; Nr.2. S.80-82. - 4 Tab.

Die geltenden Bestimmungen und Leitsätze über die Notwendigkeit von Blitzschutzanlagen an Hochbauten reichen für eine lückenlose Beurteilung nicht aus. Zur Beseitigung dieses unklaren Zustandes sind ergänzende Vorschriften angebracht. Eine bes. Blitzgefährdung liegt vor, wenn u.a. das Objekt wesentlich seine Umgebung überragt, und wenn es auf einem geoelektrischen inhomogenen Untergrund steht. Nach den statist. Untersuchungen entstehen in der Landwirtschaft die größten Schäden durch das Zünden von Blitzschlägen. W.Heinig. 13115e.

1-64/04-0618 M i e c z n i k o w s k i, K. Wyniki badań ścian nieotynkowanych na przenikanie wody deszczowej. (Ergebnisse der Untersuchungen über das Eindringen von Regenwasser in unverputzte Wände.) - Budownictwo wiejskie 15 (1963) Nr.4. S.19-20. - 2 Tab.

Die Untersuchungsergebnisse des französischen wiss.-techn. Zentrums haben gezeigt, daß unverputzte Wände aus gewöhnlichen Betonhohlblöcken das Regenwasser leicht hindurchlassen. Das Wasser dringt durch die Wände des Hohlblocks und sickert infolge der Druckkräfte des Windes und des Wassergewichts in das Innere des Betons. Schlechte Widerstandsfähigkeit gegen Regenwasser wurde auch in den Untersuchungen unverputzter Wände aus keramischen Hohlblöcken und perforierten Ziegeln festgestellt. Die Ursache liegt in den Rissen der Ziegel und Verbindungen, die beim Trocknen großer keramischer Produkte entstanden. Einen echten Schutz können wir durch Pressen und Glätten der Verbindungen erhalten. Es wurden auch Versuche mit durchgehenden und nicht durchgehenden Verkleidungen durchgeführt. Man beobachtete keinerlei Verbesserung bei Ziegeln mit nichtdurchgehenden Verkleidungen, d.h. daß bei Fehlen von Verputz das Wasser auf Grund des Drucks und der Schwerkräfte und nicht infolge der Kapillarität eindringt. Eine Unterbrechung der zusammenhängenden Verkleidung könnte eine Rolle nur bei der kapillaren Bewegung des Wassers spielen. Im Lichte der Untersuchungen muß festgestellt werden, daß Wände aus Gipsbeton, Schlackebeton und Hohlblöcken aus Gips oder Schlakke, die das Wasser leicht absorbieren, bei der gegenwärtigen Herstellungstechnologie unbedingt einen Putz benötigen.
PRL/CBR, übersetzt v. O.Kasperl. 13120a.

1-64/04-0619 E n d e, Hans am. Das feuersichere Strohdach. Protokoll der Brandprobe in Worpswede und Beschreibung der Herstellung des Daches. Hamburg: Drexel & Adler. (19 S.) 8°. (1962 A 6358)

C. DORF- UND GRUNPLANUNG

1-64/04-0620 N i e m k e, Walter. Siedlungsprobleme der sozialistischen Landwirtschaft. - Dtsch. Architektur 12 (1963) Nr.6. S.329. - 1 Diagr.
Die Schwerpunkte liegen gegenwärtig beim Bau landwirtsch. Produktionsgebäude und bei der Errichtung von Wohnungen für die Landbevölkerung. Das Ziel der Dorfplanung besteht neben der Standortbestimmung von Neubauten vor allem darin, unter Berücksichtigung der Entwicklung des Dorfes Vorschläge für die Nutzung der Altbauten zu unterbreiten; festzustellen, welche Baumaßnahmen für die Produktionsaufgaben bis 1970 erforderlich sind; Grundlagen zu schaffen, um die bis 1970 vorgesehenen Investitionen für Bauten mit den Forderungen der Gemeinden und LPG zu bilanzieren und zu überprüfen, ob die Entwicklung des Dorfes nach 1970 durch die geplanten Bauvorhaben gehemmt oder eingeengt wird. Ausgangspunkt bildet die Aufgabenstellung und die Bestandsaufnahme. Die Einschätzung und Kartierung des Baubestandes erfolgen nach TGL 113-0362 durch die Büros für Gebiets-, Stadt- und Dorfplanung.
W.Gratz. 13210.

1-64/04-0621 F i e d l e r, H.J. und C z e r n e y, P. Möglichkeiten der Bodenstabilisation mittels Kunstharzen. - Z. landwirtsch. Versuchs- u. Untersuchungswes. 9 (1963) Nr.4/5. S.427-443. - 7 Tab., 4 Lit. Zus. in Russ., Engl. - nach Zus.
Durch Polymerisation von monomerem Calciumacrylat im Boden können gute Stabilisationseffekte bei stark unterschiedlichen Bodenarten und unterschiedlichen Feuchtigkeitsgehalten des zu stabilisierenden Materials erzielt werden. Durch Zusatz von Polyacrylaten zum Boden lassen sich vergleichbare Wirkungen nicht erzielen. Auch durch Karbamid-Formaldehydharze konnten Bodenstabilisierungen erzielt werden, die selbst hohen Anforderungen bezüglich der Druckfestigkeit der Prüfkörper im feuchten Zustand sowie nach Frost-Tau-Zyklen genügten. 13215c.

1-64/04-0622 B e c k e r, Georg. Frostschutz durch Elektrizität. - Bauen auf d. Lande 1962 Sonderh.Nr.4. S.28-30. - 3 Abb., 1 Tab., 4 Zeichn.
Als Frostschutz für Wasserleitungen können Frostschutz-Transformatoren verwendet werden, die fest an die Rohre montiert sind. Sie besitzen die ungefährliche Kleinspannung von 0,5-8 V. Hohe Stromstärke bei geringer Leistung verhindert das Gefrieren des Wassers. Die Zuleitung vom Trafo zum Leitungsrohr soll mind. 25 mm^2 Kupferleitung sein. Das Trafo-Gehäuse ist unbedingt zu erden. Ein Trafo von 800 W Leistung ermöglicht den Frostschutz folgender Längen:

Rohr Dmr.	Rohrlänge	Spannung (V)	Stromstärke (A)
1 "	8 m Bleirohr 4 m Eisenrohr	2	400
3/4 "	15 m Bleirohr 8 m Eisenrohr	4	200
1/2 "	30 m Bleirohr 15 m Eisenrohr	8	100

Zum Ein- und Ausschalten des Trafos dienen Thermostaten und Temperaturschalter (Hauptbestandteil Bimetall-Auslöser). Bei Selbsttränken hilft eine elektrische Frostschutzheizung, bestehend aus einer Widerstandsheizung von 60 W mit Schutztransformator 220/24 V. Die Schaltung kann auch hier mittels Thermostat erfolgen. In kältegefährdeten Räumen benutzt man elektrische Frostschutzöfen ("Frostwächter"). Die Leistungsaufnahme beträgt 600 W. Ein Ofen reicht für Räume bis 25 m^3 aus. Das Ein- und Ausschalten geht automatisch vonstatten. Zur kurzfristigen Beheizung von Bade-, Dusch- und Milchräumen sowie Melkständen eignen sich Infrarotstrahler in Verbindung mit Thermostaten als Schutz gegen Einfrieren der in diesen Räumen befindlichen Wasserleitungen. In Kartoffellagern und -vorkeimräumen sind Rippenheizrohre oder Rohrheizkörper mit Thermostatsteuerung verwendbar. In Garagen legt man Rohrheizkörper oder Wärmespeicherplatten (350 W) unter die Fahrzeuge.

F.K.Mann. 13220.

1-64/04-0623 K n o b l o c h, Hans. Kunststoffrohre - einfach verlegt. - Techn. u. Landwirtsch. 15 (1963) Nr.15. S.357. - 5 Abb.

Verwendung von Lupolen-Rohre aus Polyäthylen in Ställen, auf der Weide, in Gewächshäusern und auf den Feldern. Die Rohre werden für Nenndrücke von 2,5 bzw. 6 und 10 atü mit einem Außendmr. bis zu 160 mm hergestellt. Die Rohre bis 2" Dmr. sind biegsam und können in Ringbunden transportiert werden. Durch die Biegsamkeit der Rohre spielen Hindernisse oder Unebenheiten des Bodens bei der Verlegung keine Rolle. Bildliche Darstellungen über das Anbringen von Kupplungen, Reduzierstücken und Abzweigungen beim Verlegen von Lupolen-Rohren ergänzen die Ausführungen. E.Nowatzky. 13220b.

1-64/04-0624 K a r a m b i r o v, N.A. und K e m e l e v, A.A.; Moskau, Landwirtsch. Timirjasew-Akad. Mnogodnevnoe regulirovanie na gruppovych sistemach sel'skochozjajstvennogo vodosnabženija. (Mehrtägige Regulierung landwirtschaftlicher Gruppenwasserversorgungsanlagen.) - Gidrotechnika i melioracija, Moskva 15 (1963) Nr.8. S.33-42. - 4 Diagr., 1 Schema, 2 Tab., 8 Lit.

In der UdSSR sind z.Z. 13 landw. Gruppenwasserversorgungsanlagen für 600 Verbraucherzentren mit einer Leistung von 350000 m^3/d und 5850 km Hauptleitungen in Betrieb; 17 Anlagen sind im Bau, weitere 20 Anlagen für 1000 Verbraucherzentren mit einer Leistung von 650000 m^3/d und 19000 km Leitungen sind geplant. Im einzelnen werden rationelle Projektierungsmethoden, Verbrauchsanalysen, Kapazitätsermittlungen, Regelsysteme usw. behandelt. Durch die mehrtägige Regelung, die allerdings den Bau großer Stahlbeton-Sammelbehälter voraussetzt, können bei um 10-12 % geringeren Kosten zuverlässig größere Wassermengen in Verbrauchernähe auch ohne Erweiterung bereits bestehender Anlagen von geringerer Kapazität bereitgestellt werden.

R.Teipel. 13220b.

1-64/04-0625 A n o n y m. Novye vodostrujnye ustanovki i nasosy. (Neue Wasserstrahl- und Kreisel-Wasserpumpen.) - Sel'skoe stroitel'stvo, Moskva 18 (1963) Nr.9. S.25. - 1 Schma, 1 Tab.

Folgende Pumpen waren in der Ausstellung der Errungenschaften der Volkswirtschaft der UdSSR ausgestellt: Die Wasserstrahl-Wasserpumpen "4VA-1" und 6VA-1" sind für Bohrlöcher von 4" und 6" Dmr. vorgesehen. Bei ihnen drückt eine Kreiselpumpe mit einem Druck von 25 m WS durch ein bis unter den Wasserspiegel reichendes Rohr Wasser in das Bohrloch. Am Ende des Rohres ist eine nach oben gerichtete Strahldüse angeschraubt. Das aus ihr austretende Druckwasser reißt das Wasser des Bohrloches bis an die Erdoberfläche. Die fahrbaren selbstansaugenden Kreiselpumpen "S-774", "S-798", "S-665" und "S-666" sind für Förderhöhen von 6 m vorgesehen und haben Förderleistungen von 50 und 120 m^3/h. Sie werden von Benzin- und Elektromotoren angetrieben. W.Balkin. 13220b.

1-64/04-0626 K u n d z i č, M.M. Avtomatičeskie vodopod-emnye ustanovki. (Automatische Wasserversorgungsanlagen.) - Gidrotechnika i melioracija, Moskva 15 (1963) Nr.8. S.43-46. - 1 Tab., 2 Zeichn.
7 neue Windkesselanlagen haben folgende techn. Daten: mit Kreiselpumpen: "WU-16" (Leistung 2 m^3/h, Druck 20 m WS, Inhalt des Windkessels 160 l, Stromverbr. 0,33 kW), "WU-23" (2 m^3/h, 35 m WS, 160 l, 0,75 kW), "WU-7" (7,2 m^3/h, 38 m WS, 800 l, 2,5 kW), mit Schraubenpumpen: "WU-25" (1,5 m^3/h, 22 m WS, 20 l, 0,60 kW), "WU-21" (5 m^3/h, 32 m WS, 500 l, 2,8 kW), mit Wasserstrahlpumpen: "WU-26" (2-5 m^3/h, 45-30 m WS, 300 l, 1,7 kW) und "WU-22" (7-10 m^3/h, 105-85 m WS, 800 l, 10 kW). Für die Berechnung des Windkessels und des erforderlichen Drucks werden Formeln angegeben. R.Teipel. 13220b.

1-64/04-0627 A n o n y m. Merksätze für die Elektro-Installation im Bauernhof. - Bauen auf d. Lande 1962 Sonderh.Nr. 4. S.5-12. - 2 Tab., 20 Zeichn.
In den Merksätzen werden alle für die Elektroinstallation von Bauernhöfen wichtigen Grundregeln erläutert. Voraussetzung für eine ordnungsgemäße Elektroversorgung ist ein weitschauender Installationsplan mit ausreichenden Reserven für spätere Neuanschaffungen elektrischer Geräte. Die Merksätze umfassen ausführliche Hinweise über die Stromzuführung (Freileitung oder Kabel), die Hauptleitung (Steigleitung), die Hauptverteilung mit Zählertafel und die Stromverteilung (Stromkreise für Licht-, Steckdosen- und Kraftstrom). Anhand von zahlreichen Abb. werden Beispiele für die Anordnung der Elektroanschlüsse erläutert. Ferner werden Empfehlungen über die Anzahl und Verteilung der Anschlüsse im Wohnhaus (Küche, Wirtschaftsraum, Vorratsraum, Wohn-, Schlaf-, Kinder-, Gast-, Gehilfenzimmer, Bad, Diele, Treppenhaus, Flur, WC, Keller, Boden, Eingänge, Garten und Terrasse) und in Wirtschaftsgebäuden (Getreidespeicher, Futterküche, Kuhstall, Melkstand, Milchkammer, Jungvieh-, Schweine-, Pferde- und Hühnerstall, Lagerräume, Futtertenne, Werkstatt, Garage, Geräteschuppen und Hofraum) gegeben. Anschließend folgen Werte für die erforderlichen Beleuchtungsstärken im Wohnhaus und in Wirtschaftsräumen sowie besondere Hinweise für Elektrogeräte. Schemazeichnungen für Installationspläne erläutern die Hinweise. Im Anhang befinden sich eine Übersicht über Anschlußwerte der wichtigsten Elektrogeräte, eine Tab. der Schaltzeichen nach DIN 40717 sowie eine Zusammenstellung der in Westdeutschland zu beachtenden Ausführungsbestimmungen und Normen.
F.K.Mann. 13220d.

1-64/04-0628 H ö s l, Alfred. Die sichere Installation im landwirtschaftlichen Betrieb. - Bauen auf d. Lande 1962 Sonderh.Nr.4. S.30-37. - 12 Abb., 5 Zeichn.
In einer Übersichtsarbeit werden alle für eine sichere Installation notwen-

digen Regeln erörtert. Im einzelnen werden folgende Einzelheiten aufgeführt. Regeln für die zukunftssichere Elektroinstallation (Hauptleitung, Verteilung, Stromkreise für Licht und Steckdosen sowie Großgeräte, Licht-Steckdosen-Strombreite mit zusätzlichen Leerdosen, Leitungsverlegung gemäß den Normen und Bestimmungen), Einfluß der landwirtsch. Umwelt (Ammoniak, Harnstoff, Salpetersäure, Essig-, Milch- und Buttersäure, Düngemittel, Einfluß der Witterung, Einfluß von Licht, Ozon und Wasser, brennbare Stoffe, mech. Beschädigungsgefahr), Material und Geräteauswahl, Art des Hausanschlusses (Freileitung oder Erdkabel, Blitzschutz), Verteilungsanlage (Verteilertafel, Mittel- und Schutzleiter, Nullung), Leitungsarten (Materialien, Leitungsführung, Schellen), Abzweigdosen, Schalter und Steckdosen (Schutzarten, Symbole, Anordnung und Verteilung), Leuchten (Art der Lampen, Leuchten, Armaturen, Anordnung, Sicherheitsbestimmungen, Symbole), Motoren (Regeln für Motorenwahl, Materialien, Schutzschalter, Blindleitung, Kondensatoren), Wärmegeräte (Elektrowärmegeräte, Infrarotstrahler, Futterdämpfer, Trocknung), Sicherheit, Schutzisolierung, Kleinspannung, Fehlerstrom-Schutzschaltung, Nullung, Gesetze (Unfallverhütungsvorschriften, Energiewirtschaftsgesetz, allgemeine Versorgungsbedingungen, das bürgerliche Recht, das Strafrecht).

F.K.Mann. 13220d.

1-64/04-0629 R ö m m e r m a n n, K.; Leipzig, VEB ZEKB Ausbauelemente. Einrohrpumpen-Warmwasserheizung. Ein Beitrag zur Industrialisierung im Bauwesen. - Bauzeitung 17 (1963) Nr.6. S.318-320. - 2 Tab., 5 Zeichn.
Um auch in der Heizungsinstallation eine industrielle Vorfertigung der Anlagenteile zu ermöglichen, wurde für den Wohnungsbau die Einrohrpumpenheizung nach dem Durchflußsystem entwickelt. Im Strangnetz werden Vor- und Rücklauf nicht mehr getrennt. Das Heizmedium fließt mit gleichbleibender Menge von der Vorlaufverteilungsleitung bis zur Rücklaufsammelleitung. Je Geschoß wird nur ein Heizkörper an jedem Strang angeschlossen. Vf. beschreibt die Einsatzmöglichkeiten des Systems und untersucht den ökonomischen Nutzen.

G.Klink. 13220f.

1-64/04-0630 O v o d o v, Vladimir Sergeevič. Avtomatičeskij medlennyj fil'tr dlja sel'skochozjajstvennogo vodosnabženija. (Automatischer langsamer Filter für landwirtschaftliche Wasserversorgung.) Moskva: Sel'chozizdat. 1963. (94 S.) 8°. (1963 A 1408)

D. WOHN-, KULTUR-, GEMEINSCHAFTS- UND VERWALTUNGSBAUTEN

1-64/04-0631 H ü b n e r, Eberhard. Wohn- und Gesellschaftsbauten auf dem Lande aus grobkeramischen Elementen. - Dtsch. Architektur 12 (1963) Nr.8. S.502-503. - 3 Tab.
Für die Nordbezirke der DDR wurden Projekte für Wohn- und Gesellschaftsbauten in eingeschossiger Wandbauweise mit Bauelementen der Laststufe 750 kp von der Hochschule für Architektur und Bauwesen Weimar (Modul 12 M = 1200 mm) und der Technischen Universität Dresden (Modul 15 M = 1500 mm) entworfen. Dabei handelt es sich um ein- und zweigeschossigen Wohnungsbau, Kinder-

garten, Kinderkrippe, Kombination Kindergarten/Kinderkrippe, Einkaufsstätte, Gaststätte, Klub mit Gemeindeamt, Arztpraxen für praktischen Arzt, Zahnarzt und Tierarzt. In Tab. werden die Kennziffern und die Elemente beider Entwurfsserien zusammengestellt und verglichen.

G.Hutschenreuther. 13305.

1-64/04-0632 B a c h, Anita. Entwurfsserie für ländliche Wohn- und Gesellschaftsbauten aus grobkeramischen Elementen, Laststufe 750 kp, Raster 12 M. - Dtsch. Architektur 12 (1963) Nr.8. S.504-505.

Vf. erläutert die Entwürfe für ländliche Wohn- und Gesellschaftsbauten im Raster 12 M der Hochschule für Architektur und Bauwesen Weimar, von denen einige Grundrisse abgebildet sind. Die tragenden Querwände besitzen 6 m Abstand, die Haustiefe beträgt 9,6 m. Maßsprünge von 1,2 m, 2,4 m und 3,6 m sind vorhanden. Es werden Angaben über die verschiedenen Gebäudearten gemacht.

G.Hutschenreuther. 13305.

1-64/04-0633 T r a u z e t t e l, Helmut. Entwurfsserie für ländliche Wohn- und Gesellschaftsbauten aus grobkeramischen Elementen, Raster 15 M. - Dtsch. Architektur 12 (1963) Nr.8. S.506-507. - 6 Zeichn.

Bei der Reihe 15 M für ländliche Wohn- und Gesellschaftsbauten ergibt sich der technol. und ökon. Vorteil gegenüber der Reihe 12 M, daß sich die Anzahl der Fugen und der Elemente bei gleichem Wandanteil um 20 % verringert und daß sich die Auslastung des Hebezeuges durch die größere Elementemasse erhöht. Der Modul 15 M paßt in die Maßreihe für ländliche Produktionsbauten. Vf. beschreibt die Eigenheiten der einzelnen Entwürfe.

G.Hutschenreuther. 13305.

1-64/04-0634 M a t t k e, Karl-Heinz und V o g l e r, Manfred; Neubrandenburg, Entwurfsbüro für Gebiets-, Stadt- und Dorfplan. Das montierte mehrgeschossige Wohnhaus auf dem Lande. - Dtsch. Architektur 12 (1963) Nr.6. S.330-331.- 4 Zeichn.

Zur Verbesserung der Wohnverhältnisse werden im Bezirk Neubrandenburg 1963 in 120 Dörfern Wohnhäuser mit 28 oder 32 Wohnungen in Großblock- und Großplattenbauweise gebaut. Dieses Programm soll 1964/65 weitergeführt werden. Die viergeschossigen Bauten sind 14 m hoch und 53 m lang. Diese Bauten schaffen eine Annäherung der ländlichen an die städtischen Lebensformen. Andererseits bringen sie Veränderungen der Lebensgewohnheiten der Landbevölkerung. Die Funktionen, wie z.B. Säubern nach der Arbeit, das Umkleiden und auch das Mittagessen, können nicht mehr im Bereich des Wohnens liegen. Diese Funktionen werden später in einem LPG-Sozialgebäude liegen müssen. Ein mehrgeschossiger Wohnblock wird infolgedessen revolutionierend auf das gesamte Dorfgefüge einwirken. Eine direkte Verbindung von Wohnhaus und Garten ist nicht mehr möglich. Für die individuelle Viehhaltung müssen Altbauten genutzt werden. Die ästhetische Wirkung der Einordnung solcher Bauten in das Dorfbild wird als vertretbar angesehen.

W.Gratz. 13310a.

1-64/04-0635 W i t k i e w i c z, Rafał. Dom mieszkalny na wsi. (Das Wohnhaus auf dem Lande.) - Architektura /Warszawa/ 6 (1963) Nr.188. S.199-206. - 24 Abb., 2 Schemata, 20 Zeichn.

Vf. gibt an, daß er keine Abhängigkeit zwischen der Nutzfläche der Wohnungen und der Bewohnerzahl feststellen konnte. Dagegen zeichnet sich der Wunsch nach größerer Raumzahl in Familien von Angestellten und der Landintelligenz ab. Vom Vf. werden die verschiedenen vorhandenen Wohnhaustypen analysiert. Zu Einrichtung und Lage der Küche gibt er folgende Hinweise: 1. Die Küche muß an der Hofseite liegen. 2. Sie muß von einem Flur, nicht vom Windfang aus zugänglich sein. 3. Z.Z. benötigt man große Wohnküchen. Es werden einige Zahlenangaben zur Größe der Wohnfläche gemacht.

G.Hutschenreuther. 13310a.

1-64/04-0636 C h r a b e l s k a, Janina. Wyposażenie domów mieszkalnych na wsi. (Die Einrichtung ländlicher Wohnhäuser.) - Architektura /Warszawa/ 6 (1963) Nr.188. S.207-210. - 2 Abb., 7 Zeichn.

Bei der Einrichtung ländlicher Wohnungen sind folgende Funktionen zu beachten: Schlaf, Ruhe und kulturelle Betätigung, Arbeit, Essen. Außerdem ist eine Kinderecke vorzusehen. Dem Bewohner muß die Möglichkeit gegeben werden, die Wohnung nach seinen Bedürfnissen durch Umstellen von Möbeln verändern zu können. Obwohl die Landbevölkerung frei stehende Schränke bevorzugt, sollte dem Einbauschrank, der eine Reihe von Vorzügen besitzt, mehr Beachtung geschenkt werden. Die Landfrau benötigt in der Küche mehr Raum zum Unterbringen von Vorräten als die Frau in der Stadt. Auf die Ausstattung der Küchen ist bes. Wert zu legen, da die Hausfrau in ihnen 7 bis 8 Std. des Tages verbringt. Die Futterbereitung sollte möglichst nicht in der Wohnungsküche erfolgen. Vf. behandelt weiterhin Diele, Flur, Waschraum und Speisekammer. G.Hutschenreuther. 13310a.

1-64/04-0637 P ł o c h a r s k i, W. Nowe projekty agronomówek. (Neue Pläne für den Bau von kleinen Wohnräumen für Agronomen.) - Budownictwo wiejskie 1963 Nr.1/2. S.28-29. - 4 Abb.

Der bisherige Bau von Häusern für Agronomen, der sich auf die Typendokumentation stützt, stieß seitens der Bewohner wegen des Fehlens von Trockenboden und Keller und der schlechten Architektur auf große Kritik. Im Jahr 1962 begann man, drei neue Typen zu verwenden: Typ I - d (Einfamilienhaus mit Zimmer für den Praktikanten, unterkellert, mit Trockenboden und steilem Dach), Typ II-c (Zweifamilienhaus für Agronom und Zootechniker, einstöckiges Gebäude mit Keller und Trockenboden), Typ I-c für eine Familie ohne Praktikatenzimmer, unterkellert, mit Trockenboden. Gleichzeitig wurden neue Projekttypen ausgearbeiet, die den Forderungen der Bewohner entsprachen. Davon sind zwei Einfamilienprojekte hervorzuheben. (Das erste Projekt ist ein einstöckiges Gebäude (Einfamilienhaus) für Agronomen mit Zimmer für Praktikaten; das zweite Projekt ist ein Einfamilienhaus für Agronomen ohne Zimmer für Praktikanten (Dachgeschoß als Wohnraum ausgebaut). Beide Projekte wurden vom Sachverständigenkollektiv mit einigen Abänderungen und Verbesserungen angenommen. In den Projekten wurden die Probleme der Standortwahl, Kanalisation und des Stroms berücksichtigt. Es muß betont werden, daß die Baukosten für die neuen Projekte etwas höher liegen als die bisher realisierten Objekte. Das ergibt sich aus dem größeren Kubikinhalt und dem größeren Programm. Nach Fertigstellung der Projekte in der techn. Phase im Sinne der angeführten Betrachtungen werden die neuen Projekte einen Fortschritt in der Realisierung des Baupianes der Wohnungen für die Agronomen darstellen. PRL/CBR, übersetzt v. O.Kasperl. 13310a.

1-64/04-0638 P n i e w s k i, Bohdan. Dom chłopa w Warszawie Małgorzata Handzelewicz-wacławkowa. (Haus des Bauern in Warschau.) - Architektura /Warszawa/ 1962 Nr.1. S.3-10. - 16 Abb., 13 Zeichn. 13315a.

1-64/04-0639 G l u š č e n k o, G. Kul'turno-bytovoe stroitel'stvo v Krasnodarskich selach. (Bauten für kulturelle und versorgungstechnische Einrichtung im Gebiet von Krasnodar.) - Sel'skoe stroitel'stvo, Moskva 18 (1963) Nr.9. S.13-14. - 5 Abb. 13315.

F. GEHÖFTPLANUNG

1-64/04-0640 S k o c k i, H. Nowe projekty typowe dla budownictwa zagrodowego. (Neue Typenpläne für den Bau von Bauernhöfen.) - Budownictwo wiejskie 15 (1963) Nr.5. S.25-26. - 9 Abb.
Die Beschreibung neuer Projekte für den Bau von Bauernhöfen, welche die Bedürfnisse der Wojwodschaft Rzeszow berücksichtigen: 1. WB-3323 Gerätegebäude mit Scheune; der Geräteteil ist mit der Scheune verbunden. Nutzfläche 99,1 m^2 (davon Scheune 52,5 m^2), Rauminhalt 631,7 m^3. Fundamente aus Beton oder Ziegeln, Wände aus Alfa-Hohlsteinen, feuerbeständige, vorgefertigte Stahlbetondecke DMS; 2. WB-3379 Wohnhaus; Nutzfläche 102,8 m^2, Rauminhalt 442,2 m^3. Ebenerdiges Gebäude mit zwei Zimmern. Fundamente aus Beton oder Stein, Mauern Hohlblock Alfa, Decke T-27, 3. WB 3385 Gerätegebäude mit Dachboden; Nutzfläche 54,9 m^2, Rauminhalt 396,4 m^3, Lagerfläche am Dach 52,2 m^2, Wände aus Hohlsteinen Alfa, Decke DMS. 4. WB 3385 Gerätegebäude ohne Dachboden; Nutzfläche 55,7 m^2, Rauminhalt 253 m^3, Wände aus Alfa-Hohlblöcken, Decke DMS. PRL/CBR, übersetzt v. O.Kasperl. 13510.

1-64/04-0641 P r i e f e r, Heinz-Georg. Moderne Neusiedlungsgehöfte. Bauen auf d. Lande 14 (1963) Nr.11. S.282-284. 286-288. - 13 Zeichn. 13510.

1-64/04-0642 M i t t a g, Ullrich; Dresden, TU. Perspektivplanung für ein volkseigenes Gut. - Dtsch. Architektur 12 (1963) Nr.6. S.334-335. - 4 Zeichn.
Die für das VEG Pesterwitz, Betriebsteil Roßtal, durchgeführte Perspektivplanung führte zu einer Lösung, die allgemeingültige Feststellungen erlaubt. Der Umbau von Scheunen zu Rinderställen führt bautechn. und funktionell zu guten Lösungen. Da die Balkenlage meist höher als die künftige Decke liegt, empfiehlt es sich, eine Massivdecke einzuziehen. Abwurfschächte werden vor der Außenwand angebracht. Bei mittlerem Futtergang werden Abwurfschächte in Stallmitte notwendig, die aus aufeinandergesetzten Rahmen bestehen und mit Abnehmen des Bergegutes abgebaut werden. Das Stallprofil hängt von der Mechanisierung ab. Erforderliche Innenstützen stehen unmittelbar hinter der Krippe. Der Bergeraum wird mit Gebläse beschickt. Anbindeställe für mehr als 60 Kühe erhalten zweckmäßig eine Rohrmelkanlage. Die Baukosten für Umbauten in der beschriebenen Art liegen nur wenig unter denen eines Neubaues. Dies ist zu vertreten, wenn der Funktionswert dem eines neuerrichteten Gebäudes entspricht. W.Gratz. 13520.

1-64/04-0643 C a l l m e y e r, Ferenc. Állami Gazdaság üzemei és központja, Szekszárd. (Das Staatsgutzentrum Szekszárd.) - Magyar Épitömüvészet /Ung. Baukunst/ 1963 Nr.3. S.50-53. - 6 Abb., 7 Zeichn.

In Übereinstimmung mit der Generalplanung wurden das Staatsgutszentrum, Weinbaueinrichtungen, Laboratorien, Sozialeinrichtungen, Arbeiterwohnheim und Wohnhäuser auf einem gegebenem Gelände untergebracht. Die vorhandenen Gewölbe, eines aus der Türkenzeit, das andere unlängst gebaut, waren Ausgangspunkt der Planung. Die Gebäudeblocks stehen in direkter Verbindung mit dem Weinberg, auf dem die verpflanzten Weinstöcke wachsen. Die Propfreisabt. ist durch ein Schutzdach mit dem Weinverarbeitungsgebäude verbunden.

G.Hutschenreuther. 13520.

G. BAUTEN FÜR DIE TIERHALTUNG

1-64/04-0644 H a h n, G.L., T h o m, H.C.S. und B o n d, T.E. Livestock shelter design. Basic weather data for altering animal environment. (Entwurf von Stallbauten. Beziehungen zwischen Klima und Stallbau in den USA.) - Agric. Engng. 43 (1962) Nr.12. S.704-709.

Vff. geben eine Zusammenfassung über die optimalen Stalltemp. Holsteiner Kühe zeigten bei Temp. von 10 °F (- 12 °C) keinen Rückgang in der Milchproduktion. Bei Jerseys hingegen setzte bereits um 30 °F (- 1 °C) ein Milchrückgang ein, der bei 10 °F (- 12 °C) 20 % betrug. Temp. über 75 °F (24 °C) bewirkten bei Holsteiner Kühen einen sprunghaften Milchabfall, während Jersey-Kühe bis zu 80 °F (27 °C) eine konstante Milchproduktion aufwiesen. Für Sauen sind Temp. von 60 bis 70 °F (16-21 °C) zu empfehlen. Mastschweine mit einer Lebendmasse von 350 lb.(159 kg) erzielten die besten Ergebnisse bei Temp. von 61 °F (16 °C) und mit einer Lebendmasse von 100 lb. (45 kg) bei 73,5 °F (23 °C). Die optimalen Temp. für die Legehennen liegen bei 50-60 °F (10-16 °C), wobei hohe Temp. ungünstiger als niedrigere sind. Bei den Broilern beträgt die optimale Temp. für Eintagsküken 95 °F (35 °C). Diese Temp. verringert sich je Woche um 5 °F, bis 70 °F (21 °C) erreicht sind.

Sehr große Toleranz gegenüber der Temp. haben offenbar die Schafe. Danach beschreiben Vff. die Klimabedingungen in den USA. Aus diesen Daten werden Rückschlüsse für die Konstruktion der Gebäude abgeleitet.

W.Heinig. 13605.

1-64/04-0645 T o m o r y, L. Állattartóépületek és azok szerkezetei. (Gebäude für die Viehhaltung und deren Bauelemente.) - Mezögazdasági Épités Feladatai /Landwirtsch. Bauen/ 1963 S.95-108. - Aus: Ung. Agrar-Rdsch. 1963 Nr.4.

Bei dem Entwurf und bei der Ausführung sind folgende Gesichtspunkte zu beachten: 1. Fragen der Viehunterbringung bestimmen Größe Art und Ausbildung des Stalles. 2. Tierhygienische Vorschriften (Lösung der Absonderung, Reinhaltungs- und Desinfektionsmöglichkeit). 3. Durchführung der betriebsorganischen Grundsätze, z.B. Bildung von Fachzuchtanlagen, mit deren Hilfe die Zahl der Arbeitskräfte rationell herabgesetzt werden kann. 4. Mechanisierung (Verringerung des Arbeitsaufwandes). 5. Die Möglichkeit eines Umbaues, da ein solcher in vielen Fällen infolge von Profilwechsel unvermeidlich wird. Das Abmontieren und die Zusammenstellung soll rasch und ohne Verlust durchzuführen sein. 6. Die stallklimatischen Forderungen beeinflussen nicht nur die Beleuchtung und die Temperatur, sondern beanspruchen infolge der entsprechenden Orientierung der Bauten in vielen Fällen auch die stärkere Ausführung der Fundamente. 7. Die Wirtschaftlichkeit muß unbedingt zur Geltung kommen, weil so von den vorhandenen Mitteln mehr Viehstände gebaut werden können. 13605.

1-64/04-0646 F a r k a s d y, Z. Állattartási épületek burkoló és nyílászáró szerkezetei, valamint ezek anyagai. (Verkleidung und Öffnungssperrvorrichtungen an den Gebäuden zur Viehhaltung sowie deren Materialien.) - Mezőgazdasági Épités Feladatai /Landwirtsch. Bauen/ 1963 S.138-162. - Aus: Ung. Agrar-Rdsch. 1963 Nr.4.

Die Innenverkleidung der Stallwände soll berührungswarm, leicht desinfizierbar, gegen Säuren und Feuchtigkeit widerstandsfähig und gut wärmedämmend sein. Für die Außenverkleidung eignet sich Kieselbeton gut. Das Stalltor soll genügend groß, leicht zu betätigen und dauerhaft sein sowie den Vorschriften des Brandschutzes entsprechen. Fenster dienen zur Beleuchtung und Lüftung des Stalles. Für Stallungen ohne Dachboden werden Oberlichtfenster empfohlen. Die Abhandlung führt verschiedene Konstruktionen für Fenster und Tore an. Vf. teilt einige Berechnungen über die Lebensdauer der Gebäude und die anzuwendende Amortisation mit. 13605.

1-64/04-0647 B i e m e r, Friedhelm. Stall im Baukastensystem aus vorgefertigten Teilen. - Bauen auf d. Lande 14 (1963) Nr.9. S.229-231.

An den Stall wurden die nachfolgenden Forderungen gestellt: Eignung für Schweinemast und Hühnerhaltung, kleinste Einheit für 20 Schweine bzw. 100 Hühner, erweiterungsfähig, kurze Bauzeit, Möglichkeit der Eigenleistung bei der Errichtung, günstig im Stallklima und günstig im Preis. Es wurde eine Pultdachkonstruktion gewählt. Die einzelne Einheit mit 20 m^2 Grundfläche ist konstruktiv selbständig, sie kann beliebig aneinandergereiht werden. Die geringste Höhe beträgt 1,60 m, die Ganghöhe 2,35 m. Die Grundriß-Achsmaße einer Einheit sind 3,85 x 5,00 m. Die Wandtafeln werden zwischen die Binder eingeschoben. Es sind geschoßhohe 2,50 m breite Holz-Mineralwolle-Sandwich-Platten. Die Bodenplatten bestehen aus 5 Positionen; der Rahmen aus 5, die Längsaussteifung aus 3 Teilen. Vier Stalleinheiten lassen sich auf zwei LKW verladen. Nach Montageanleitung können nichteingearbeitete Männer den Stall komplett in zwei Tagen errichten. W.Gratz. 13605.

1-64/04-0648 B a r t o s i k, A. Pomieszczenia i obiekty pomocnicze dla opasów i owiec. (Ställe und Hilfseinrichtungen für Mastvieh und für Schafe.) - Budownictwo wiejskie 15 (1963) Nr.1/2. S.23-24.29.

Die Ställe für Mastrinder müssen durch eine gute Arbeitsorganisation und Mechanisierung bei der Futterzufuhr, dem Entmisten und Sauberhalten der Tiere gekennzeichnet sein. Die Aufzucht der Masttiere kann in geschlossenen Gebäuden erfolgen wie Stallungen mit Anbau, einfachen Stallungen, Schuppen und Scheunen. Der Futterraum ist ausgestattet mit Wasch- und Schneidmaschinen für Hackfrüchte, Häckselmaschinen, Schrotmühlen, Dosierungs- und Mischanlagen usw. In den modernen Anlagen ist die Futterzufuhr für das Mastvieh gekennzeichnet durch die Verwendung von Schneckenförderern, die den Futterraum oder das Silo mit dem Futterlagerraum verbinden. Die Förderer befinden sich in Rohrleitungen fast über der gesamten Futterrohrlänge oder sie werden im Inneren des Troges angebracht. Es werden auch ringförmige Tröge um die Silotürme herum angelegt; sie reduzieren die Längeneinheit des Troges je Tier. Im Winter werden die Schafe in einem Stall mit Anbau oder mit einem freien Auslauf gehalten. In diesen Ställen müssen die entsprechenden Anlagen für die Lagerung des Futters und elektrische Anschlüsse vorhanden sein. Das Wirtschaftsgebäude muß in seiner Architektur einem Wohngebäude ähneln. Den Schafen müssen trockene Plätze und ein meliorierter Auslauf, umgeben von einem dichten Zaun, bereitgestellt werden. Die Standplätze der Schafe dürfen nicht von ständigen Zäunen umgeben sein. Tröge, Tore und Koben müssen sich von den Fußböden leicht wegnehmen lassen. Die Planung der entsprechenden Stallungen ist eng verbunden mit der Produktionssteigerung der Masttiere und Wollschafe.

PRL/CBR, übersetzt v. O.Kasperl. 13605.

1-64/04-0649 H o r m a n n, Kurt; Dresden, TU. Rinderställe in der Sowjetunion. - Dtsch. Architektur 12 (1963) Nr.6. S.340-341. - 5 Zeichn., 3 Lit.
In der SU wird eine hohe Konzentration des Tierbestandes angestrebt. Durch kompakte Gebäude und gute Zuordnung der Räume zueinander wird versucht, eine Steigerung der Rentabilität der tierischen Produktion zu erreichen. Eine Milchviehanlage mit 400 Tieren benötigte im Gegensatz zu einer Anlage mit 100 Tieren 15 % weniger bebaute Fläche und eine Verminderung des Bauaufwandes je Tier um mehr als 20 %. Der Arbeitsaufwand in einer Anlage mit 100 Tieren beträgt 3 Std/dt Milch, in einer Anlage mit 800 Tieren dagegen nur 1,78 Std/dt Milch. Z.Z. werden folgende Stallkapazitäten als optimal angegeben: Im Gebirge 200 bis 400, im Schwarzerdegebiet 600 bis 1200 und im Neulandgebiet 1200 bis 1500 Kühe. Für die Konstruktion der Gebäude werden hauptsächlich Stahlbetonskelett-Konstruktionen verwendet, wobei die Ausfachung aus örtlich vorkommenden Materialien erfolgt. Die meisten Vorschläge haben eine Gebäudetiefe von 18 m und ein Raster von 6 x 6 m.

W.Gratz. 13615.

1-64/04-0650 B e r g e r, M. und R e i c h e l t, H.; Leipzig, Karl-Marx-Univ. Inst. für Landwirtsch. Bauwes. und Dorfgestalt. Milchviehanbindestall mit strohloser Aufstallung und Güllewirtschaft in der LPG Lauterbach/Erzgebirge. - Dtsch. Landwirtsch. 14 (1963) Nr.9. S.458-460.
Der Stall für 60 Kühe hat einen mittleren befahrbaren Futtertisch. Er wurde an eine vorhandene Scheune mit Hocheinfahrt und einen Kuhstall (Altbau) angebaut. Der komplette Kuhplatz kostet etwa 3460,- DM. Die Futterversorgung erfolgt aus der Hochfahrtscheune. Dort sind auch die Milchräume und der Aufenthaltsraum untergebracht. Der vorhandene Kuhstall nimmt 8 Abkalbeplätze und die Kälberboxen auf. Hangabwärts liegt die Güllegrube. Die Gülleanlage mit Vorreinigung, Verteiler-, Lager- und Mischgruben sowie eine mech. Ab- und Anbindevorrichtung für das Melken im Stall während des Weideganges werden ausführlich beschrieben. Der Stall erhält keine Einstreu. Die 1,60 m langen Kurzstände haben Holzpflaster. Hinter dem Stand liegt 19 cm tiefer ein Kot-Gitterrost, darunter der Abschwemmkanal.

W.Gratz. 13615b.

1-64/04-0651 K o l l, Franz. Rinderställe - Kurzstandaufstallungen. - Prakt. Landtechn. /Wien/ 16 (1963) Nr.13/14. S.261-264. - 9 Abb., 1 Tab. Aus: Dok.-Dienst ILT 1963 Nr.10.

ÖKL-Baumerkblatt. Zusammenstellung der Stand- und Barnmaße für Kurzstände für Tiere verschiedener Gewichtsklassen. Durch techn. Zeichnungen veranschaulichte Angaben über die Baueinzelheiten der Kurzstände. Genaue Angabe sämtlicher Maße. 13615b.

1-64/04-0652 H i l d e b r a n d t, H.H., J e b a u t z k e, W. und V o g e l, G. Planungsdaten für Mehrraum-Laufställe. - Mitt. dtsch. Landwirtsch.-Ges. 78 (1963) Nr.40. S.1247-1249.

Der Mehrraumlaufstall spart Einstreu, Arbeit und Kapital. Er untergliedert sich in Liegefläche, Lauffläche, Freßplatz, Saufplatz, Wartehof und Melkraum. Je Kuh und Tag reichen 3 kg, bei Liegeboxen 1 kg Einstreu aus. Spaltenbodenställe erfordern keine Einstreu. Für 30 Kühe ist 1 beheizbares Selbsttränkebecken zu installieren. Kraftfutter wird im Melkstand verabreicht. Die Neubaukosten belaufen sich auf 2000.- bis 2500.- DM je Kuhplatz. Die Betriebskosten liegen beim Laufhofsystem niedriger als bei allen bisher bekannten Stall- und Haltungsformen. Je Kuh sind jährlich 185 bis 40 AKh aufzuwenden. Ein Melker kann bis zu 80 Kühe ständig betreuen und sich auf die Aufgaben als Spezialarbeitskraft konzentrieren. Zum Laufhofsystem gehören mindestens 15 Kühe. W.Gratz. 13615c.

1-64/04-0653 G ö t z, W. Dem Laufstall eine neue Chance? - Techn. u. Landwirtsch. 15 (1963) Nr.14. S.332-334. - 7 Abb.

Die jüngste Entwicklung in der Anwendung des Laufstalles trachtet nach Lösungen und Einrichtungen, durch die der Einstreubedarf eingeschränkt wird. Vf. schildert ein Laufhofsystem mit Boxenstall, z.T. aus vorgefertigten Bauelementen. Die Erfahrungen mit dem Laufstall mit Kuhbetten sind im In- und Ausland rel. jung. Der Kuhhof oder Boxenlaufstall ist ein Mehrraumstall mit Liegeflächen, Lauffläche, Saufläche, Freßfläche und Melkfläche. Mit dieser andersartigen Gestaltung des Raumprogramms unterscheidet sich der Laufstall mit Einzelboxen von den bisherigen Laufställen. Er erzwingt eine Trennung von Futter- und Liegeplätzen und Auslauf. Im Liegebereich sind keine Futter- oder Tränkeinrichtungen, die Tiere halten sich nur zur Ruhe im Stall auf. Der Stall ist mit einer ausreichenden Lauffläche (voll betoniert) mit Freßplatz (überdacht) und Melkstand versehen. Der Abkälbestall ist kein Offenstall. Als Streumaterial dient ein Gemisch von Sägemehl und gemahlenem Kalk oder Torf, welches 2mal wöchentl. ergänzt wird. Der Kot wird wöchentl. 1-2mal mit einem Schiebeschild in die Güllegrube geschoben. Die Einrichtungen des Schwemmsystems und der Güllewirtschaft werden mit den Formen der Laufstallhaltung verbunden. E.Nowatzky. 13615c.

1-64/04-0654 D a n n e m a n n, Heinz, F i s c h e r, Herbert und S c h u l z e, Friedrich; Halberstadt, Dtsch. Bauakad. Um- und Ausbau von Kälberställen. - Bauzeitung 17 (1963) Nr.6. S.304-306. - 3 Abb., 3 Zeichn.

Vff. erläutern bautechn. Details einer Tränkkälberbucht im Offenstall und im geschlossenen Stall: Fußbodenausbildung, Trennwände, Buchtenpfosten, Einrichtungen für das Einhängen von Futtergeräten, Stand- und Liegefläche, Krippen. Um auch die Liegefläche mech. säubern zu können, ist eine Mindestbreite von 2 m erforderlich. Die Buchtentrennwände müssen dann schwenkbar oder herausnehmbar sein. G.Klink. 13615e.

1-64/04-0655 K o č i, J. Přemístitelné stavby z plastických hmot. (Übertragbare Bauten aus plastischen Stoffen.) - Výstavba socialist. Vesnice 1963 Nr.6. S.127-130. - 3 Abb., 2 Tab.
Es wurde versuchsweise ein versetzbarer Bau als Unterkunft für 100 Stck. Jungvieh errichtet. Die Seitenwände sind aus Wellblech, die Tragkonstruktion aus Stahlrohr und die Dacheindeckung aus Polyesterglaslaminat ausgeführt. Im Winter sollte das Objekt zur Unterbringung von Maschinen verwendet werden, aber schließlich wurden darin nach Einbau einer wenig kostspieligen Wärmedämmung Rinder untergebracht. Ein zweites Objekt besitzt eine doppelte Kapazität. Das Laminatdach ruht auf einer niedrigen Untermauerung. Die Versetzung des ersten Objektes erfordert 295, des zweiten nur 263 Arbeitsstunden. Die Ökonomik der beiden Bauten wird sich durch die vorausgesetzte wesentliche Senkung der Laminatpreise erhöhen.
ČSSR/ÚVTI. 13615f.

1-64/04-0656 H ö r e r, Rudolf und K n o l l, Gerhard. Milchkühlung - elektrisch. - Bauen auf d. Lande 1962 Sonderh.Nr. 4. S.25-28. - 7 Abb., 1 Tab.
Zur Verminderung der Keimzahlen frisch gewonnener Milch muß diese auf 5-8 °C heruntergekühlt werden. Dazu reicht Leitungs- und Brunnenwasser (12-15 °C) nicht aus, da die Milch mindestens um 2-3 ° über der Wassertemp. liegt. Zur Kühlung werden zwei Systeme angewendet: 1. Kühlung mit direkter Verdampfung (a. Flächenkühler, meist mit Aufsatzkühler für Brunnenwasser, b. Milchkühlwannen mit eingebauten Verdampferschlangen, c. Plattenkühler mit Wärmeentzug durch Verdampferplatten). 2. Indirekte Kühlung, Eiswasser (a. Milchkannenkühlung im Wasserbad, b. Kannenberieselung mit Eiswasser, c. Flächen- oder Rundkühler mit innen gegen den Milchstrom laufendem Eiswasser, d. Milchkühlwannen mit Wärmeentzug durch Eiswasser im Doppelmantel der Wanne). Kühlung mit direkter Verdampfung erfordert höhere Anschaffungskosten als indirekte Kühlung mit Eiswasserberieselung. Dafür verursachen Flächenkühler mit direkter Verdampfung weniger Energiekosten als Kannenkühler mit Eiswasserberieselung, bes. bei Vorkühlung mit Brunnenwasser. Berieselungskühler empfehlen sich bei Tagesmilchmengen bis 400 l, da die niedrigen Anschaffungskosten bei kleinen Milchmengen stärker ins Gewicht fallen als die höheren laufenden Kosten. Die Kühlung der Milchkannen im Wasserbad lohnt nur bei kleinsten Milchmengen (ein bis zwei Kannen). Für größere Milchmengen kommen Flächen-, Wannen- oder Plattenkühler in Frage. Der Wannenkühler hat glatte Flächen und erfordert deshalb weniger Reinigungsarbeit. Bes. bei täglich nur einmaliger Abfuhr ist die Wannenkühlung günstiger. Bei dieser Kühlung empfiehlt sich die indirekte Kühlung mit Eiswasser. Dieses wird in isolierten Becken mittels Verdampferschlangen oder -platten erzeugt. Eine Eiswasserpumpe fördert das Kühlwasser durch den Doppelmantel der Milchkühlwanne und ermöglicht Milchkühlung in kurzer Zeit. Eiswasserspeicheranlagen arbeiten sehr wirtschaftlich, haben eine genügende Leistungsreserve bei Spitzenanlieferung und ermöglichen jährlichen Nachtstrombetrieb mit 2000 bis 3000 Benutzungsstunden zu verbilligtem Preis. Vf. gibt ab-

schließend eine Übersicht über die Voraussetzungen, bei denen in der BRD Zuschüsse aus öffentlichen Mitteln für Milchkühleinrichtungen gewährt werden. F.K.Mann. 13620.

1-64/04-0657 S a i n s b u r y, David; Cambridge, Univ., School of Veterin. med. Future trends in housing. (Entwicklungstendenzen im Schweinestallbau.) - Pig Farming 11 (1963) Nr.10. S.44. 47. - 3 Abb., 1 Zeichn.

Die Entwicklung in der Schweinehaltung führt zu einer Spezialisierung der Betriebe. Die Einführung der Trockenfütterung, die nicht ohne Einfluß auf den Stallbau ist, hängt vom Nutzen für den Farmer ab. Für größere Betriebe wird sicher das Futter in flüssiger Form Bedeutung haben. Gegenwärtig befindet sich diese Fütterungsform noch im Versuchsstadium. Für die Dungbeseitigung erhält neben dem Einsatz der Schleppschaufel der Einbau von Rosten mit Unterflurförderung Bedeutung. Mit der Reduzierung der Stallfläche je Schwein ist zu rechnen. In Zukunft ist zu erwarten, daß die Gebäude besser gedämmt werden und daß eine Klimakontrolle eingeführt wird. Auch mehrstöckige Gebäude werden empfohlen. Nicht ohne Interesse sind Rundställe. Vf. verweist auf einen Rundstall in Schweden, in dem 120 bis 150 Schweine untergebracht werden können. W.Heinig. 13625a.

1-64/04-0658 P o h l m a n n, Hermann und B e h r e n d, Fritz. Grundsätze für den Bau des Schweinestalles. - Bauen auf d. Lande 14 (1963) Nr.8. S. 205-208.

Richtige Wahl des Bauplatzes, trockener Untergrund, Erweiterungsmöglichkeit, gute betriebswirtsch. Bedingungen, ausreichende Wärmedämmung und Lüftung sowie richtige Belichtung sind grundsätzlich beim Bau zu beachten. Eine Trennung von Mast- und Zuchtschweinen ist in größeren Anlagen Bedingung, sie ergibt sich auch durch die Spezialisierung im Betrieb. Bei Zuchtställen geht man mehr und mehr zur reinen Stallhaltung während der Ferkelaufzucht und zum Bau mehrreihiger Ställe, z.B. vierreihig, über. Weil man die Tiere nicht mehr betreuen kann, gewinnen Einrichtungen, die das Erdrücken der Ferkel herabsetzen, an Bedeutung. Für 2/5 des Sauenbestandes sind Abferkelbuchten einzurichten. Bei Abferkelkästen vermindert sich die Zahl der Aufzuchtboxen um 1/3. Bei Mastställen wird zur besseren Stallausnutzung durchweg eine Aufstallung mit Umtrieb gewählt. Der Buchtenbesatz ist unterschiedlich. Er beträgt meist um 20 Tiere. In Zeichn. werden die wichtigsten Aufstallungsformen für Zucht- und Mastschweine dargestellt.

W.Gratz. 13625a.

1-64/04-0659 A n o n y m. Planungsrahmen für die Bemessung von Gebäuden der Schweinehaltung in bäuerlichen Betrieben. - Bauen auf d. Lande 14 (1963) Nr.8. S.209-217. - 19 Tab.

Die Schweinehaltung ist weniger an die natürlichen Produktionsbedingungen der Landwirtschaft gebunden als Rauhfutterfresser. Bei ausreichendem Stallraum entscheidet über die Größe des Bestandes weniger der Umfang der betriebseigenen Futtergrundlage, wie vielmehr das Arbeitsvermögen des Betriebes. Folgende Werte als Arbeitsmaß je Stunde werden mitgeteilt: Zuchtschweine: Bestand bis 30 Sauen = 5-7 Sauen; über 30 Sauen = 8-10 Sauen. Mastschweine: (Unterschiedlich je nach Getreidemast bzw. Hackfruchtmast) Handarbeitsverfahren 50-55 bzw. 35-40 Tiere; Tiefstall oder mech. Entmistung 60-75 bzw.

40-50 Tiere; Füttern und Entmisten mit Stetigförderern oder Flüssigtransport 85-150 bzw. 50-80 Tiere. Der Planungsrahmen ist so aufgebaut, daß Stallbelegung und Raumbedarf an Futtermitteln und Streustrohlager für die versch. Haltungsgruppen der Schweine im Einzelfall beliebig zusammengeordnet werden können.
W.Gratz. 13625a.

1-64/04-0660 O s i n g a, A.; Wageningen, Landbouwhogeschool. Het meten van de isolerende waarde van vloerconstructies en de warmte-afgifte van varkens aan de ligplaats. (Die Messung des Dämmwertes von Stallböden und der Wärmeabgabe von Ferkeln an den Liegeplatz.) - Landbouwkund. Tijdschr. 75 (1963) Nr.16. S.901-912. - 9 Abb., 2 Tab., 16 Lit.
Die Messung des Wärmedurchgangskoeffizienten bereitet Schwierigkeiten, wenn Böden erfaßt werden sollen. Im Versuch wurde ein von physisch-techn. Dienst in Delft entwickelter Wärmestrommesser eingesetzt. Hierbei wurde auch ein "künstliches Schwein" verwendet, das aus einem in einem Gestell aufgehängten Plastikbeutel mit Wasserfüllung bestand. Es ergibt sich allerdings nur eine Vergleichsmöglichkeit aber keine absolute Messung. Die Meßwerte zeigen eine starke Variation. Bei einem Klinkerbogen ohne Einstreu wurde mit 2102,5 kcal je Sau und Tag 1/3 der Wärmeproduktion des Tieres an den Boden abgegeben. Durch Einstreuen wird die Wärmeabgabe sehr wesentlich verringert. Die Messungen mit Hilfe des künstlichen Schweines erwiesen sich als brauchbar. Die Wärmeabgabe einer Sau beläuft sich somit auf 267 kcal/h.
J.K.Hinrichsen. 13625a.

1-64/04-0661 L i l l e n g, Harald; Vollebekk, Norges Landbrukshøgskole, Inst. for Bygningstekn. Wirtschaftliche Wärmedämmung des Schweinestalls. - Landbauforsch. Völkenrode 12 (1962) Nr.4. S.93-95.
Für das Wohlbefinden der Tiere ist die Temp. von größerem Einfluß als die rel. Luftfeuchtigkeit. Es wird empfohlen, im Winter die Raumtemp. für Mastschweine auf etwa 15 °C zu halten. Für kleinere Tiere sind künstliche Wärmequellen kaum zu umgehen. Die rel. Luftfeuchtigkeit sollte mit Rücksicht auf die Bauteile so niedrig gehalten werden, daß an Wänden und Decken keine Kondensation auftritt. Es ist eine rel. Luftfeuchtigkeit von 75 % (bis 80 %) anzustreben. Die Höhe der Wärmedämmung läßt sich durch eine Wärmehaushaltsberechnung bestimmen. Vergleichsberechnungen für Ställe mit 25, 50, 100, 250 und 500 Schweinen wurden durchgeführt. Entsprechend der Klimaverhältnisse in Braunschweig ist für Wände und Decke ein k-Wert von 0,5 bis 0,6 $kcal/m^2h^oC$ bei kleinen Ställen und ein solcher von 0,7 bis 0,8 bei größeren Ställen die wirtschaftlichste Lösung. Bei einer niedrigeren Wärmedämmung ist eine zusätzliche Heizung teurer als die Mehraufwendungen für die Wärmedämmung, und bei einer besseren Wärmedämmung wären die Heizungskosten geringer als die Mehraufwendungen für die Wärmedämmung.
W.Gratz. 13625a.

1-64/04-0662 S t i e t e n r o t h, Karl und S c h u l t z e, Karl. Die Klimatisierung von Schweinezucht- und Schweinemastställen. - Bauen auf d. Lande 14 (1963) Nr.8. S.218-224.
In den Wintermonaten sollten in Mastställen 16 °C, in Zuchtställen 24 °C vorhanden sein. Als Zahlenbeispiel wird ein Mehrzweckstellraum von 10,50 x 15,50 m und einer lichten Höhe von 2,15 m als Mast- und Zuchtstall, unter Zugrun-

delegung der DIN 18910 Blatt 1, berechnet. Als Lüftungseinrichtung werden Röhren in den Längswänden als Zuluftöffnungen und Abluftventilatoren in den Abluftschächten berücksichtigt. Der Abferkelstall ist zusätzlich zu beheizen. In den Schlußbetrachtungen gibt Vf. Hinweise für Wartung und Bedienung der Lüftungsanlage. W.Gratz. 13625a.

1-64/04-0663 R o t h, Fred W.; Ames, Iowa State Univ. Slotted floors for swine: design and building. (Spaltenfußböden für Schweine: Entwürfe und Bauweise.) - Iowa Farm Sci. 17 (1963) Nr.12. S.455-457. - 5 Abb.
Durch Spaltenfußböden für Schweine wird Arbeitszeit eingespart. Da auch Einstreu nicht nötig ist, die Stallfläche pro Schwein ein Minimum beträgt, die Tiere sauber und trocken sind, die Schweine schnell von ihren Abfällen getrennt werden und bei Schwemmentmistung die schlechten Gerüche vermindert werden, steigt das Interesse für die Spaltenfußböden an. Vf. beschreibt verschiedene Arten, wie Spaltenfußböden in Schweineställe eingebaut werden können. Als Material kommen Holz- und Betonroste und auch mit Spalten versehene Stahlplatten und Roste aus T- und U-Stahl in Frage. Die ideale Breite der Spalten ist ein Kompromiß zwischen der schmalsten Öffnung, die die Selbstreinigung garantiert, und der größten Öffnung, die im Hinblick auf Verletzungen der Schweine zulässig ist. Sie scheint bei 1,9 cm bis 2,5 cm zu liegen. Die Stege dazwischen müssen mehr als 7,5 cm breit sein. Die Spalten sollen sich nach unten verjüngen, damit der Kot gut durchfällt. Weiter beschreibt Vf. die Stützsysteme für die Roste und die Gebäudetypen, die für den Einbau von Spaltenfußböden geeignet sind. Ferner wird die Ausbringung der Fäkalien behandelt. H.G.Englisch. 13625a.

1-64/04-0664 K l i n k, G. Abferkelstall für 30 ferkelführende Sauen. - Bauen auf d. Lande 14 (1963) Nr.9. S.236-238.
Der in Markkleeberg gebaute Abferkelstall ist ein Versuchsbau der Deutschen Bauakademie der Typenreihe "Warmbauten der Landwirtschaft" (Mastenbauweise). Die Bauausführung, vom Mutterbodenabtrag bis zur Elektroinstallation, ist in Takte aufgeteilt, die von spezialisierten Arbeitsgruppen durchgeführt wird. Die Stahlbetonmasten stehen in mech. vorgebohrten Löchern und sind mit Beton B 160 hinterfüllt. Der Abstand voneinander beträgt 3000 mm. Die Wände bestehen aus großformatigen 190 mm dicken Platten aus Schaumsilikat, die durch Bolzen an der Außenseite mit den Stützen verbunden sind. Holz-Nagelbinder nehmen Dachhaut und Decke aus Wellasbestbetonplatten auf. Auf der Decke liegen Mineralwollmatten. In dem Stall sind 30 veränderliche Abferkelboxen zu beiden Seiten eines mittleren Futterganges eingebaut. Ihre Abmessungen betragen 2400 x 2400 mm. Kurz vor dem Abferkeln bis etwa 8 Tage danach wird die Sau in einem eng begrenzten Teil der Boxe gehalten. Nach dieser Zeit wird eine Wand der Boxe ausgehängt. Dadurch entsteht eine Aufzuchtbucht mit Sauenteil und Ferkelteil. An den Außenwänden verlaufen Gänge für Entmistung, Aus- und Eintrieb der Sauen. Zu Versuchszwecken wurde eine Schwerkraft- und eine Zwangslüftung eingebaut. W.Gratz. 13625b.

1-64/04-0665 O s i n g a, A. und S t e g e n g a, Th. De warmtebalans van een varkensmeststal in de winter. (Die Wärmebilanz eines Schweinemaststalles im Winter.) - Landbouwkund. Tijdschr. 75 (1963) Nr.14. S.802-814.

Es wurden Berechnungen von Wärmebilanzen für Schweinemastställe bei unterschiedlicher Besetzung, Temperaturdifferenz zwischen Außen- und Innenluft sowie Dämmung der Stallumfassung angeführt. Diesen Berechnungen liegen Ausgangswerte über die Wärmeproduktion und den Wärmeverlust aus der Lit. zugrunde. Die Wärmeproduktion wird auf sensible (1) und latente (2) verteilt. (1) wird für die Erwärmung des Stalles, (2) für die Verdampfung von Wasser verbraucht. Zur Berechnung des Wärmeverlustes werden gemittelter Wärmedurchgangskoeffizient und die Wärmeabgabe an den Liegeplatz herangezogen. Die Bilanzen enden mit dem Ausweis der Belüftungsluft, die mit der überschüssigen Wärme erwärmt werden kann. A.Arlitt. 13625c.

1-64/04-0666 A n o n y m. Tuczarnia dla 4000 tuczników z gotowych elementów wielkopłytowych. (Eine Mastanstalt errichtet aus vorgefertigten großen Bauteilen für 4000 Mastschweine.) - Budownictwo wiejskie 15 (1963) Nr.3. S.24. - 2 Zeichn.

In der Sowjetunion wurde vor kurzem ein Mastbetrieb aus vorgefertigten Teilen errichtet. Die Mästerei hat eine Skelettplattenkonstruktion mit einem Modulargitter von 6 x 6 m (Dimensionen des Gebäudes: 108 x 18 m). Die Wände bestehen aus großen Plattenteilen. Die Fenster haben eine Stahlbetonkonstruktion, sie werden bereits im Montagebetrieb montiert. Das Dach besteht aus gewalzten Platten, die mit Dachpappe bedeckt sind. Das Gebäude wird durch die Bedienungs- und Nebenanlagen in zwei Teile geteilt. Jeder dieser Teile wird wiederum durch die Längsbänder der Futtertröge in zwei Teile geteilt. Futter- und Wasserzufuhr sind mechanisiert. Das Entmisten erfolgt durch Abschwemmen in den Abflußkanal. Die Ventilation erfolgt durch Warmluft, die im Winter in den Dampfkesseln erzeugt und durch Kanäle unter dem Fußboden zugeleitet wird. Die Abzugskanäle befinden sich im Dachfirst. In den Nebenanlagen des Gebäudes befindet sich ein Raum für das Wiegen der Tiere und eine Kabine für die Wartung der mechanischen Anlagen. Für die Erleichterung der Kontrolle der Tiere befindet sich zu beiden Seiten des Futterganges ein Laufsteg, ungefähr 90 cm über dem Fußboden. Die Kosten des Mastbetriebes für 4000 Tiere sind um 32,3 % niedriger als bei dem Gebäude, das nach der traditionellen Methode errichtet wird.
PRL/CBR, übersetzt v. O.Kasperl. 13625c.

1-64/04-0667 A n o n y m. Ryska gemensamhetsstall för svin. (Russische großräumige Schweineställe.) - Traktor J. /Stockholm/ 1963 Nr.10. S.668-670. - 3 Abb.

Beschrieben werden Mastställe dreier großer Sowchosen im Gebiet Saratow, in denen 2500 bis 4000 Schweine frei (ohne Buchten oder Trennwände) bei vollautomatischer Fütterung und Entmistung gehalten werden. Für je 2500 Tiere sind zwei Schweinewärter sowie 2-3 Hilfskräfte für die Futteraufbereitung erforderlich. E.Kahn. 13625c.

1-64/04-0668 H u t s c h e n r e u t h e r, G.; Weimar, Hochschule für Architektur und Bauwes. Mechanisiertes Futterhaus für Schweinezuchtanlagen. - Dtsch. Agrartechn. 12 (1962) Nr.12. S.558-560.

Das Futterhaus wurde für die LPG Loßnitz, Krs. Weimar, für eine Anlage mit 200 Sauen und 1200 Läufern, sowie Jungsauen und Eber entwickelt. Der Gesamtfutterbedarf beträgt je Tag 2610 kg Kraftfutter, 4580 kg Kartoffeln, 4710 kg Rüben oder Grünfutter. Als Grundlage für den Maschinenbesatz diente ein technol. Projekt des VEB Fortschritt, Neustadt. Es sieht eine stationäre Dämpfmaschine StaM2/Sp, einen Großmuser GHM 70, einen Kombi-Mischer F 928 sowie entsprechende Fördergeräte vor. Das Kraftfutter ist in Behältern gelagert. An das Kraftfutterlager schließen sich der Heizraum mit Kohlenlager und die Sozialräume an. Im Heizraum ist neben dem Dampferzeuger ein Gliederkessel für Niederdruckdampf zum Beheizen der Zuchtställe aufgestellt. An der anderen Seite des Futteraufbereitungsraumes liegt das 113 m^2 große Hackfruchtlager. Das Futterhaus ist 33250 mm lang und 12990 mm breit.

W.Gratz. 13625f.

1-64/04-0669 O d d e n, Norman T., E s m a y, Merle L. und Z i n d e l, H. C. Ventilation air temperature changes in the attic plenum chamber of poultry houses. (Temperaturveränderungen der Ventilationsluft innerhalb des Dachraumes von Geflügelställen.) - Michigan State Univ., agric. Exp.Stat., quart. Bull. 44 (1962) Nr.4. S.781-789. - 6 Abb.

Ein mech. Lüftungssystem für Geflügelställe, welches die Abluft durch Ventilatoren in der südlichen Stallängsseite absaugen und Frischluft an der gegenüberliegenden Seite über den Dachraum zuströmen läßt, wurde in Michigan entwickelt und seit 1957 erfolgreich erprobt. Der Zweck vorliegender Untersuchung war es, die Temperaturveränderungen der Zuluft während des Durchflusses durch den Dachraum exakt zu messen und im einzelnen zu analysieren. Als wichtigste Ergebnisse sind zu nennen: Die größten Temperaturveränderungen der Zuluft innerhalb des Dachgeschosses wurden am unmittelbarsten durch die Wärmeeinstrahlung und Reflexion des Dachmaterials beeinflußt. An sonnigen Tagen betrug der Temperaturanstieg max. 12 °F (7 °C) während in klaren Nächten ein max. Abfall von 5 °F (3 °C) zu verzeichnen war. Ein bewölkter Himmel setzte den Tagestemperaturanstieg und den Nachttemperaturabfall auf ein Mindestmaß herab. In den meisten Nächten wurden keine oder zeitweilig nur sehr geringe Temperaturabnahmen von 1-2 °F (0,5-1 °C) beobachtet. Die Außenlufttemp. hatte auf Temperaturveränderungen der Zuluft wenig Einfluß, wenn diese das Dachgeschoß passierte. Der Wärmeverlust durch die isolierte Stalldecke rief bei voller Nennleistung des Ventilators einen Zulufttemperaturanstieg von ca. 1 °F (0,5 °C) hervor. J.Strecke. 13635a.

1-64/04-0670 A n o n y m. Fertigbau auch beim Geflügelstall. - Techn. u. Landwirtsch. 15 (1963) Nr.16. S.380-381. - 2 Abb.

Die Verwendung von Fertigbau-Geflügelställen nimmt in der Landwirtschaft ständig zu. Dies beweisen zurückliegende Ausstellungen und der steigende Verkaufserfolg. Der Fertigbau bezieht sich nicht auf das Fundament, das Sockelmauerwerk und den Fußboden. Dies ist in Eigenleistung vorzunehmen.Die Projektierung des Stalles einschl.Dämmung, Be- und Entlüftung übernimmt der Hersteller,wenn ihm dazu der Auftrag erteilt wird.Die Be-und Entlüftung erfolgt nach dem Siemens-Lüftungssystem.In Intensivställen wird die Luft in Unterdrucksystem durch Leitplatten in den Stall eingeführt und durch Luftschächte abgesaugt. Der Stall ist als Intensiv-, Käfig-, Aufzucht- und Maststall zu verwenden. Für die Inneneinrichtungen sind alle Variationsmöglichkeiten gegeben. Es ist zu erwähnen, daß der "Eurofarm-Fertigstall" auch schon für Schweine- und Rinderställe verwendet wird. E.Nowatzky. 13635a.

1-64/04-0671 B l a n c k, Eberhard. Hühnerställe aus Betonfertigteilen. - Bauen auf d. Lande 14 (1963) Nr.9. S.232-233.
Es werden Ställe aus Betonfertigteilen einer holländischen Firma beschrieben. Die Außenwände bestehen aus Doppelstützen mit einem Querschnitt von 12 x 12 cm und einem Zwischenraum zum Einschieben einer Dämmplatte. Zwischen die Stützen, die im Abstand von 1,56 m stehen, werden Betonplatten (150 x 33 x 4 cm) eingeschoben, so daß die Dämmplatte von beiden Seiten geschützt ist. Die Gebäude können in verschiedenen Längen und Breiten geliefert werden. Bei Breiten bis zu 12 m werden freitragende Brettbinder, ab 14 m Dreigelenkbinder aus Stahlrohrkonstruktion verwendet. Die Binderabstände betragen 3,12 m. Die Kosten eines Stalles in den Abmessungen 10 x 25 m und 3 m Futterraum werden einschließlich Zubehör - bei 6 Tieren/m^2 - mit 24,74 DM je Huhn angegeben. Es wird weiterhin ein Aufzuchtstall für 12000 Tiere (Dunkelstall) beschrieben. Dieser Stall hat die Abmessungen 63,70 x 17,50 m. Er ist in 6 Abteile unterteilt. Es werden 10 Tiere/m^2 ohne Auslauf gehalten. Beobachtungsgänge verlaufen entlang der Außenwände. In Stallmitte ist eine 8 m breite Kotgrube angeordnet. W.Gratz. 13635a.

1-64/04-0672 O b e r, Josef. Bau und Einrichtung von Hühnerställen unter besonderer Berücksichtigung des Raumklimas. München; Basel; Wien: BLV Verlagsgesellschaft. 1963. (139 S. m. 125 Abb.) 14,8 x 21 cm. DM 9.80
Vf. hat in dieser Broschüre alles zusammengetragen, was beim Bau und der Einrichtung von Hühnerställen heute beachtet werden muß. Dabei stehen Betrachtungen über das optimale Stallklima bzw. damit im Zusammenhang stehende Fragen im Vordergrund. Vf. untergliedert den Stoff wie folgt: Rechnungsgrundlagen zum Wärmehaushalt (Stalltemp., Luftfeuchtigkeit, Wärmeabgabe der Tiere, Wärmeinhalt der Luft etc.), Wärmeschutz raumumschließender Bauteile (Wärmedurchgangszahl, Wärmeübergangszahlen, Wärmeleitzahlen, gleichdämmende Ziegeldicke, Mindestwärmeschutz von Stallbauteilen, Wärmebrücken, Luft als Wärmeschutz, Diffusionswiderstand, Wärmespeicherung, Wärmestrahlung, Wärmeaustauschfläche), Rechnungsbeispiel (Ermittlung der Heizleistung), Stallfußboden, Stallaußenwände, Montage-Ställe in Holzbauweise, Stalldecken, Stalltüren, Stalltore, Stallfenster, Stallbeleuchtung, Dachgerüste, Dachhaut, Stalleinrichtung (Fütterungseinrichtung, Legenester, Tränken, Sitzstangen, Kotablage), Lüftungseinrichtungen, Rechnungsbeispiele für Ställe mit 100 Hennen, mit 250 Hennen und mit 500 Hennen, Faustzahlen zur Stallplanung. Den Abschluß dieser übersichtlichen und klaren Broschüre bilden ein Schrifttumsnachweis und ein Stichwortverzeichnis.
B.Schenk. 13635a.

H. BAUTEN FÜR DIE VORRATSHALTUNG UND KONSERVIERUNG

1-64/04-0673 K r ä g e l o h, Heinz und J o r d a n, Dietrich. Trocknung und Belüftung von Erntegütern. - Bauen auf d. Lande 1962 Sonderh.Nr. 4. S. 22-24. - 4 Abb., 1 Zeichn.
Bei der Unterdachtrocknung von Heu können die sonst üblichen Nährstoffverluste von 40-50 % auf etwa 15-20 % gesenkt werden. Die Betriebskosten be-

tragen etwa 0,2 bis 0,5 DM/dt. Bei Rostkanalbelüftung empfiehlt es sich, die Lüfter in der Südwand wegen der dort wärmeren und trockeneren Luft einzubauen. Beim System Babenhausen befindet sich der Ventilator auf dem Heustock. Dadurch können mit einem Lüfter mehrere Stapel belüftet werden. Die Eigenbelüftung von Getreide ist billiger als Lohntrocknung. Die Trocknungskosten betragen 0,5-1,2 DM/dt je nach Feuchtigkeit und Witterung (etwa 0,2 DM/dt und Prozent Wasserentzug). Die Festkosten belaufen sich auf 0,5 bis 0,6 DM/dt. Die Amortisation der Trocknungsanlage erfolgt in 5-6 Jahren. Bei Getreidetrocknung ist eine Lufterwärmung um 3-5 °C zu empfehlen. Die Getreide-Belüftungsanlagen eignen sich auch meist zur Maistrocknung. Die Luftanwärmgeräte arbeiten auf Elektro-, Kohle-, Öl- oder Gasbasis. Die Steuerung aller Lüftungsanlagen erfolgt mit Hygrostaten. Bei Kartoffelbelüftung wird das Abkühlen der Kartoffeln durch kühle Nachtluft erzielt. Die Betriebskosten liegen bei 0,03-0,08 DM/dt. Die Belüftung erfolgt durch senkrechte Kanäle (1 Ventilator für 2 Boxen) oder durch waagerechte Unterflurkanäle. Die Steuerung der Lüftung erfolgt mit 2 Thermostaten, dem Einschalt- und Ausschaltthermostat (Frostschutzthermostat). Die Belüftung von Obst und Gemüse erfolgt ähnlich wie bei Kartoffeln. Bei Obst soll die Zuluft etwa - 1 °C, die rel. Luftfeuchtigkeit mindestens 90 % betragen. Zusätzlich sind Luftbefeuchtungs-Geräte zu verwenden. Die Anschlußwerte der in der Landwirtschaft eingesetzten Lüfter betragen 50-250 W bei der Stallüftung und 1,1-7,5 kW bei Heu-, Getreide- und Kartoffelbelüftung.

F.K.Mann. 13705.

1-64/04-0674 L e o n h a r d, G. Die Bedeutung der Lagerung von Getreide. - Dtsch. Agrartechn. 12 (1962) Nr.12. S.561-563.

Gute Speicherung vermindert die Verluste und erhält die Qualität. Der Übergang von der bäuerlichen Wirtschaft zur sozialistischen Großproduktion erfordert neue Formen in der Vorratshaltung. Die durch den Mähdreschereinsatz mech. Druschfruchternte verlangt Betriebsspeicher, die große Mengen Getreide ohne hohen Arbeitsaufwand aufnehmen, verlustlos lagern und sachgemäß aufbereiten können. Die Rekonstruktion von Schüttbodenspeichern ist eine notwendige Übergangserscheinung. Bei mehrgeschossigen Gebäuden mit befriedigender Entleerung und Einbau einer Trocknungskapazität, ist auch eine Nutzung in der Perspektive möglich. Bei Neubauten sind zwei Typen zu entwickeln: Speicher mit Trocknung und Lagerung; Speicher mit Trocknung, Lagerung und Saatgutaufbereitung. Die geringsten Aufwendungen werden für den Flachsilospeicher benötigt. Das Fassungsvermögen muß an jede Betriebsgröße angepaßt werden. Die Trocknung kann bei kleineren Betrieben mit Zentralrohrsilos, in größeren mit Warmluftkörnertrockner erfolgen. Bei Saatgut werden Gebläse und Förderbänder, bei Futtergetreide und Konsumware Elevator- und Reglerförderung bevorzugt.

W.Gratz. 13715.

1-64/04-0675 S i e l a f f, P. und T r a b e r t, K. "Ein-Mann-Speicher" für 750 t Saatgut. - Dtsch. Agrartechn. 13 (1963) Nr.8. S.380-381. - 2 Abb. Aus: Dok.-Dienst ILT 1963 Nr.9.

Beschreibung von Aufbau und Arbeitstechnologie des neuen Saatgutspeichers. Die wichtigsten Arbeitsvorgänge wurden automatisiert. Belüftungstrocknung mit Hilfe entfeuchteter Luft. Trocknungsleistung 3 t/h. Nachteilig sind die hohen Baukosten: 2000 DM/t Speicherraum. 13715.

1-64/04-0676 S i e l a f f, P. und T r a b e r t, K. Silospeicher für Futtersaaten? - Dtsch. Agrartechn. 12 (1962) Nr.12. S.563-565.
Es werden Stellungnahmen zu gleichartigen Problemen in den Heften 5 und 12/1961 der gleichen Zeitschrift abgegeben. Weiterhin wird in einem Projektentwurf die Technologie eines Futtersaatenspeichers von 1200 t Kapazität als Paletten- und Behälterspeicher dargelegt, der den sparsamsten Einsatz an Investitionsmitteln bei Erreichung des höchsten Nutzeffektes entsprechen soll. Die Technologie im Maschinenhaus sieht 1 oder 2 Annahmen, Vorreiniger, Aufbereitungsgänge für Gras und einen Aufbereitungsgang für Klee vor. Allen Maschinen sind Vor- und Nachlaufsilos zugeordnet. Der Lagerraum kann erdlastig zu beiden Seiten des Maschinenhauses aber auch stirnseitig erd- und deckenlastig an das Maschinenhaus angebaut werden. Die Kosten betragen insgesamt etwa 2000.- TDM. Der Arbeitskräftebedarf beträgt in der Hauptschicht 7 AK, in der 2. Schicht 3 AK. W.Gratz. 13715.

1-64/04-0677 K i m, V. und Š e l k o v n i k o v, S. O pročnosti ėlevatorov. (Über die Festigkeit von Silospeichern.) - Mukomol'no-ėlevatornaja promyšlennost', Moskva 29 (1963) Nr.2. S.12-15.
In der Arbeit berichtet zunächst Kim über bauliche Schäden an verschiedenen Silospeichern, die hauptsächlich auf Abweichungen vom ursprünglichen Projekt, insbesondere auf unzureichende Stahlbewehrung, auf schlechten Beton sowie auf veraltete Konstruktionen und Bauverfahren zurückzuführen sind. Anschließend gibt er Hinweise zur Vermeidung der Mängel und verlangt vor allem die Anwendung der Montagebauweise. - Šelkovnikov widerspricht zunächst der von Ral'cevič geäußerten Ansicht, daß die Ursache der Schäden in zeitlichen Unterbrechungen bei der Betonierung und der ungenügenden Geschwindigkeit der Schalenbewegung sei. Er führt weiter aus, daß die versetzbare Verschalung aus großen Stahlplatten Nachteile habe, z.B. Überlastung der hydraulischen Heber, Reißen des Betons bei langsamem Heben der Verschalung und Verformen des noch nicht gehärteten Betons bei schnellem Heben. Deswegen sollen als Schalungsmaterial kleine Stahlplatten verwendet werden.
W.Balkin. 13715.

1-64/04-0678 N i e z b o r a ł a, Heliodor und L e r n a c i ń s k i, Zbigniew. Cylindryczne zbiorniki zbożowe z betonu sprężonego. (Zylindrische Getreidebehälter aus Beton.) - Przegląd zbożowo-młynarski 6 (1962) Nr.11. S.324-328. - 4 Abb., 5 Zeichn., 4 Tab., 5 Lit. 13715.

1-64/04-0679 N i e z b o r a ł a, Heliodor. Uwagi na temat budowy komór zbożowych przy użyciu płyt pilśniowych. (Bemerkungen zum Getreidesilobau aus Holzfaserplatten.) - Przegląd zbożowo-młynarski 6 (1962) Nr.8. S.236 bis 237. - 6 Zeichn. 13715.

1-64/04-0680 W a c h o w i a k, Edmund. Budownictwo wytwórni pasz i spichrzów w NRD. (Bau von Futtermittelwerken und Getreidespeichern in der DDR.) - Przegląd zbożowo-młynarski 6 (1962) Nr.4. S.114-116. 13715.

1-64/04-0681 S t r u t y ń s k a, Krystyna. Mechanizacja prac w płaskim magazynie jednopoziomowym o pojemności 1500 ton. (Mechanisierung im Hallenspeicher von 1500 t.) - Przeglad zbożowo-młynarski 6 (1962) Nr.3. S.74-75. - 3 Zeichn. 13715.

1-64/04-0682 S t r u t y ń s k a, Krystyna. Uwagi o wielokondygnacjowym magazynie poj. 1500 t. (Mehrgeschossiger Getreidespeicher für 1500 t.) - Przegląd zbożowo-młynarski 5 (1961) S.107-108. 13715.

1-64/04-0683 W e l l e s l e y, Richard. Grain storage free-standing partitions. (Freistehende Trennwände.) - Agriculture /London/ 70 (1963) Nr.6. S. 274-275. - 2 Abb.

1962 errichtete Vf. 2 Getreidelagerhallen mit einer Kapazität von je 330 t. Zur Abtrennung von unterschiedlichen Partien entwickelte er eine versetzbare, freistehende Trennwand aus Holz. Jedes Teil dieser Wand ist 10 ft. (3,05 m) lang und 5 ft. 5 in.(1,65 m) hoch. Der untere Teil der Wand ist nach beiden Seiten bis zu einer Höhe von 1 ft.5 in. (43 cm) abgeschrägt. Vf. weist auf die konstruktiven Einzelheiten hin. W.Heinig. 13715.

1-64/04-0684 N i e m i e c, J. Przechowalnia owoców na 200 t. (Lagerhäuser für 200 t Obst.) - Owoce, Warzywa, Kwiaty 3 (1963) Nr.7. S.19-20. - 1 Tab.

Die Zentrale der Gartenbaugenossenschaften hat die Unterstützung des Verbandes der Landwirtschaftlichen Zirkel zum Bau von 75 Lagerhäusern aus dem Fond für Entwicklung der Landwirtschaft erhalten. Diese Lagerhäuser werden zu einer Steigerung der Qualität der Obstbauproduktion beitragen. Ihre Errichtung wird an den Basen des Obstbaues erfolgen. Der Aufsatz setzt sich hauptsächlich mit der Frage der Finanzierung des Baues dieser Obstlagerhäuser auseinander. PRL/CBR, übersetzt v. R.Hüffer. 13720.

1-64/04-0685 A r t n e r, X. Höchste Zeit zum Bau einer Kartoffelscheune? - Dtsch. landtechn. Z. 14 (1963) Nr.8. S.366. 368. 370.

Bei Mietenlagerung müssen je ha Kartoffelfläche 45 AKh mehr aufgewendet werden als bei Scheunenlagerung. Hinzu kommen oftmals neben Qualitätsminderungen Substanzverluste von 10 bis 15 %. Bei Kartoffelscheunen entstehen erhebliche Kosten und fortlaufende Belastungen. Demgegenüber sind als Vorteile die arbeitswirtschaftlichen Erleichterungen, die Witterungsunabhängigkeit und Einsteuerung günstiger Temp. durch Gebläsebelüftung anzusehen. Vor dem Bau einer Kartoffelscheune sind zu prüfen: Örtliche Absatzlage, Eignung der vorhandenen Ackerflächen für den Pflanz- und Speisekartoffelanbau, Fassungsvermögen der Scheune. Kartoffelscheunen sollten von der Funktion her geplant werden. Bei Neubauten muß das Fassungsvermögen mindestens 1500 dt betragen. Bei 4000 dt verdienen Anlagen mit Durchfahrt, über 5000 dt solche ohne Durchfahrt den Vorzug. Bei günstigen Entfernungen ist der Bau von Gemeinschaftsanlagen mit stationärer Beschickung und möglichst angegliederter Sortieranlage am günstigsten. Die Belastungen je dt bei 250 dt/ha betragen: Mietenlagerung 303,50 DM/ha, Kartoffelscheuneneinbau 402,50 DM/ha, Kartoffelscheunenneubau 480,-- DM/ha, Gemeinschaftliche Großlagerung 392,50 DM/ha. W.Gratz. 13725.

1-64/04-0686 P a p e n d i c k, Klaus. Silos aus Kunststoff. - Landtechnik 18 (1963) Nr.17. S.527-528. 529-532. - 9 Abb.

Für den Silobau werden heute neben den herkömmlichen Baustoffen auch Kunststoffe verwendet. Sie sind leicht, chemisch und physikalisch sehr widerstandsfähig, insbes. säurefest, was Schutzanstriche überflüssig macht. Sie lassen sich auch leicht zu den gewünschten Formen verarbeiten. Die bisherigen Versuche (seit 1959) zeigen, daß sich sowohl der Silosack aus Folie als auch der massive Kunststoffsilo für die Gärfutterbereitung eignet. Sie sind unter bestimmten Voraussetzungen praktisch einzusetzen. Dabei ist der Silosack aus PVC-Folie zwar billig, aber auch von kürzerer Lebensdauer. Die verwendete PVC-Folie soll mindestens 0,3 mm dick sein. Die Anwendung wird sich auf kleinere Futtervolumina beschränken. Der massive Kunststoffsilo baut sich aus einzelnen Ringen auf. Er ist natürlich wesentlich teurer, hat aber auch längere Lebensdauer. Sein Dmr. beträgt 2,25 m und seine Gesamthöhe 4,0 m, wobei die einzelnen Ringe verhältnismäßig leicht und auch leicht zu montieren sind. Für diesen massiven Kunststoffsilo verwendet man Polyester-Kunststoff. Die genannte Größe von 16 m^3 Inhalt wird für kleinere Betriebe empfohlen. Für größere Betriebe werden 3,0 m Dmr. und 8,0 m Höhe mit entsprechenden Hebevorrichtungen empfohlen. H. Thömke. 13735a.

I. BAUTEN FÜR DIE DÜNGERWIRTSCHAFT

1-64/04-0687 B e n g t s s o n, Nils G. Lösvarutagring av handelsgödsel. (Lagerung von geschüttetem Mineraldünger.) - Växt-Närings-Nytt /Stockholm/ 19 (1963) Nr.3. S.28-32. - 7 Abb.

In einer schwed. Versuchswirtschaft wurde eine Scheune umgebaut, in welcher der Dünger nicht mehr in Säcken, sondern lose auf dem Betonfußboden lagert. Allein durch die Einsparung an Säcken wird es möglich, daß sich der investierte Betrag (2700 Kr. für 80 t Lagerkapazität) in 2 Jahren amortisiert. Weitere Ausrüstung: Flachsilo (Holz) für Mineraldünger, den Kipplader direkt in das betreffende Fach schütten; Auftürmen des Düngers zu Haufen mittels Frontlader; Überdecken des geschütteten Gutes mit einer 0,1 mm-Plastfolie; Lagerung von abgesacktem Dünger auf Böcken zur Erleichterung der innerbetrieblichen Hantierung. Eine andere Art besteht darin, die Düngemittel in Säcken auf Holzunterlagen direkt auf dem Feld zu stapeln und für den Winter mit einer Plastfolie abzudecken. E. Kahn. 13830.

K. EINSTELLRÄUME UND WERKSTÄTTEN

1-64/04-0688 S t ä d t l e r, Manfred. Unterstellflächenbedarf für Fahrzeuge, Maschinen und Geräte in landwirtschaftlichen Betrieben. - Wiss. Z. Hochschule LPG Meissen 6 (1963) Nr.1. S.37-70.

Vf. hat in einer weitgreifenden Untersuchung ermittelt, daß für alle Betriebsgrößen und Betriebstypen von VEG und LPG im Durchschnitt 1,90 m^2 Unterstellfläche/ha LN gebraucht werden, davon 1,25 m^2 in Schuppen und 0,65 m^2/ha im Freien. Trotz fortschreitender Technisierung wird dieser Flächenbedarf bis 1970 nur wenig steigen, Gründe dafür gibt Vf. an. Im einzelnen hängt der Unterstellflächenbedarf ab von Betriebsgröße und Betriebstyp. Vf. führt das vor am Beispiel von Erhebungen in einigen soz. Landwirtschaftsbetrieben, nachdem er die Methoden, derartige Daten zu ermitteln, kritisch eingeschätzt hat. Seine Ergebnisse stellt er dar in Form von Richtzahlen für die Planung. A. Bail. 13915.

1-64/04-0689 S t ä d t l e r, M. Bemessung von Unterstellräumen für landwirtschaftliche Maschinen. 2. Teil.- Bauzeitung 17 (1963) Nr.9.S.489-493. - 5 Abb., 2 Zeichn., 3 Lit. - 1. Teil vgl. LZ 1-64/02-0774.

Entsprechend dem derzeitigen Entwicklungsstand von Unterstellräumen für landwirtsch. Maschinen werden Vortypenprojekte der Typenreihe Kaltbauten für die Landwirtschaft und einige WV-Projekte der Bezirke eingeschätzt, Verbesserungsmöglichkeiten gezeigt und Hinweise gegeben, wie der Nutzeffekt der vorliegenden Projekte erhöht werden kann. Es wird auf der Grundlage von Richtzahlen für die Stellfläche und Gebäudeabmessungen festgestellt, daß rd. 25 % des Unterstellflächenbedarfs vorhanden sind und zur Bedarfsdeckung bis 1970 jährlich Investitionen von 157 Mill. DM notwendig sind. Ein großer Teil des Bedarfs kann durch Altbauten gedeckt werden, obwohl der Stellflächenbedarf auf Grund der Gebäudegestaltung 20-30 % höher liegt als bei Neubauten. H.Finsterbusch. 13915.

1-64/04-0690 H a r t n i c k, Werner; Dresden, TU. Bauten für das landtechnische Instandhaltungswesen. - Dtsch. Architektur 12 (1963) Nr.6. S. 338-339. - 7 Zeichn.
Es wird durch eine Diplomarbeit der TU Dresden ein Überblick über die Struktur des landtechn. Instandhaltungswesens und dessen Entwicklungstendenzen gegeben und ein Vorschlag für ein spezialisiertes Instandsetzungswerk unterbreitet. Die Organisation des Instandhaltungswesens untergliedert sich in verschiedene Teile. In den LPG sind Pflegestützpunkte als Teil der Maschinenhöfe, mgl. in Altbauten, einzurichten. Betriebswerkstätten in LPG und VEG sollen ohne teure Werkstattausrüstungen solche Reparaturen durchführen, die auch andere Werkstätten nicht wirtschaftlicher durchführen können. MTS/RTS-Werkstätten können zu Instandsetzungswerken ausgebaut oder als Werkstätten an Groß-LPG übergeben werden. Alle Instandhaltungsarbeiten, die die Anwendung einer industriellen Arbeitsorganisation ermöglichen, werden in Instandsetzungswerken durchgeführt. Diese stellen eine neue Bauaufgabe dar. Dem Studienentwurf liegt eine U-förmige Taktstraße zugrunde. W.Gratz. 13930.

Redaktionsschluß: 20. 2. 1964

Druckfehlerberichtigung: In Heft 2/1964 muß es im Referat 1-64/02-0383 richtig heißen:
Laborversuche ergaben, daß Lehmboden mit 18 % Feuchtigkeit auf den genannten Stoffen in der angeführten Reihenfolge mit 10-17, 5-8, 9-13 und 9 bis 15 kp/cm^2 und auf Stahl mit 10-18 kp/cm^2 (Druckfehler?) haftet.

Herausgeber: Deutsche Demokratische Republik · Deutsche Akademie der Landwirtschaftswissenschaften zu Berlin, Institut für Landwirtschaftliche Information und Dokumentation, Berlin W 8, Krausenstraße 38/39; Fernsprecher: 22 51 61. Chefredakteur: Dr. Ursula Wittbrodt, stellvertretender Chefredakteur: Dr. Werner Kleeberg, Berlin W 8, Krausenstraße 38/39; Fernsprecher: 22 51 61. Redaktion der Abteilung I – Landtechnik: Dr. Joachim Güssefeldt. Verlag: Akademie-Verlag GmbH, Berlin W 8, Leipziger Straße 3–4; Fernsprecher: 22 04 41, Telex-Nr. 011 773, Postscheckkonto Berlin 350 21. Bestellnummer dieses Heftes: 1030 I–X/4. Das Landwirtschaftliche Zentralblatt, Abt. Landtechnik, erscheint jährlich in 9 Heften. Einzelheft DM 20,–; einseitig bedruckte Ausgabe DM 24,–. Jahresbezugspreis DM 180,–; einseitig bedruckte Ausgabe DM 216,– einschließl. Autoren- und Sachregister, zuzüglich Porto- und Versandkosten. Gesamtherstellung: VEB Druckerei „Thomas Müntzer" Bad Langensalza. Veröffentlicht unter der Lizenznummer 1289 des Presseamtes beim Vorsitzenden des Ministerrates der Deutschen Demokratischen Republik

32402

Umrechnung
von brit. und amerik. Einheiten in metrische Einheiten

(Stand 1. 1. 1960)

Längeneinheiten

1 in.	25,4 mm
1 ft.	30,5 cm
1 yd.	91,44 cm
1 mile (stat.)	1609,34 m

Geschwindigkeitseinheiten

1 ft.p.m.	0,0051 m/s
1 m.p.h.	0,447 m/s
	1,609 km/h

Flächenoinheiten

1 sq.in.	6,452 cm^2
1 sq.ft.	929,03 cm^2
1 sq.yd.	0,836 m^2
1 acre	0,405 ha
1 sq.mile	2,59 km^2

Raumeinheiten

1 cu.in.	16,39 cm^3
1 cu.ft.	28,32 l
1 cu.yd.	0,7646 m^3
1 acrefoot	1233,48 m^3
1 reg.ton	2,8317 m^3
1 Imp.gal.	4,5460 l
1 USA gal.	3,7854 l
1 bu. (Brit.)	36,368 l
1 bu. (USA)	35,242 l
1 qt.	0,291 l
1 pt.	0,568 l
1 liquid oz.	35,5 cm^3
1 liquid gal. (Brit.)	4,546 l
1 liquid gal. (USA)	3,785 l
1 petr. barrel	1,588 hl

Masseeinheiten

1 oz.	(Brit.)	28,35 g
	(USA)	
1 lb.	(Brit.)	0,4536 kg
	(USA)	
1 qt.	(Brit.)	12,7 kg
	(USA)	11,34 kg
1 cwt.	(Brit.)	50,80 kg
	(USA)	45,36 kg

1 long ton (Brit.)	1,016 t
1 short ton (USA)	0,907 t

Masse/Längeneinheit

1 oz./in.	11,161 g/cm
/ft.	9,301 g/dm
1 lb./in.	0,17858 kg/cm
/ft.	1,4882 kg/m
/yd.	0,4961 kg/m
1 long ton/in.	40,002 t/m
/ft.	3,3335 t/m
/yd.	1,1112 t/m
1 short ton/in.	35,716 t/m
/ft.	2,976 t/m
/yd.	0,992 t/m

Masse/Flächeneinheit

1 oz./sq.in.	4,394 g/cm^2
/sq.ft.	0,305 kg/m^2
1 lb./sq.in.	0,070 kg/cm^2
	51,715 mmQS
1 lb./sq.in.	4,882 kg/m^2
/sq.yd.	0,5425 kg/m^2
1 long ton/sq.in.	157,488 kg/cm^2
/sq.ft.	10,937 t/m^2
/sq.yd.	1,215 t/m^2
1 short ton/sq.in.	140,614 kg/cm^2
/sq.ft.	9,765 t/m^2
/sq.yd.	1,085 t/m^2

Masse/Raumeinheit

1 oz./cu.in.	1,730 g/cm^3
/cu.ft.	1,001 kg/m^3
1 lb./cu.in.	27,68 g/cm^3
/cu.ft.	16,019 kg/m^3
/cu.yd.	0,593 kg/m^3
/Imp.gal.	0,0998 kg/dm^3
/USA gal.	0,1198 kg/dm^3
/pt.	0,7982 kg/dm^3
1 cwt./.Imp.gal.	0,1766 kg/dm^3
1 long ton/cu.ft.	35,8815 t/m^3
/cu.yd.	1,3289 t/m^3
1 short ton/cu.ft.	32,071 t/m^3
/cu.yd.	1,187 t/m^3

Temperatur

1 °F = 4/9 °R = 5/9 °C

Temp. °C = 5/9 × (Temp. °F − 32°) =

Temp. °R = 4/9 × (Temp. °F − 32°)

Wärme

1 BTU	1,076 $\cdot 10^{2}$ kgm
	7,783 $\cdot 10^{2}$ ft.-lb.
	2,9303 $\cdot 10^{-4}$ int.kWh
	2,5200 $\cdot 10^{-1}$ ITkcal
	3,9307 $\cdot 10^{-4}$ HPh

Arbeit, Energie

1 ft.-lb.	0,1383 kgm
	1,3826 $\cdot 10^{-1}$ kgm
	3,7650 $\cdot 10^{-7}$ int.kWh
	3,2379 $\cdot 10^{-4}$ ITkcal
	1,2849 $\cdot 10^{-3}$ BTU
1 HPh	1,980 $\cdot 10^{5}$ ft.-lb.
	2,7375 $\cdot 10^{6}$ kgm
	1,0139 PSh
	7,4548 $\cdot 10^{-1}$ int.kWh
	6,4110 $\cdot 10^{2}$ ITkcal
	2,5441 $\cdot 10^{3}$ BTU

Leistung

1 ft.-lb./s	1,3826 $\cdot 10^{-1}$ kgm/s
	3,2379 $\cdot 10^{-4}$ ITkcal/s
	1,8434 $\cdot 10^{-3}$ PS
	1,8182 $\cdot 10^{-3}$ HP
	1,3554 $\cdot 10^{-3}$ int.kW
	1,2849 $\cdot 10^{-3}$ BTU/s
1 HP	76,04 kgm/s
	550,0 ft.-lb./s
	1,01387 PS
	7,4548 $\cdot 10^{-1}$ int.kW
	1,7808 $\cdot 10^{-1}$ ITkcal/s
	1,0139 $\cdot 1$ ITkcal/s
	7,0670 $\cdot 10^{-1}$ BTU/s
BTU/s	1,076 $\cdot 10^{2}$ kgm/s
	7,783 $\cdot 10^{3}$ ft.-lb./s
	1,0549 int.kW
	2,520 $\cdot 10^{-1}$ ITkcal/s
	1,435 PS
	1,415 HP

FSC
www.fsc.org
MIX
Papier | Fördert
gute Waldnutzung
FSC® C083411

Kolibri 360 GmbH
Ferdinand-Jühlke-Straße 7
99095 Erfurt, Deutschland
produktsicherheit@kolibri360.de